架构师前沿实战丛书

Doris 实时数据仓库理论与实战

吴百豹　编著

清華大学出版社
北　京

内 容 简 介

本书系统地介绍了Doris的核心概念、架构原理和各项功能。全书共7章。第1章对Doris做了初步介绍。第2章重点介绍了Doris的数据表设计。第3章聚焦于Doris的数据导入。第4章介绍了Doris的数据导出和数据管理。第5章讨论了Doris中的数据更新和删除操作。第6章将读者带入Doris的进阶使用领域。第7章展示了Doris的生态扩展。通过本书的学习，读者可以全面而深入地了解运用Doris构建高效、可扩展、实时数据仓库系统的方法，从理论到实践，从基础到进阶。

本书适用于Doris开发人员和数据工程师，或有志从事数据仓库开发的技术人员。

图书在版编目（CIP）数据

Doris实时数据仓库理论与实战 / 吴百豹编著. —北京：清华大学出版社，2024.6
（架构师前沿实战丛书）
ISBN 978-7-302-66268-6

Ⅰ. ①D… Ⅱ. ①吴… Ⅲ. ①关系数据库系统 Ⅳ. ①TP311.132.3

中国国家版本馆CIP数据核字（2024）第096500号

责任编辑：贾旭龙
封面设计：秦 丽
版式设计：文森时代
责任校对：马军令
责任印制：刘海龙

出版发行：清华大学出版社
网　　址：https://www.tup.com.cn，https://www.wqxuetang.com
地　　址：北京清华大学学研大厦A座　　**邮　　编**：100084
社 总 机：010-83470000　　**邮　　购**：010-62786544
投稿与读者服务：010-62776969，c-service@tup.tsinghua.edu.cn
质量反馈：010-62772015，zhiliang@tup.tsinghua.edu.cn
印 装 者：涿州汇美亿浓印刷有限公司
经　　销：全国新华书店
开　　本：203mm×260mm　　**印　　张**：19.5　　**字　　数**：546千字
版　　次：2024年6月第1版　　**印　　次**：2024年6月第1次印刷
定　　价：109.00元

产品编号：104116-01

前 言

Preface

本书是一本面向数据工程师、开发人员和数据仓库构建者的实用指南，旨在帮助读者深入理解和应用 Apache Doris 这个强大的实时数据仓库解决方案。

随着大数据时代的到来，企业和组织面临着海量数据的挑战，构建高效、可扩展、实时的数据仓库系统成为一个迫切的需求。Doris 作为一个快速、可靠且易于使用的开源数据仓库系统，凭借其卓越的性能和灵活的架构，已经在业界取得了广泛的认可和应用。

本书系统地介绍了 Doris 的核心概念、架构原理和各项功能。无论是初次接触 Doris，还是已经具有一定经验，读者都能从本书获得宝贵指南。本书从初识 Doris 开始，逐步深入，带领读者掌握 Doris 的各个方面。

本书内容

第 1 章是 Doris 的概述，内容包括 Doris 的背景、特点和使用场景。读者将了解为什么选择 Doris 以及它与传统数据仓库系统的不同之处。本章还解析了 Doris 的架构原理，帮助读者理解其内部工作机制。

第 2 章重点关注 Doris 的数据表设计。本章向读者展示如何设计和优化 Doris 的表结构，包括数据存储模型、列定义建议和索引选择等内容。读者将学习如何根据业务需求和性能考虑来设计高效的数据表。

第 3 章内容引导读者深入了解 Doris 的数据导入方法。从常见的 Insert 语句到更高级的 Binlog Load、HDFS Load 和 Spark Load 等方式，读者将学习多种数据导入的技巧和最佳实践。

第 4 章介绍 Doris 的数据导出和数据管理。读者将了解如何将数据从 Doris 导出，并学习备份、恢复和删除恢复数据的方法。这将帮助读者有效管理和保护 Doris 中的数据。

第 5 章深入探讨 Doris 中的数据更新和删除操作。读者将学习如何使用 Update 和 Delete 语句来更新和删除数据，并了解处理 Sequence 列和批量删除的技术。

第 6 章将带读者进入 Doris 的进阶使用领域。读者将学习如何进行表结构变更、动态分区、数据缓存和使用 Doris Join 等高级技术。这些内容将帮助读者更好地利用 Doris 的强大功能和性能优势。

第 7 章探索 Doris 的生态扩展。读者将了解 Spark、Flink 和 DataX 等生态系统的连接器，以及 JDBC Catalog 和 Doris 优化的相关内容。这将为读者提供更多与 Doris 集成和优化的机会。

本书旨在以简洁清晰的方式向读者传递 Doris 的核心知识和实践经验，将结合理论和实战，提供丰富的示例和最佳实践，帮助读者快速上手并在实际项目中应用 Doris。

学习资源

本书为读者准备了丰富的学习资源，读者可以扫描下方二维码获取。

我们衷心希望本书能够为读者构建实时数据仓库的旅程提供指导和帮助。无论是初学者还是有经验的专业人士，我们相信本书都能提供有价值的内容。无论是正在考虑采用 Doris 作为数据仓库解决方案，还是已经在使用 Doris 并希望深入了解其更多功能和技术细节，本书都将会是良师益友。

我们要感谢所有为本书提供支持和帮助的人们，特别是 Doris 社区的开发人员和贡献者。没有他们的辛勤工作和无私奉献，本书的编写将无法顺利进行。

最后，我们希望本书能够激发读者对 Doris 的兴趣，并帮助读者在实际应用中取得成功。无论读者是从零开始学习，还是希望加深对 Doris 的理解，本书都将成为不可或缺的参考资源。愿本书能够为读者的数据仓库建设之路增添一份助力，祝阅读愉快，收获满满！

目录

Contents

第1章 初识 Doris

1.1 Doris 概述

Doris 是一个基于大规模并行处理（massively parallel processing，MPP）架构的高性能、实时的分析型数据库，以极速、易用的特点被人们所熟知，仅需亚秒级响应时间即可返回海量数据下的查询结果，不仅可以支持高并发的点查询场景，也能支持高吞吐的复杂分析场景。基于此，Doris 能够较好地满足报表分析、即席查询、统一数仓构建、数据湖联邦查询等使用场景的需要，用户可以在此之上构建用户行为分析、AB 实验平台、日志检索分析、用户画像分析、订单分析等应用。

Doris 最早诞生于百度广告报表业务的 Palo 项目，2017 年正式对外开源，2018 年 7 月由百度捐赠给 Apache 基金会进行孵化，之后在 Apache 导师的指导下由孵化器项目管理委员会成员进行孵化和运营。目前 Apache Doris 社区已经聚集了来自不同行业近百家企业的 400 余位贡献者，并且每月活跃贡献者人数接近 100 位。2022 年 6 月，Doris 成功从 Apache 孵化器毕业，成为 Apache 顶级项目（top-level project，TLP）。

如今 Doris 在中国乃至全球范围内都拥有广泛的用户群体，在全球超过 1000 家企业的生产环境中得到应用，在中国市值或估值排行前 50 名的互联网公司中，有超过 80%的公司长期使用 Doris，包括百度、美团、小米、京东、字节跳动、腾讯、网易、快手、微博、贝壳等。同时在一些传统行业，如金融、能源、制造、电信等领域也有着丰富的应用。

更多关于 Doris 的资讯可登录其官网（https://doris.apache.org）查看。

注意

一般 MPP 架构指的是分布式数据库，数据处理时有多个节点，每个节点有独立的磁盘和内存，并发 task（任务）分散到各个节点，各自处理各自的数据，计算完成后把结果汇集在一起，形成最后结果。

MPP 可以分为 MPP DB 和 MPP 架构，例如 Hadoop 架构就是 MPP 架构，采用大规模分布式处理，也就是分布式处理架构，只是 MPP 这个词是数据库厂商早期提出的，一般特指分布式数据库。所以可以将 MPP 理解成一个高维度概念，MPP 可以分成 MPP DB 和 MPP 架构两个概念，Hadoop 或者 MR 就是 MPP 架构，MPP DB 就是分布式数据库。更严格地说，Doris 是一个 MPP DB，是被业界普遍称为 MPP 架构的分布式数据库。

1.2 Doris 的应用场景

数据源经过各种数据集成和加工处理后，通常会入库到实时数仓 Doris 和离线湖仓（Hive、Iceberg、Hudi）中，如图 1.1 所示。本节将介绍 Doris 的几个应用场景。

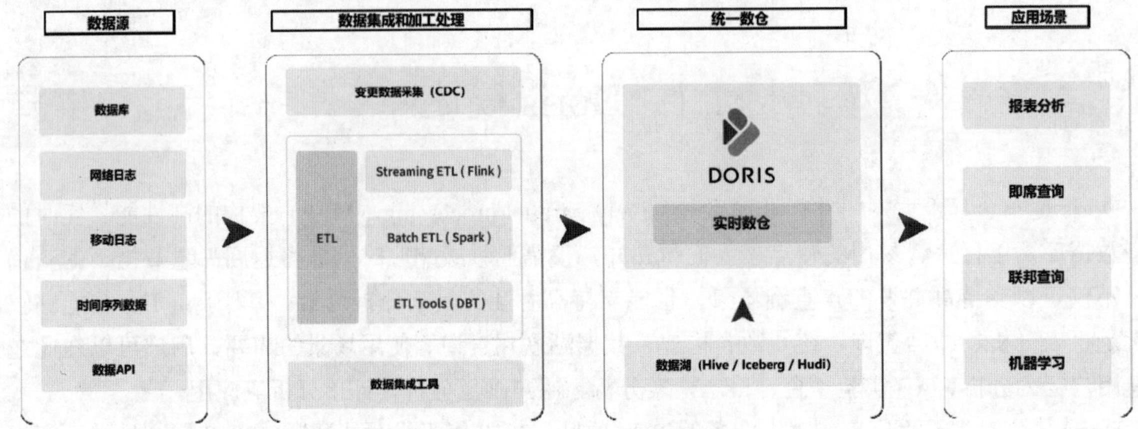

图 1.1　Doris 的应用场景

1.2.1　报表分析

Doris 广泛用于报表分析。

- ☑ 实时看板（real-time dashboards）。
- ☑ 面向企业内部分析师和管理者的报表分析。
- ☑ 面向用户或者客户的高并发报表分析，如面向网站主的站点分析、面向广告主的广告报表分析。并发通常要求成千上万的 QPS（queries per second，每秒处理的请求数量），查询延时要求毫秒级响应。如京东在广告报表中使用 Apache Doris，每天写入 100 亿行数据，查询并发 QPS 上万，99 分位的查询延时 150ms。

1.2.2　即席查询（Ad-Hoc Query）

面向分析师的自助分析，查询模式不固定，要求较高的吞吐量。小米公司基于 Apach Doris 构建了增长分析（growing analytics，GA）平台，利用用户行为数据对业务进行增长分析，平均查询延时 10s，95 分位的查询延时在 30s 以内，每天的 SQL 查询量为数万条。

1.2.3　统一数仓构建

利用一个平台满足统一的数仓建设需求，简化烦琐的大数据软件栈。海底捞基于 Doris 构建了统一数仓，替换了原来由 Spark、Hive、Kudu、Hbase、Phoenix 组成的旧架构，使得架构大大简化。

1.2.4　数据湖联邦查询

Doris 通过外部表的方式联邦分析位于 Hive、Iceberg、Hudi 中的数据，可以避免数据复制，使查询性能大幅提升。

1.3　Doris 的架构原理

Doris 的整体架构如图 1.2 所示。

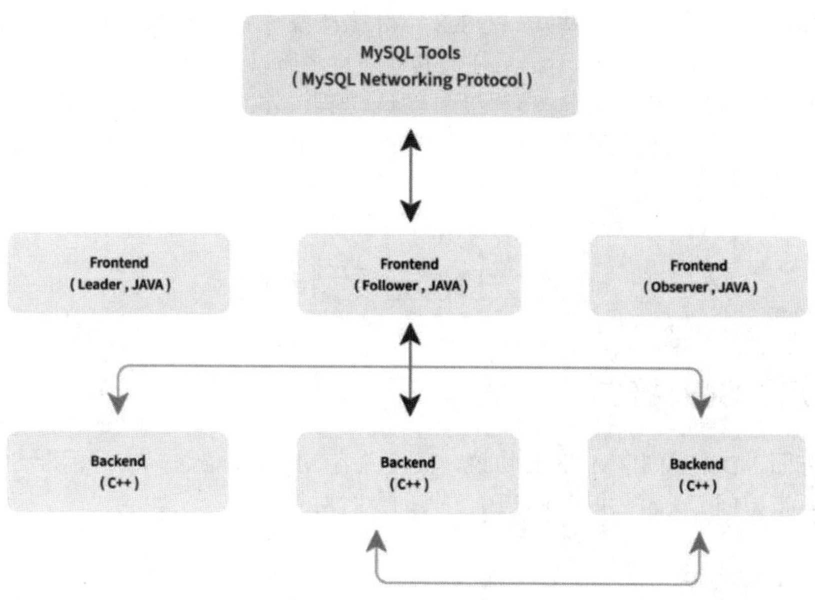

图 1.2　Doris 的架构

Doris 的架构非常简单，一般只有两类进程——Frontend（FE）和 Backend（BE），这两类进程都是可以横向扩展的，单集群可以支持数百台机器，数十拍字节（PB）的存储容量。并且这两类进程通过一致性协议来保证服务的高可用和数据的高可靠。这种高度集成的架构设计极大地降低了分布式系统的运维成本。Doris 架构中除了有 BE 和 FE 进程，还可以部署 Broker 可选进程，主要用于支持 Doris 读写远端存储上的文件和目录，如 Apache HDFS 、阿里云 OSS、亚马逊 S3 等。

1．FE

FE 主要负责用户请求的接入、查询解析规划、元数据的存储、节点管理相关工作。

FE 分为 Leader、Follwer 和 Observer 三种角色，默认一个 Doris 集群中只能有一个 Leader，可以有多个 Follwer 和 Observer。其中 Leader 和 Follwer 组成一个 Paxos 选择组。如果 Leader 宕机，则剩下的 Follower 会自动选出新的 Leader，保证单节点宕机情况下元数据的高可用及数据写入的高可用。

Observer 用来扩展查询节点、同步 Leader 元数据进行备份。如果 Doris 集群压力非常大，可以扩展 Observer 节点来提高集群查询能力，Observer 不参与选举、数据写入，只参与数据读取。

2. BE

一个用户请求通过 FE 解析、规划后，具体的执行计划会发送给 BE 执行。BE 主要负责数据存储、查询计划的执行。

BE 分布式地存储 Doris table（表）数据，table 数据会经过分区和分桶形成 tablet（数据分片或数据分桶），tablet 采用列式存储，默认有三个副本。BE 接收 FE 命令来创建、查询、删除 table，接收来自 FE 的执行计划并分布式执行。BE 通过索引和谓词下推快速过滤数据，可以在后台执行 Compact 任务，减少查询时的读放大。

3. Broker（可选）

Broker 通过提供一个 RPC（远程过程调用）服务端口来提供服务，是一个无状态的 Java 进程，负责为远端存储的读写操作封装一些类 POSIX（可移植操作系统接口）的文件操作，如 open、pread、pwrite 等。除此之外，Broker 不记录任何其他信息，所以远端存储的连接信息、文件信息、权限信息等都需要通过参数在 RPC 调用中传递给 Broker 进程，才能使 Broker 正确读写文件。Broker 仅作为一个数据通路，并不参与任何计算，因此仅需占用较少的内存。通常一个 Doris 系统中会部署一个或多个 Broker 进程。

1.4 Doris的特点

1.4.1 支持标准 SQL 接口

在使用接口方面，Doris 采用 MySQL 协议，高度兼容 MySQL 语法，支持标准 SQL。用户可以通过各类客户端工具来访问 Doris，并支持与 BI 工具的无缝对接。

1.4.2 列式存储引擎

目前大数据存储有两种方案可以选择，行式存储（row-based）和列式存储（column-based），如图 1.3 所示。

这两种存储方案分别具有如下优势。

1. 行式存储在数据写入和修改上具有优势

行式存储的写入是一次完成的，如果这种写入建立在操作系统的文件系统上，可以保证写入过程的成功，并确保数据的完整性。列式存储需要把一行记录拆分成单列保存，写入次数明显比行式存储多（因为磁头调度次数多，调度时间一般需 1～10ms），再加上磁头在盘片上移动和定位花费的时间，实际消耗更大。

数据修改实际上也是写入过程，不同的是，数据修改是对磁盘上的记录做删除标记。行式存储是在指定位置写入一次，列式存储是将磁盘定位到多个列上分别写入，这个过程所需的时间仍是行式存储的数倍。

2. 列式存储在数据读取和解析、分析数据上具有优势

数据读取时，行式存储通常将一行数据完全读出，如果只需要其中几列数据，就会存在冗余列，

出于缩短处理时间的考量，消除冗余列的过程通常是在内存中进行的。列式存储每次读取的数据是集合的一段或者全部，不存在冗余问题。

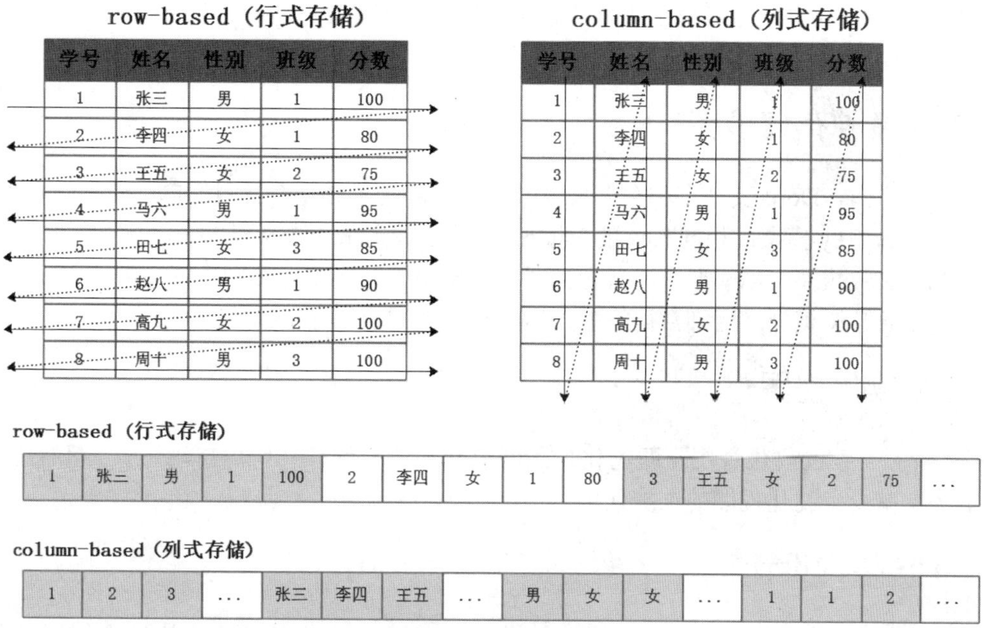

row-based（行式存储）

学号	姓名	性别	班级	分数
1	张三	男	1	100
2	李四	女	1	80
3	王五	女	2	75
4	马六	男	1	95
5	田七	女	3	85
6	赵八	男	1	90
7	高九	女	2	100
8	周十	男	3	100

column-based（列式存储）

学号	姓名	性别	班级	分数
1	张三	男	1	100
2	李四	女	1	80
3	王五	女	2	75
4	马六	男	1	95
5	田七	女	3	85
6	赵八	男	1	90
7	高九	女	2	100
8	周十	男	3	100

row-based（行式存储）

1	张二	男	1	100	2	李四	女	1	80	3	王五	女	2	75	...

column-based（列式存储）

1	2	3	...	张三	李四	王五	...	男	女	女	...	1	1	2	...

图 1.3　大数据存储方案

列式存储中的每一列数据类型是相同的，不存在二义性问题。例如，某列数据类型为整型（int），那么它的数据集合一定是整型数据，这种情况使数据解析变得十分容易。相比之下，行式存储则要复杂得多，因为在一行记录中保存了多种类型的数据，数据解析需要在多种数据类型之间频繁转换，这个操作很消耗 CPU 资源，增加了解析的时间。

综上所述，行式存储的写入是一次性完成的，消耗的时间比列式存储少，并且能够保证数据的完整性，缺点是数据读取过程中会产生冗余数据，如果只有少量数据，此影响可以忽略，如果有大量冗余数据，可能会影响数据的处理效率。列式存储在写入效率、保证数据完整性上都不如行式存储，它的优势是在读取过程中不会产生冗余数据，这对对数据完整性要求不高的大数据处理领域比较重要。一般来说一个 OLAP 类型的查询可能需要访问几百万或者几十亿行的数据，但是 OLAP 分析时只是获取少数的列，对于这种场景，列式数据库只需要读取对应的列即可，行式数据库需要读取所有的数据列，因此这种场景更适合使用列式数据库，可以大大提高 OLAP 数据分析的效率。

在存储引擎方面，Doris 采用列式存储，按列进行数据的编码压缩和读取，能够实现极高的压缩比，同时减少大量非相关数据的扫描，从而更加有效地利用 IO 和 CPU 资源。

1.4.3　支持丰富的索引结构

Doris 支持比较丰富的索引结构，减少数据的扫描。

- ☑ Sorted Compound Key Index 索引：可以最多指定三个列组成复合排序键，通过该索引，能够有效进行数据裁剪，更好地支持高并发的报表场景。
- ☑ Z-order Index 索引：使用 Z-order 索引，可以高效地对数据模型中的任意字段组合进行范围查询。

- ☑ Min/Max 索引：有效过滤数值类型的等值和范围查询。
- ☑ Bloom Filter 索引：对高基数列的等值过滤裁剪非常有效。
- ☑ Invert Index 索引：能够对任意字段实现快速检索。

1.4.4 支持多种存储模型

在存储模型方面，Doris 支持多种存储模型，对不同的场景做了有针对性的优化。

- ☑ Aggregate Key 模型：相同 Key 的 Value 列合并，通过提前聚合大幅提升性能。
- ☑ Unique Key 模型：Key 唯一，相同 Key 的数据覆盖，实现行级别数据更新。
- ☑ Duplicate Key 模型：明细数据模型，满足事实表的明细存储。

1.4.5 支持物化视图

Doris 支持强一致的物化视图，即物化视图的更新和选择都在系统内自动进行，不需要用户手动选择，从而大幅减少了物化视图的维护代价。

1.4.6 MPP 架构设计

在查询引擎方面，Doris 采用 MPP 的模型，如图 1.4 所示，节点间和节点内都并行执行，支持多个大表的分布式 Shuffle Join（洗牌连接），从而能够更好地应对复杂查询。

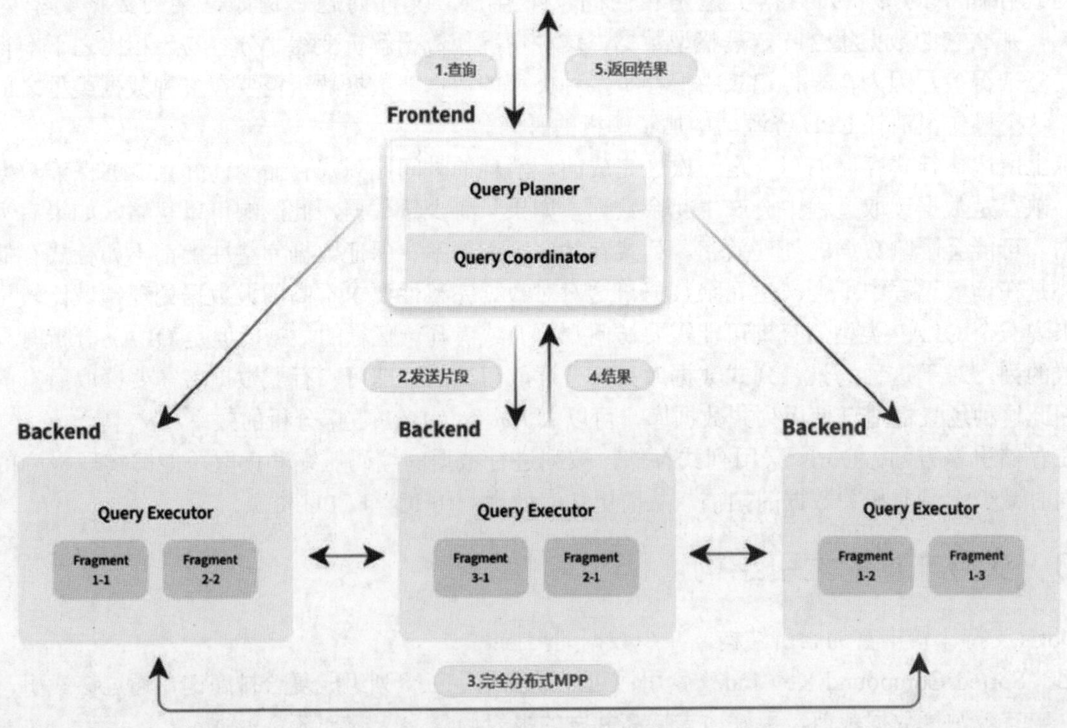

图 1.4 Doris 的 MPP 架构设计

1.4.7　支持向量化查询引擎

在计算机系统的体系结构中，存储系统具有层级结构，典型服务器计算机的存储层次结构如图 1.5 所示，此图表述了 CPU、CPU 三级缓存、内存、磁盘的数据容量与数据读取速度对比，可以看出存储媒介距离 CPU 越近，则访问数据的速度越快。

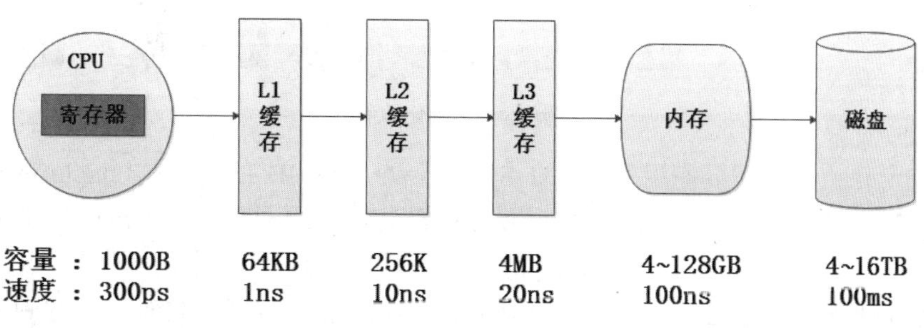

图 1.5　存储的层级结构

注意

缓存是数据交换的缓冲区。缓存往往是 RAM（断电即掉的非永久存储），它的作用是帮助硬件更快地响应。CPU 缓存是 CPU 与内存之间的临时数据交换器，用于解决 CPU 运行处理速度与内存读写速度不匹配的矛盾。CPU 缓存一般直接跟 CPU 芯片集成或位于主板总线互连的独立芯片上，现阶段的 CPU 缓存一般直接集成在 CPU 上。CPU 往往需要重复处理相同的数据、重复执行相同的指令，如果这部分数据、指令能在 CPU 缓存中找到，就不需要从内存或硬盘中再读取数据、指令，从而减少了整机的响应时间。

由图 1.5 可知，从内存读取数据速度是从磁盘读取数据速度的 1000 倍，从 CPU 缓存中读取数据的速度最快是从内存中读取数据的速度的 100 倍，从 CPU 寄存器中读取数据的速度为 300ps（1000ps = 1ns），是 CPU 缓存的 3 倍还多。从寄存器中访问数据的速度，是从内存访问数据速度的 300 倍，是从磁盘中访问数据速度的 30 万倍。

从 CPU 寄存器中访问数据对程序的性能提升意义非凡。向量化执行就是在寄存器层面操作数据，为上层应用程序的性能带来了指数级的提升。

向量化执行可以简单地看作一项消除程序中循环的优化。这里用一个形象的例子比喻。小胡经营了一家果汁店，虽然店里的鲜榨苹果汁深受大家喜爱，但客户总是抱怨制作果汁的速度太慢。小胡的店里只有一台榨汁机，每次他都会从篮子里拿出一个苹果，放到榨汁机内等待出汁。如果有 8 个客户，每个客户都点了一杯苹果汁，那么小胡需要重复 8 次上述的榨汁流程，才能榨出 8 杯苹果汁。如果制作一杯果汁需要 5min，那么全部制作完毕则需要 40min。为了提升果汁的制作速度，小胡想出了一个办法。他将榨汁机的数量从 1 台增加到了 8 台，这样他就可以从篮子里一次性拿出 8 个苹果，分别放入 8 台榨汁机同时榨汁。此时，小胡只需要 5min 就能够制作出 8 杯苹果汁。为了制作 n 杯果汁，非向量化执行的方式是用 1 台榨汁机重复循环制作 n 次，而向量化执行的方式是用 n 台榨汁机只执行 1 次，如图 1.6 所示。

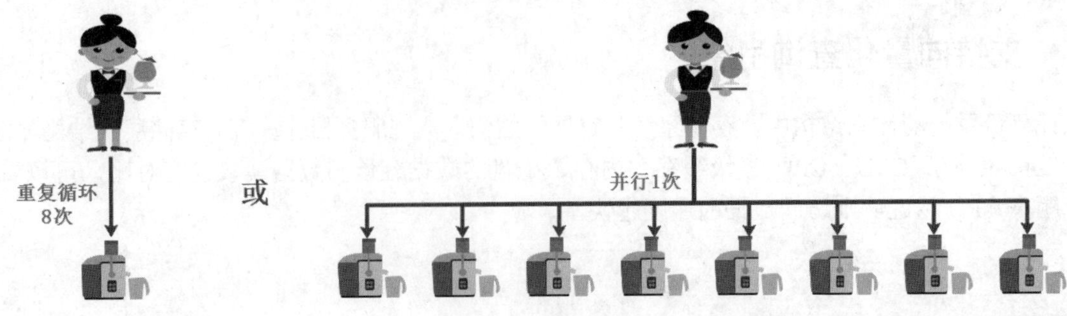

图 1.6　向量化执行

为了实现向量化执行，需要利用 CPU 的 SIMD 指令。SIMD 的全称是 single instruction multiple data，即用单条指令操作多条数据，通过数据并行以提高性能的一种实现方式（其他的还有指令级并行和线程级并行），它的原理是在 CPU 寄存器层面实现数据的并行操作。

Doris 查询引擎是向量化的查询引擎，所有的内存结构能够按照列式布局，达到大幅减少虚函数调用，提升缓存命中率，高效利用 SIMD 指令的效果。在宽表聚合场景下其性能是非向量化引擎的 5～10 倍。

1.4.8　动态调整执行计划

Doris 采用了 Adaptive Query Execution 技术，可以根据 Runtime Statistics 动态调整执行计划，如通过 Runtime Filter 技术在运行时生成 Filter 推到 Probe 侧，并且能够将 Filter 自动穿透到 Probe 侧最底层的 Scan 节点，从而大幅减少 Probe 的数据量，加速 Join 性能。Doris 的 Runtime Filter 支持 In/Min/Max/Bloom Filter。

1.4.9　采用 CBO 和 RBO 查询优化器

数据库 SQL 语句执行流程如图 1.7 所示。

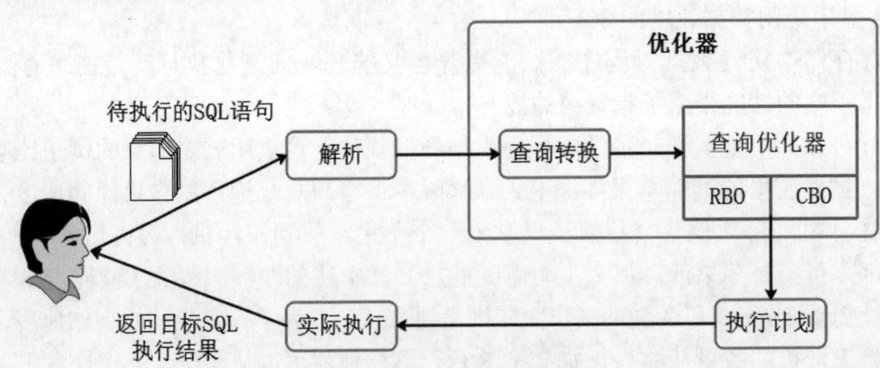

图 1.7　SQL 语句执行流程

在 SQL 优化器中最重要的一个组件是查询优化器（query optimizer），在海量数据分析中一条 SQL 生成的执行计划搜索空间非常庞大，查询优化器就是对执行计划空间进行裁剪，减少搜索空间的代价。查询优化器对于 SQL 的执行非常重要，不管是关系型数据库系统 Oracle、MySQL，还是大数

据领域中的 Hive、SparkSQL、Flink SQL，都会有一个查询优化器进行 SQL 执行计划优化。

有的数据库系统会采用自研的查询优化器，有的则会采用开源的查询优化器插件。如 Oracle 数据库的查询优化器是 Oracle 公司自研的一个核心组件，负责解析 SQL，其目的是按照一定的原则来获取目标 SQL 在当前情形下执行的最高效执行路径；而 Apache Calcite 则是一个优秀的开源查询优化器插件。

查询优化器主要解决的是多个连接操作的复杂查询优化，负责生成、制订 SQL 的执行计划，目前主要有两种查询优化器：基于规则的优化器（rule-based optimizer，RBO）与基于代价的优化器（cost-based optimizer，CBO），下面分别大致了解 RBO 和 CBO 的原理。

1. RBO

RBO 按照硬编码在数据库中的一系列规则来决定 SQL 的执行计划，只要我们按照这套规则来写 SQL 语句，无论表中的数据分布和数据量如何都不会影响这套规则下的执行计划。以 Oracle 数据库为例，RBO 根据 Oracle 指定的优先顺序规则，对指定的表进行执行计划的选择，如在规则中索引的优先级大于全表扫描。

通过以上内容可以了解到 RBO 对数据不敏感，但在实际的场景中，数据的量级以及数据的分布会严重影响 SQL 执行性能，故这也是 RBO 的缺点所在，RBO 生成的执行计划往往不是最优的。

2. CBO

CBO 根据优化规则对关系表达式进行转换，按照表、索引、列等信息生成多个执行计划，然后根据统计信息（statistics）和代价模型（cost model）计算各种可能执行计划的代价，即 cost，从中选用代价最小的执行方案，作为实际运行方案。

CBO 依赖数据库对象的统计信息，这些信息包括 SQL 执行路径的 I/O、网络开销、CPU 使用情况等，目前各大数据库和大数据的计算引擎都倾向于使用 CBO，或者结合使用 RBO 和 CBO（可以基于两者选择最优的执行计划，提高效率）。例如，Oracle 从 10g 版本开始彻底放弃了 RBO，MySQL 使用的也是 CBO；在大数据领域中，Hive 在 0.14 版本引入 CBO，Spark 计算框架使用的是 Catalyst 查询引擎（基于 Scala 开发），这种查询引擎支持 RBO 和 CBO，Flink 计算框架使用的是 Calcite 查询引擎（开源），这种查询引擎也是同时支持 RBO 和 CBO。

同样，Doris 在优化器方面也是使用 CBO 和 RBO 结合的优化策略，RBO 支持常量折叠、子查询改写、谓词下推等，CBO 支持 Join Reorder。目前 CBO 还在持续优化，主要集中在更加精准的统计信息收集和推导，以及代价模型预估等方面。

1.5 Doris 部署

Doris 运行在 Linux 环境中，推荐使用 CentOS 7.x 或者 Ubuntu 16.04 以上版本，同时需要安装 Java 运行环境，JDK 最低版本要求是 JDK 1.8。本书使用的是 Linux CentOS 7.9，JDK 1.8。

1.5.1 开发测试环境/生产配置建议

Doris 官方建议开发测试/生产环境的配置如表 1.1 和表 1.2 所示。

表 1.1 开发测试环境配置

模 块	CPU	内 存	磁 盘	网 络	实例数量
FE	8 核+	8GB+	SSD 或 SATA，10GB+	千兆网卡	1
BE	8 核+	16GB+	SSD 或 SATA，50GB+	千兆网卡	1～3

表 1.2 生产环境配置

模 块	CPU	内 存	磁 盘	网 络	实例数量（最低要求）
FE	16 核+	64GB+	SSD 或 RAID 卡，10GB+	万兆网卡	1～3
BE	16 核+	64GB+	SSD 或 SATA，100GB+	万兆网卡	3

部署 FE 需要注意以下几点。

（1）FE 的磁盘空间主要用于存储元数据，包括日志和 image。通常从几百兆字节（MB）到几个吉字节（GB）不等。

（2）多个 FE 所在服务器的时钟必须保持一致（允许最多 5s 的时钟偏差）。

（3）FE 角色分为 Leader、Follower 和 Observer，Leader 为 Follower 组中选举出来的一种角色，后续统称为 Follower。

（4）FE 节点数量至少为 1 个 Follower，该 Follower 就是 Leader。Follower 的数量必须为奇数（因为需要投票选举主节点），Observer 数量随意。

（5）当 FE 中部署 1 个 Follower 和 1 个 Observer 时，可以实现读高可用。当部署 3 个 Follower 时，可以实现读写高可用（HA）。

（6）根据经验，当集群可用性要求很高时（如提供在线业务），可以部署 3 个 Follower 和 1～3 个 Observer。如果是离线业务，建议部署 1 个 Follower 和 1～3 个 Observer。

部署 BE 需要注意以下几点。

（1）BE 的磁盘空间主要用于存放用户数据，总磁盘空间按用户总数据量的 3 倍（三副本）计算，然后预留 40%的额外空间用作后台 compaction 以及一些中间数据的存放。

（2）一台机器上可以部署多个 BE 实例，但是只能部署一个 FE。如果需要三副本数据，那么至少需要 3 台机器各部署一个 BE 实例（而不是 1 台机器部署 3 个 BE 实例）。

（3）测试环境也可以仅使用一个 BE 进行测试。在实际生产环境中，BE 实例数量直接决定整体查询延迟。

Doris 的性能与节点数量及配置正相关，建议生产环境中部署 Doris 时使用 10～100 台机器来充分发挥 Doris 性能，其中 3 台部署 FE（HA），剩余的部署 BE。如果 FE 和 BE 混合部署，需要注意资源竞争问题，并保证元数据目录和数据目录分属不同磁盘。

1.5.2 Broker 部署介绍

Broker 是用于访问外部数据源（如 hdfs）的进程，通常在每台机器上部署一个 Broker 实例即可。

1.5.3 操作系统安装要求

对于 Linux 文件系统，建议在安装操作系统时使用 ext4 文件系统，其他格式也可以。CentOS7 中

查看文件系统的命令为/etc/fstab，如图 1.8 所示。

```
#
# /etc/fstab
# Created by anaconda on Sun Jul  5 13:55:01 2020
#
# Accessible filesystems, by reference, are maintained under '/dev/disk'
# See man pages fstab(5), findfs(8), mount(8) and/or blkid(8) for more info
#
/dev/mapper/centos-root /                       xfs     defaults        0 0
UUID=1a942c0e-6905-4bfb-ae0a-cc0af1d78280 /boot                   xfs     defaults        0 0
/dev/mapper/centos-home /home                   xfs     defaults        0 0
/dev/mapper/centos-swap swap                    swap    defaults        0 0
```

图 1.8　使用命令/etc/fstab 查看文件系统

或者使用命令 df -Th，如图 1.9 所示。

```
文件系统                类型      容量  已用  可用 已用% 挂载点
devtmpfs                devtmpfs  1.9G     0  1.9G    0% /dev
tmpfs                   tmpfs     2.0G     0  2.0G    0% /dev/shm
tmpfs                   tmpfs     2.0G  9.1M  1.9G    1% /run
tmpfs                   tmpfs     2.0G     0  2.0G    0% /sys/fs/cgroup
/dev/mapper/centos-root xfs        50G  3.9G   47G    8% /
/dev/sda1               xfs      1014M  182M  833M   18% /boot
/dev/mapper/centos-home xfs       147G   33M  147G    1% /home
tmpfs                   tmpfs     391M     0  391M    0% /run/user/0
```

图 1.9　使用命令 df -Th 查看文件系统

Linux 操作系统中文件句柄数代表一个进程能同时维持多少个“文件”开启而不关闭，一个开启的“文件”就对应一个文件句柄。这里说的“文件”并非我们通常理解的文件，在 Linux 中一切 I/O 都是“文件”，也就是说打开硬盘上的文件是一个“文件”，一个未关闭的 TCP Socket 也是一个“文件”，甚至控制台输入/输出也是“文件”。

Linux 系统中文件句柄数默认为 1024，在生产环境系统中这些远远不够，所以我们需要将 Linux 操作系统的打开文件句柄数调大一些。

Doris 的元数据要求时间精度要小于 5000ms，所以所有集群、所有机器要进行时钟同步，避免时钟问题引发的元数据不一致导致服务出现异常。

Linux 交换分区会给 Doris 带来很严重的性能问题，需要在安装之前禁用交换分区。关闭 swap 分区需要注释掉/etc/fstab 文件中文件类型为 swap 的行，然后重启该节点，如图 1.10 所示。

```
#
# /etc/fstab
# Created by anaconda on Sun Jul  5 13:55:01 2020
#
# Accessible filesystems, by reference, are maintained under '/dev/disk'
# See man pages fstab(5), findfs(8), mount(8) and/or blkid(8) for more info
#
/dev/mapper/centos-root /                       xfs     defaults        0 0
UUID=1a942c0e-6905-4bfb-ae0a-cc0af1d78280 /boot                   xfs     defaults        0 0
/dev/mapper/centos-home /home                   xfs     defaults        0 0
#/dev/mapper/centos-swap swap                    swap    defaults        0 0
```

图 1.10　禁用交换分区

在部署 Doris 时，从 1.2.0 版本往后，需要在部署 BE 的节点上调大单个 JVM 进程的虚拟机内存区域数量以支撑更多的线程，BE 启动脚本会通过/proc/sys/vm/max_map_count 检查数值是否大于等于

2000000，若小于则启动失败。该值默认为 65530，可以通过 sysctl -w vm.max_map_count=2000000 命令调大该参数。以上参数只是临时设置，当重启机器后会失效，永久设置可以在/etc/sysctl.conf 文件中加入 vm.max_map_count=2000000 参数。

1.5.4 网络需求

Doris 各个实例直接通过网络进行通信。表 1.3 展示了所有需要的通信端口。

表 1.3 Doris 通信端口

实例名称	端口名称	默认端口	通信方向	说明
BE	be_port	9060	FE→BE	BE 上的 thrift server 端口，用于接收来自 FE 的请求
BE	webserver_port	8040	BE→BE	BE 上的 http server 端口
BE	heartbeat_service_port	9050	FE→BE	BE 上的心跳服务端口（thrift），用于接收来自 FE 的心跳
BE	brpc_port	8060	FE↔BE，BE↔BE	BE 上的 brpc 端口，用于 BE 之间的通信
FE	http_port	8030	FE↔FE，用户↔FE	FE 上的 http server 端口
FE	rpc_port	9020	BE→FE，FE↔FE	FE 上的 thrift server 端口，每个 FE 的配置需要保持一致
FE	query_port	9030	用户↔FE	FE 上的 MySQL server 端口
FE	edit_log_port	9010	FE↔FE	FE 上的 bdbje 之间通信用的端口
Broker	broker_ipc_port	8000	FE→Broker，BE→Borker	Broker 上的 thrift server 端口，用于接收请求

当部署多个 FE 实例时，要保证 FE 的 http_port 配置相同。

1.6 Doris 分布式部署

部署 Doris 时需要分别部署 FE、BE、Broker，然后建立 FE 和 BE 的关系。

Doris 中部署多 FE 的思路为先在一个节点上部署一个 FE 并启动，相当于启动 Doris 服务，然后配置更多的 FE 节点，添加到 Doris 服务中，给该 Doris 的 FE 进行扩容，最终形成多节点 FE。FE 分为 Leader、Follwer 和 Observer 3 种角色，多节点 FE 中首先启动的 FE 节点自动为 Leader，部署完成一个 FE 节点后，按照集群划分将其他 Follower 和 Observer 节点加入 FE 中即可。

部署 BE 需要在完成 FE 部署后，然后配置 BE 各个节点并启动，通过对应命令将多个 BE 节点添加到 Doris 集群中，即创建了 FE、BE 的关系。

Broker 的部署是可选的，如果需要从第三方存储系统导入数据，则需要部署相应的 Broker，默认提供了读取 HDFS、对象存储的 fs_broker。Borker 以插件的形式独立于 Doris 集群，部署时也需在部署完 FE 和 BE 后，将各个 Broker 节点添加到 Doris 集群中。

1.6.1　Doris 下载

之前 Doris 需要用户手动编译源码进行部署安装，现在 Doris 官方提供了对应编译完成的安装包，可以直接下载进行部署。Doris 下载地址为 https://doris.apache.org/zh-CN/download/。这里下载其 1.2.1 版本，如图 1.11 所示。

版本	发布日期	下载	版本通告
1.2.1 (latest)	2023-01-04	源码 / 二进制	Release Note
1.1.5	2022-12-20	源码 / 二进制	Release Note
1.1.4	2022-11-11	源码 / 二进制	Release Note
1.1.3	2022-10-17	源码 / 二进制	Release Note
1.1.2	2022-09-13	源码 / 二进制	Release Note
1.1.1	2022-07-29	源码 / 二进制	Release Note
1.1.0	2022-07-14	源码 / 二进制	Release Note
0.15.0	2021-11-29	源码 / 二进制	Release Note
0.14.0	2021-05-26	源码 / 二进制	Release Note
0.13.0	2020-10-24	源码 / 二进制	Release Note

（a）Doris 版本目录

Index of /apache/doris/1.2/1.2.1-rc01

Name	Last modified	Size	Description
Parent Directory		-	
apache-doris-1.2.1-src.tar.xz	2022-12-31 23:14	40M	
apache-doris-be-1.2.1-bin-arm.tar.xz	2022-12-31 23:14	500M	
apache-doris-be-1.2.1-bin-x86_64-noavx2.tar.xz	2022-12-31 23:14	515M	
apache-doris-be-1.2.1-bin-x86_64.tar.xz	2022-12-31 23:14	518M	
apache-doris-dependencies-1.2.1-bin-arm.tar.xz	2022-12-31 23:14	530M	
apache-doris-dependencies-1.2.1-bin-x86_64.tar.xz	2022-12-31 23:14	421M	
apache-doris-fe-1.2.1-bin-arm.tar.xz	2022-12-31 23:14	466M	
apache-doris-fe-1.2.1-bin-x86_64.tar.xz	2022-12-31 23:14	466M	

（b）Doris 1.2.1 相关文件

图 1.11　下载 Doris 1.2.1

由于受 Apache 服务器文件大小限制，1.2 版本的二进制程序被分为 3 个包。

- ☑ apache-doris-fe-1.2.1-bin-x86_64.tar.xz。
- ☑ apache-doris-be-1.2.1-bin-x86_64.tar.xz。
- ☑ apache-doris-dependencies-1.2.1-bin-x86_64.tar.xz。

其中新增的 apache-doris-dependencies 包含用于支持 JDBC 外表和 Java UDF 的 jar 包，以及 Broker 和 AuditLoader。下载后，需要将其中的 java-udf-jar-with-dependencies.jar 放到 be/lib 目录下。

1.6.2 节点划分

根据 Doris 官方建议，部署 Doris 时 FE 和 BE 分开部署，这里部署 3 个 Follower（Leader 和 Follow 统称为 Follower）、2 个 Observer、3 个 BE、5 个 Broker，共使用 5 个节点完成，每个节点使用 4 核和 4GB 内存，角色和节点分布如表 1.4 所示。

表 1.4 不同节点的作用

节点 IP	节 点 名 称	FE（Follower）	FE（Observer）	BE	Broker（可选）
192.168.179.4	node1	★			★
192.168.179.5	node2	★			★
192.168.179.6	node3	★		★	★
192.168.179.7	node4		★	★	★
192.168.179.8	node5		★	★	★

1.6.3 节点配置

在各个节点上按照如下步骤进行配置。

1. 设置文件句柄数

在 node1～node5 各个节点上配置/etc/security/limits.conf 文件的如下内容，设置系统最大打开文件句柄数。

```
#打开 limits.conf 文件，vim /etc/security/limits.conf
* soft nofile 65536
* hard nofile 65536
```

⚠注意

各个节点配置完成后，如果是 ssh 连接到各个节点，需要重新打开新的 ssh 窗口生效或者重新启动机器生效。查看生效命令如下。

```
#查看可以打开最大文件描述符的数量，默认是 1024
ulimit -n
```

2. 时间同步

在 node1～node5 各个节点上进行时间同步。首先在各个节点上修改本地时区及安装 ntp 服务。

```
yum -y install ntp
rm -rf /etc/localtime
ln -s /usr/share/zoneinfo/Asia/Shanghai /etc/localtime
/usr/sbin/ntpdate -u pool.ntp.org
```

然后设置定时任务自动同步时间。设置定时任务每 10min 同步一次，配置/etc/crontab 文件，实现自动执行任务。建议直接使用 crontab -e 来写入定时任务。使用 crontab -l 查看当前用户定时任务。

```
#各个节点执行 crontab -e 写入以下内容
*/10 * * * *  /usr/sbin/ntpdate -u pool.ntp.org >/dev/null 2>&1

#重启定时任务
service crond restart

#查看日期
date
```

3. 关闭 swap 分区

在 node1～node5 各个节点上关闭 swap 分区。在各个节点上修改/etc/fstab 文件，注释掉带有 swap 的行。

```
#注释掉 swap 行，vim /etc/fstab
...
#/dev/mapper/centos-swap swap swap    defaults        0 0
...
```

以上配置完成后，需要重启机器生效，如果不想重启机器，可以在各个节点上执行 swapoff -a 临时关闭 swap 分区。执行后，通过 free -m 命令查看 swap 分区是否已经关闭，如图 1.12 所示。

图 1.12　查看 swap 分区是否已经关闭

4. 调大单个进程的虚拟内存区域数量

BE 启动脚本通过/proc/sys/vm/max_map_count 检查数量否大于 2000000，这关系到能否启动成功。只需要在部署 BE 的节点上设置 sysctl -w vm.max_map_count=2000000 即可，这里在 node1～node5 节点上都进行了设置。

```
#限制单个进程的虚拟内存区域数量（临时设置）
sysctl -w vm.max_map_count=2000000
```

以上是临时设置，当节点重启后会失效，可以在/etc/sysctl.conf 中加入 vm.max_map_count=2000000 进行永久设置。在 node1～node5 节点上配置/etc/sysctl.conf 进行永久设置。

```
#vim /etc/sysctl.conf （追加参数，永久设置）
...
vm.max_map_count=2000000
...
```

设置成功后，重启机器，可以通过 cat /proc/sys/vm/max_map_count 命令检查此值是否为 2000000。

1.6.4　FE 部署及启动

首先在 node1 节点上部署 Doris FE，然后对 Doris 进行 FE 扩容，最终形成 3 个节点的 FE。

1. 创建 Doris 部署目录

在 node1～node5 节点上创建/software/doris-1.2.1，方便后续操作。

```
#各个节点创建目录/software/doris-1.2.1
mkdir -p /software/doris-1.2.1
```

2. 上传安装包并解压

在 node1 节点上传 apache-doris-fe-1.2.1-bin-x86_64.tar.xz 安装包到 doris-1.2.1 目录并解压。

```
#在 node1 节点上进行解压
[root@node1 ~]# tar -xvf /software/doris-1.2.1/apache-doris-fe-1.2.1-bin-x86_
64.tar.xz

#在 node1 节点上对解压的文件进行改名
[root@node1 ~]# cd /software/doris-1.2.1/&&mv apache-doris-fe-1.2.1-bin-x86_64
apache-doris-fe
```

3. 修改 fe.conf 配置文件

在 node1 节点上修改/software/doris-1.2.1/apache-doris-fe/conf/fe.conf 配置文件，这里主要修改两个参数：priority_networks 及 meta_dir。

- ☑ priority_networks：指定 FE 唯一的 IP 地址，必须配置，尤其是当节点有多个网卡时要配置正确。
- ☑ meta_dir：元数据目录，可以不配置，默认是 Doris FE 安装目录下的 doris-meta 目录，如果指定其他目录需要提前创建好目录。在生成环境中建议目录放在单独的磁盘上。

```
#vim /software/doris-1.2.1/apache-doris-fe/conf/fe.conf
...
meta_dir = /software/doris-1.2.1/apache-doris-fe/doris-meta
priority_networks = 192.168.179.4/24 #注意不同节点 IP 配置不同
...
```

4. 启动 FE

在 node1 节点 FE 安装目录下执行如下命令，完成 FE 的启动。

```
#启动 FE
[root@node1 ~]# cd /software/doris-1.2.1/apache-doris-fe/bin
[root@node1 ~]# ./start_fe.sh --daemon
```

FE 进程启动进入后台执行，日志默认存放在 FE 解压目录 log/下。如启动失败，可以通过 log/fe.log 或 log/fe.out 查看错误信息。

5. 访问 FE

启动 Doris FE 后，可以通过 Doris FE 提供的 Web UI 来检查是否启动成功，在浏览器地址栏中输入 http://node1:8030，看到如图 1.13（a）所示的页面代表 FE 启动成功。用户名为 root，密码为空，登录 FE 后可以单击 frontends 来查看 FOLLOWER 信息，如图 1.13（b）所示。

可以看到，在 node1 上启动的 Follower 成为 Leader。

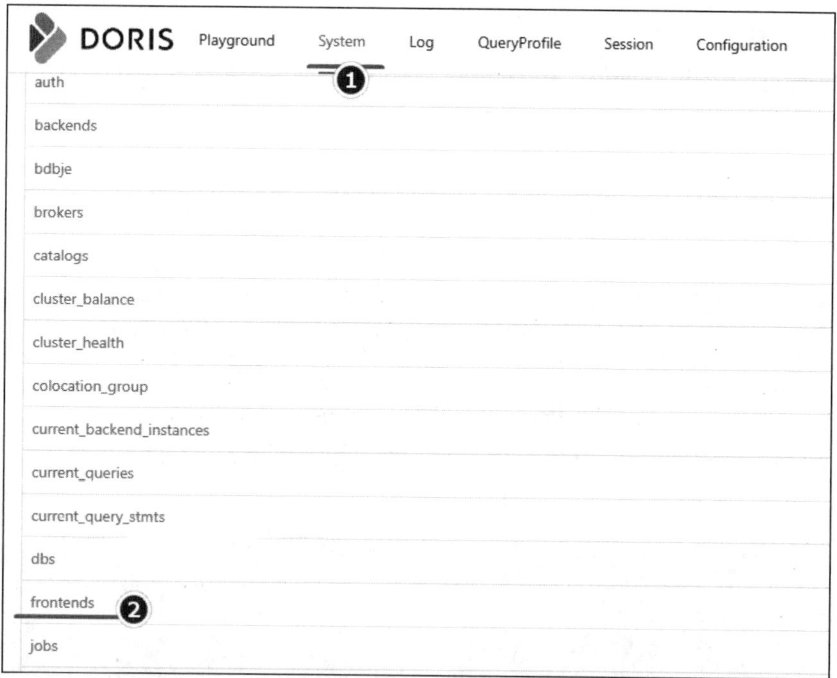

（a）Doris FE 启动成功界面

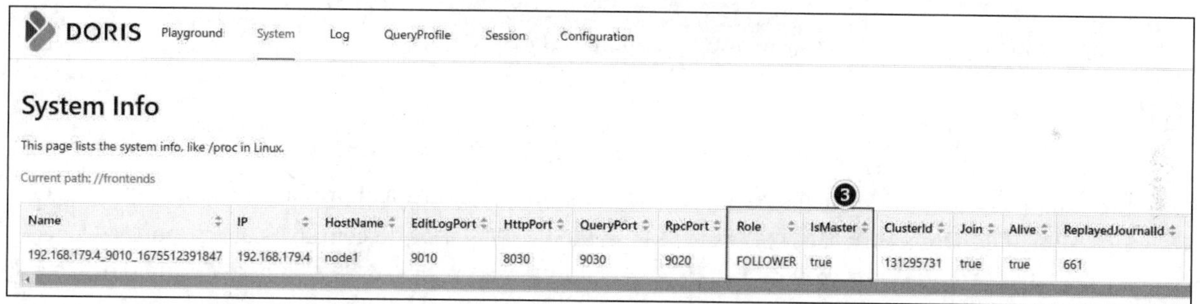

（b）FOLLOWER 信息

图 1.13　查看 FOLLOWER 信息

6. 停止 FE

如果想要停止 FE，可以执行如下命令，这里不再进行演示。

```
#进入/software/doris-1.2.1/apache-doris-fe/bin 目录，执行如下命令
./stop_fe.sh
```

1.6.5　FE 扩缩容

FE 扩缩容包括 FE 中 Follower 的扩缩容和 FE 中 Observer 的扩缩容。根据节点划分，这里配置 3 个 Follower（node1～node3）和 2 个 Observer（node4、node5）。

1．通过 MySQL 客户端连接 Doris

Doris 采用 MySQL 协议进行通信，用户可通过 MySQL 客户端或者 MySQL JDBC 连接到 Doris 集群。选择 MySQL 客户端版本时建议采用 5.1 之后的版本，因为 5.1 之前的版本不支持长度超过 16 个字符的用户名。

给 FE 进行扩容同样需要通过 MySQL 客户端来连接 Doris FE，可以在 node1 节点上下载免安装的 MySQL，命令如下。

```
[root@node1 ~]# cd /software/
[root@node1 ~]# wget https://cdn.mysql.com//archives/mysql-5.7/mysql-5.7.22-linux-glibc2.12-x86_64.tar.gz
```

也可以在资料中获取 mysql-5.7.22-linux-glibc2.12-x86_64.tar.gz 文件。

下载完免安装 MySQL 后，进行解压，在 bin/目录下可以找到 MySQL 命令行工具，然后执行命令连接 Doris 即可，具体操作如下。

```
#解压 mysql-5.7.22-linux-glibc2.12-x86_64.tar.gz
[root@node1 software]# tar -zxvf ./mysql-5.7.22-linux-glibc2.12-x86_64.tar.gz

#修改名称
[root@node1 software]# mv mysql-5.7.22-linux-glibc2.12-x86_64 mysql-5.7.22-client

#连接 Doris
[root@node1 bin]# ./mysql -u root -P9030 -h127.0.0.1
```

⚠注意

（1）连接 Doris 使用的 root 用户是 Doris 内置的默认用户，也是超级管理员用户。关于用户权限设置可以参照官网：https://doris.apache.org/zh-CN/docs/dev/admin-manual/privilege-ldap/user-privilege/。

（2）-P 是连接 Doris 的查询端口，默认端口是 9030，对应的是 fe.conf 里的 query_port。

（3）-h 是我们连接的 FE IP 地址，如果客户端和 FE 安装在同一个节点可以使用 127.0.0.1，这也是 Doris 提供的备用方案。如果忘记 root 密码，可以通过这种方式直接连接登录，对 root 密码进行重置。

给 root 用户设置密码，操作如下。

```
#给当前登录的 root 用户设置密码为 123456
mysql> set password = password('123456');
```

通过以上操作设置密码后，再次访问 http://node1:8030 时，密码需要指定为设置的密码，否则无法登录。

查看 Doris FE 运行状态。

```
mysql> show frontends\G
*************************** 1. row ***************************
             Name: 192.168.179.4_9010_1675512391847
               IP: 192.168.179.4
      EditLogPort: 9010
```

```
          HttpPort: 8030
         QueryPort: 9030
           RpcPort: 9020
              Role: FOLLOWER
          IsMaster: true
         ClusterId: 131295731
              Join: true
             Alive: true
ReplayedJournalId: 1228
     LastHeartbeat: 2023-02-04 21:21:23
          IsHelper: true
            ErrMsg:
           Version: doris-1.2.1-rc01-Unknown
  CurrentConnected: Yes
1 row in set (0.02 sec)
```

注意

如果 IsMaster、Join 和 Alive 3 项均为 true，则表示节点正常。

2．FE Follower 扩缩容

可以通过将 Doris FE 扩容至 3 个以上节点来实现 FE 的高可用，FE 节点的扩容和缩容过程不影响当前系统的运行。根据前面集群的规划要在 node1～node3 节点上搭建 Doris FE，目前在 node1 搭建好了 FE 并启动，该启动的 FE 自动成为 Leader，下面在 node2 和 node3 节点配置 FE 后加入 Doris 集群中，给 Doris 集群扩容，详细步骤如下。

（1）准备 FE 安装包。将 node1 节点上配置好的 FE 安装包发送到 node2、node3 节点上。

```
[root@node1 ~]# cd /software/doris-1.2.1/
[root@node1 doris-1.2.1]# scp -r ./apache-doris-fe/ node2:/software/doris-1.2.1/
[root@node1 doris-1.2.1]# scp -r ./apache-doris-fe/ node3:/software/doris-1.2.1/
```

发送完成后，在 node2、node3 节点将 apache-doris-fe/doris-meta/元数据清空或者重新创建该目录，否则后续启动 Follower FE 将出现问题，操作如下。

```
#node2 节点
[root@node2 ~]# rm -rf /software/doris-1.2.1/apache-doris-fe/doris-meta/*

#node3 节点
[root@node3 ~]# rm -rf /software/doris-1.2.1/apache-doris-fe/doris-meta/*
```

（2）在 node2、node3 上修改 fe.conf 配置文件。这里 node2、node3 节点的 FE 配置同 node1 中配置，两个节点中只需要修改/software/doris-1.2.1/apache-doris-fe/conf/fe.conf 配置文件中 priority_networks 参数为当前节点的 IP 即可。

```
# vim /software/doris-1.2.1/apache-doris-fe/conf/fe.conf
...
priority_networks = 192.168.179.5/24 #node2 节点
...
...
```

```
priority_networks = 192.168.179.6/24 #node3 节点
...
```

（3）在 node2、node3 上启动 FE。在 node2、node3 节点配置 FE 完成后，因为是 Follower 角色，已经存在 node1 为 Leader，所以第一次启动时需要执行如下命令，指定 Leader 所在节点 IP 和端口，端口为 fe.conf 中 edit_log_port 配置项，默认为 9010。

```
#node2 节点启动 FE
[root@node2 ~]# cd /software/doris-1.2.1/apache-doris-fe/bin/
[root@node2 bin]# ./start_fe.sh --helper node1:9010 --daemon

#node3 节点启动 FE
[root@node3 ~]# cd /software/doris-1.2.1/apache-doris-fe/bin/
[root@node3 bin]# ./start_fe.sh --helper node1:9010 --daemon
```

注意

--helper 参数仅在 Follower 和 Observer 第一次启动时才需要。

（4）添加 FE Follower 到 Doris 集群。在 node1 中进入 MySQL 客户端，连接到 Doris 集群，执行如下命令，将 node2、node3 启动的 FE 加入集群中。

```
#在 node1 中通过 MySQL 连接 Doris 集群
[root@node1 bin]# ./mysql -u root -P9030 -h127.0.0.1

#执行命令，将 FE Follower 加入 Doris 集群中
mysql> ALTER SYSTEM ADD FOLLOWER "node2:9010";
Query OK, 0 rows affected (0.05 sec)

mysql> ALTER SYSTEM ADD FOLLOWER "node3:9010";
Query OK, 0 rows affected (0.02 sec)
```

添加完成之后可以访问 node1～node3 中任何一个节点的 8030 端口登录 WebUI，查看对应的 FE 信息，这里登录 http://node1:8030 查看 FE 信息，如图 1.14 所示。

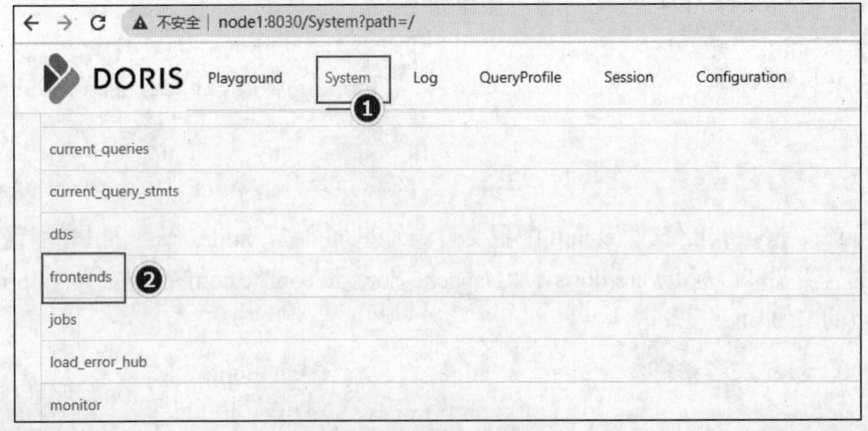

（a）Doris FE 界面

图 1.14　查看 FE 信息

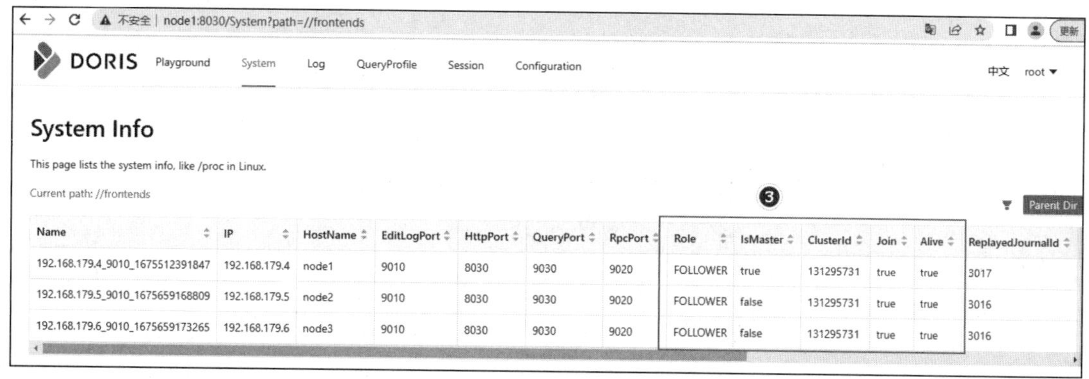

（b）FE 启动信息

图 1.14　查看 FE 信息

也可以通过 SQL 的 show frontends\G 命令来查询集群信息，当加入了更多的 FE 后，用户可以在 node1 MySQL 客户端连接到 node1～node3 中的任何一个节点来编写 SQL。

```
#连接 node3 FE 编写 SQL
[root@node1 bin]# ./mysql -uroot -P9030 -h192.168.179.6 -p123456
mysql> show frontends\G;
*************************** 1. row ***************************
             Name: 192.168.179.4_9010_1675512391847
               IP: 192.168.179.4
      EditLogPort: 9010
         HttpPort: 8030
        QueryPort: 9030
          RpcPort: 9020
             Role: FOLLOWER
         IsMaster: true
        ClusterId: 131295731
             Join: true
            Alive: true
ReplayedJournalId: 3038
    LastHeartbeat: 2023-02-06 12:57:40
         IsHelper: true
           ErrMsg:
          Version: doris-1.2.1-rc01-Unknown
 CurrentConnected: Yes
*************************** 2. row ***************************
             Name: 192.168.179.5_9010_1675659168809
               IP: 192.168.179.5
      EditLogPort: 9010
         HttpPort: 8030
        QueryPort: 9030
          RpcPort: 9020
             Role: FOLLOWER
         IsMaster: false
        ClusterId: 131295731
```

```
             Join: true
            Alive: true
ReplayedJournalId: 3037
    LastHeartbeat: 2023-02-06 12:57:40
         IsHelper: true
           ErrMsg:
          Version: doris-1.2.1-rc01-Unknown
 CurrentConnected: No
*************************** 3. row ***************************
             Name: 192.168.179.6_9010_1675659173265
               IP: 192.168.179.6
      EditLogPort: 9010
         HttpPort: 8030
        QueryPort: 9030
          RpcPort: 9020
             Role: FOLLOWER
         IsMaster: false
        ClusterId: 131295731
             Join: true
            Alive: true
ReplayedJournalId: 3037
    LastHeartbeat: 2023-02-06 12:57:40
         IsHelper: true
           ErrMsg:
          Version: doris-1.2.1-rc01-Unknown
 CurrentConnected: No
3 rows in set (0.05 sec)

ERROR:
No query specified
```

至此，Apache Doris 集群中已经完成 3 个 FE Follower 的部署（node1～node3）。

对 FE Follower 扩容完成后，也可以通过以下命令来进行 FE Follower 缩容，删除 FE Follower 节点，需要保证最终剩余的 Follower（包括 Leader）节点数量为奇数，这里不再演示 FE 缩容。

```
#对 FE 进行缩容
ALTER SYSTEM DROP FOLLOWER "fe_host:edit_log_port";
```

⚠注意

如果缩容后再将该节点加入集群中，需要清空元数据目录：rm -rf /software/doris-1.2.1/apache-doris-fe/doris-meta/*。

3. FE Observer 扩缩容

Observer 的扩缩容也是在已有一个 FE Leader 的前提下进行的，这里 node1 为 FE Leader，我们将在 node4、node5 节点上配置 Observer，Observer 配置流程与 FE Follower 的扩缩容大体一致，步骤如下。

（1）准备 FE 安装包。将 node1 节点上配置好的 FE 安装包发送到 node4、node5 节点上。

```
[root@node1 ~]# cd /software/doris-1.2.1/
[root@node1 doris-1.2.1]# scp -r ./apache-doris-fe/ node4:/software/doris-1.2.1/
[root@node1 doris-1.2.1]# scp -r ./apache-doris-fe/ node5:/software/doris-1.2.1/
```

发送完成后，在 node4、node5 节点将 apache-doris-fe/doris-meta/元数据清空或者重新创建该目录，否则后续启动 Follower FE 将出现问题，操作如下。

```
#node4 节点清空 doris-meta 目录
[root@node4 ~]# rm -rf /software/doris-1.2.1/apache-doris-fe/doris-meta/*

#node5 节点清空 doris-meta 目录
[root@node5 ~]# rm -rf /software/doris-1.2.1/apache-doris-fe/doris-meta/*
```

（2）在 node4、node5 上修改 fe.conf 配置文件。这里 node4、node5 节点的 FE 配置同 node1 中的配置，两个节点中只需要修改 /software/doris-1.2.1/apache-doris-fe/conf/fe.conf 配置文件中 priority_networks 参数为当前节点的 IP 即可。

```
# vim /software/doris-1.2.1/apache-doris-fe/conf/fe.conf
...
priority_networks = 192.168.179.7/24 #node4 节点
...
...
priority_networks = 192.168.179.8/24 #node5 节点
...
```

（3）在 node4、node5 上启动 FE。node4、node5 节点配置 FE 完成后，因为是 Observer 角色，已经存在 node1 为 FE Leader，与添加 Follower 一样，第一次启动时需要执行如下命令，指定 Leader 所在节点 IP 和端口，端口为 fe.conf 中 edit_log_port 配置项，默认为 9010。

```
#node4 节点启动 FE
[root@node4 ~]# cd /software/doris-1.2.1/apache-doris-fe/bin/
[root@node4 bin]# ./start_fe.sh --helper node1:9010 --daemon

#node5 节点启动 FE
[root@node5 ~]# cd /software/doris-1.2.1/apache-doris-fe/bin/
[root@node5 bin]# ./start_fe.sh --helper node1:9010 --daemon
```

（4）添加 FE Observer 到 Doris 集群。在 node1 中进入 MySQL 客户端，连接到 Doris 集群，执行如下命令，将 node4、node5 启动的 FE 加入集群中。

```
#在 node1 中通过 MySQL 连接 Doris 集群
[root@node1 bin]# ./mysql -u root -P9030 -h127.0.0.1

#执行命令，将 FE Observer 加入 Doris 集群中
mysql> ALTER SYSTEM ADD OBSERVER "node4:9010";
Query OK, 0 rows affected (0.05 sec)

mysql> ALTER SYSTEM ADD OBSERVER "node5:9010";
Query OK, 0 rows affected (0.02 sec)
```

注意

以上添加 Observer 操作与添加 Follower 操作命令类似，只是添加的角色不同：ALTER SYSTEM ADD FOLLOWER[OBSERVER] "fe_host:edit_log_port"。

添加完成之后可以访问 node1～node5 中任何一个节点的 8030 端口登录 WebUI，查看对应的 FE 信息，这里登录 http://node1:8030 查看 FE 信息，如图 1.15 所示。

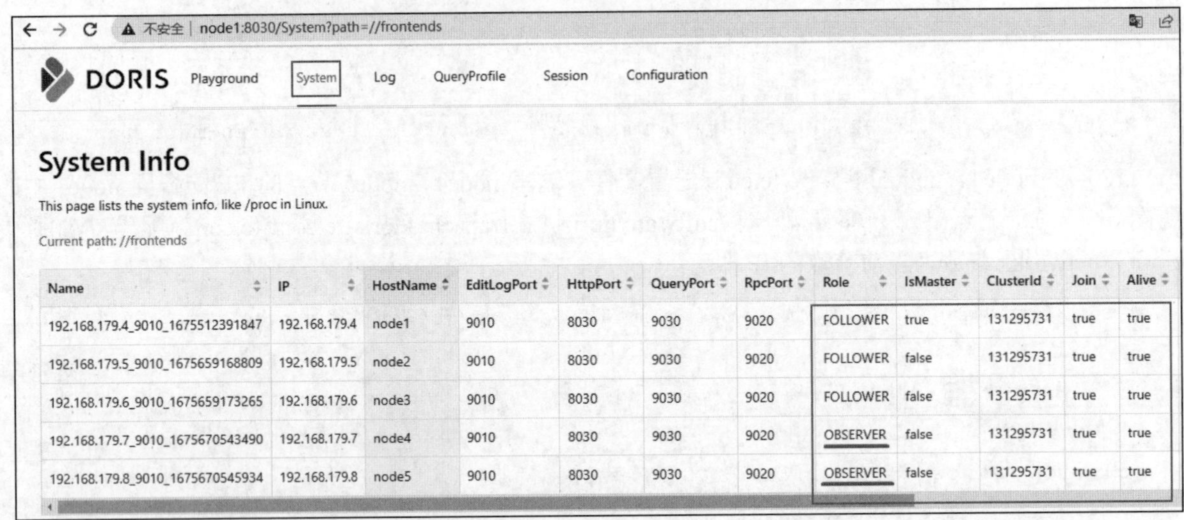

Name	IP	HostName	EditLogPort	HttpPort	QueryPort	RpcPort	Role	IsMaster	ClusterId	Join	Alive
192.168.179.4_9010_1675512391847	192.168.179.4	node1	9010	8030	9030	9020	FOLLOWER	true	131295731	true	true
192.168.179.5_9010_1675659168809	192.168.179.5	node2	9010	8030	9030	9020	FOLLOWER	false	131295731	true	true
192.168.179.6_9010_1675659173265	192.168.179.6	node3	9010	8030	9030	9020	FOLLOWER	false	131295731	true	true
192.168.179.7_9010_1675670543490	192.168.179.7	node4	9010	8030	9030	9020	OBSERVER	false	131295731	true	true
192.168.179.8_9010_1675670545934	192.168.179.8	node5	9010	8030	9030	9020	OBSERVER	false	131295731	true	true

图 1.15　查看 FE 信息

也可以通过 SQL 的 show frontends\G 命令来查询集群信息，当加入了更多的 FE 后，用户可以使用 node1 MySQL 客户端连接到 node1～node5 中的任何一个节点来编写 SQL 语句。

```
#连接 node5 FE 编写 SQL 语句
[root@node1 bin]# ./mysql -uroot -P9030 -h192.168.179.8 -p123456
mysql> show frontends\G;
*************************** 1. row ***************************
             Name: 192.168.179.8_9010_1675670545934
               IP: 192.168.179.8
      EditLogPort: 9010
         HttpPort: 8030
        QueryPort: 9030
          RpcPort: 9020
             Role: OBSERVER
         IsMaster: false
        ClusterId: 131295731
             Join: true
            Alive: true
ReplayedJournalId: 6430
    LastHeartbeat: 2023-02-06 16:06:13
         IsHelper: false
           ErrMsg:
          Version: doris-1.2.1-rc01-Unknown
 CurrentConnected: Yes
```

```
*************************** 2. row ***************************
             Name: 192.168.179.4_9010_1675512391847
               IP: 192.168.179.4
      EditLogPort: 9010
         HttpPort: 8030
        QueryPort: 9030
          RpcPort: 9020
             Role: FOLLOWER
         IsMaster: true
        ClusterId: 131295731
             Join: true
            Alive: true
ReplayedJournalId: 6431
    LastHeartbeat: 2023-02-06 16:06:13
         IsHelper: true
           ErrMsg:
          Version: doris-1.2.1-rc01-Unknown
 CurrentConnected: No
*************************** 3. row ***************************
             Name: 192.168.179.5_9010_1675659168809
               IP: 192.168.179.5
      EditLogPort: 9010
         HttpPort: 8030
        QueryPort: 9030
          RpcPort: 9020
             Role: FOLLOWER
         IsMaster: false
        ClusterId: 131295731
             Join: true
            Alive: true
ReplayedJournalId: 6430
    LastHeartbeat: 2023-02-06 16:06:13
         IsHelper: true
           ErrMsg:
          Version: doris-1.2.1-rc01-Unknown
 CurrentConnected: No
*************************** 4. row ***************************
             Name: 192.168.179.6_9010_1675659173265
               IP: 192.168.179.6
      EditLogPort: 9010
         HttpPort: 8030
        QueryPort: 9030
          RpcPort: 9020
             Role: FOLLOWER
         IsMaster: false
        ClusterId: 131295731
             Join: true
            Alive: true
ReplayedJournalId: 6430
```

```
    LastHeartbeat: 2023-02-06 16:06:13
         IsHelper: true
           ErrMsg:
          Version: doris-1.2.1-rc01-Unknown
 CurrentConnected: No
*************************** 5. row ***************************
             Name: 192.168.179.7_9010_1675670543490
               IP: 192.168.179.7
      EditLogPort: 9010
         HttpPort: 8030
        QueryPort: 9030
          RpcPort: 9020
             Role: OBSERVER
         IsMaster: false
        ClusterId: 131295731
             Join: true
            Alive: true
ReplayedJournalId: 6430
    LastHeartbeat: 2023-02-06 16:06:13
         IsHelper: false
           ErrMsg:
          Version: doris-1.2.1-rc01-Unknown
 CurrentConnected: No
5 rows in set (0.10 sec)
```

至此，Doris 集群中已经完成 3 个 FE Follower 的部署（node1～node3）、2 个 Observer 的部署（node4、node5）。

对 FE Observer 扩容完成后，也可以通过以下命令来进行 FE Observer 缩容，删除 FE Observer 节点，操作如下。

```
#将 node4、node5 FE Observer 进行缩容
mysql> ALTER SYSTEM DROP OBSERVER "node4:9010";
mysql> ALTER SYSTEM DROP OBSERVER "node5:9010";
```

对 Observer 进行缩容后，再次将对应节点 node4、node5 加入 Doris FE 中可以按照扩容操作实现。这里只需将 node4、node5 节点上/software/doris-1.2.1/apache-doris-fe/doris-meta 元数据目录清空，启动 node4、node5 对应的 FE 进程，然后执行添加命令即可。

```
#node4 节点启动 FE
[root@node4 ~]# cd /software/doris-1.2.1/apache-doris-fe/bin/
[root@node4 bin]# ./start_fe.sh --helper node1:9010 --daemon

#node5 节点启动 FE
[root@node5 ~]# cd /software/doris-1.2.1/apache-doris-fe/bin/
[root@node5 bin]# ./start_fe.sh --helper node1:9010 --daemon

#将 node4、node5 FE OBserver 再次加入 Doris 集群
mysql> ALTER SYSTEM ADD OBSERVER "node4:9010";
mysql> ALTER SYSTEM ADD OBSERVER "node5:9010";
```

4. FE 扩缩容注意事项

FE 进行扩缩容时需要注意以下几点。

- ☑ Follower FE（包括 Leader）的数量必须为奇数，建议最多部署 3 个，组成高可用（HA）模式即可。
- ☑ 当 FE 处于高可用部署时（1 个 Leader，2 个 Follower），建议通过增加 Observer FE 来扩展 FE 的读服务能力。当然也可以继续增加 Follower FE，但这不是必要的。
- ☑ 通常一个 FE 节点可以应对 10～20 个 BE 节点。建议总的 FE 节点数量在 10 个以下，而通常 3 个即可满足绝大部分需求。
- ☑ 添加 FE 时需要将对应安装包中 doris-meta 目录清空。
- ☑ helper 不能指向 FE 自身，必须指向一个或多个已存在并且正常运行的 Master/Follower FE。
- ☑ 删除 Follower FE 时，确保最终剩余的 Follower（包括 Leader）节点数量为奇数。

1.6.6 BE 部署及启动

本集群中我们在 node3、node4、node5 上配置并启动 BE。下面首先在 node3 节点上部署 Doris BE，然后将配置好的 BE 安装包分发到其他节点进行配置启动，最终形成 3 个节点的 BE。

1. 上传安装包并解压

在 node3 节点上传 apache-doris-be-1.2.1-bin-x86_64.tar.xz 安装包到 doris-1.2.1 目录并解压，解压时间稍长。

```
#在 node3 节点上进行解压
[root@node3 ~]# tar -xvf /software/doris-1.2.1/apache-doris-be-1.2.1-bin-x86_64.tar.xz

#在 node3 节点上对解压的文件进行改名
[root@node3 ~]# cd /software/doris-1.2.1/&&mv apache-doris-be-1.2.1-bin-x86_64 apache-doris-be
```

2. 修改 be.conf 配置文件

在 node3 节点上修改/software/doris-1.2.1/apache-doris-be/conf/be.conf 配置文件，这里主要修改两个参数：priority_networks 和 storage_root_path。

- ☑ priority_networks：指定 BE 唯一的 IP 地址，必须配置，尤其当节点有多个网卡时要配置正确。
- ☑ storage_root_path：配置 BE 数据存储目录。默认目录在 BE 安装目录的 storage 目录下，如果指定其他目录需要提前创建好目录，可以用逗号分开指定多个路径，也可以在路径后加入.HDD/.SSD 指定数据存储磁盘类型。

```
# vim /software/doris-1.2.1/apache-doris-be/conf/be.conf
...
priority_networks = 192.168.179.6/24 #注意不同节点 IP 配置不同
storage_root_path = /software/doris-1.2.1/apache-doris-be/storage
...
```

3．上传 apache-doris-java-udf 对应的 jar 包

将资料中的 apache-doris-dependencies-1.2.1-bin-x86_64.tar.xz 进行解压，找到其中 java-udf-jar-with-dependencies.jar，将此 jar 包放到/software/doris-1.2.1/apache-doris-be/lib 下，该 jar 包用于支持 1.2.0 版本中的 JDBC 外表和 Java UDF。

4．启动 BE

在 node3 节点 BE 安装目录下执行如下命令，完成 BE 的启动。

```
#启动 BE
[root@node3 ~]# cd /software/doris-1.2.1/apache-doris-be/bin
[root@node3 ~]# ./start_be.sh --daemon
```

BE 进程启动进入后台执行，日志默认存放在 BE 解压目录 log/下。如启动失败，可以通过 log/be.log 或者 log/be.out 查看错误信息。

5．将 node3 BE 安装包发送到其他 BE 节点

将 node3 BE 安装包/software/doris-1.2.1/apache-doris-be 发送到 node4、node5 节点，操作如下。

```
#将 BE 安装包发送到 node4
[root@node3 doris-1.2.1]# scp -r /software/doris-1.2.1/apache-doris-be/ node4:/
software/doris-1.2.1/

#将 BE 安装包发送到 node5
[root@node3 doris-1.2.1]# scp -r /software/doris-1.2.1/apache-doris-be/ node5:/
software/doris-1.2.1/
```

6．配置其他 BE 节点

在 node4、node5 节点只需配置/software/doris-1.2.1/apache-doris-be/conf/be.conf 中的 priority_networks 为对应的节点 IP 即可。

```
#node4 节点配置 be.conf
...
priority_networks = 192.168.179.7/24 #注意不同节点 IP 配置不同
...

#node5 节点配置 be.conf
...
priority_networks = 192.168.179.8/24 #注意不同节点 IP 配置不同
...
```

7．启动其他 BE 节点

在 node4、node5 节点上启动 BE。

```
#在 node4 上启动 BE
[root@node4 ~]# cd /software/doris-1.2.1/apache-doris-be/bin
[root@node4 ~]# ./start_be.sh --daemon

#在 node5 上启动 BE
[root@node5 ~]# cd /software/doris-1.2.1/apache-doris-be/bin
[root@node5 ~]# ./start_be.sh --daemon
```

注意

启动 BE 后，jps 看不到对应的进程（C++编写），可以通过 ps aux|grep be 命令来查看对应的 BE 进程。

如果想要停止 FE，可以执行如下命令，这里不再进行演示。

```
#进入/software/doris-1.2.1/apache-doris-be/bin 目录，执行如下命令
./stop_be.sh
```

1.6.7　BE 扩缩容

BE 启动之后，与之前部署的 FE 没有任何关系，现在将在 node3～node5 上启动的 BE 连接到 FE 中组成完整的 Doris 集群，将 BE 连接到 FE 集群中就是 BE 的扩容，将 BE 节点从 Doris FE 集群中去除就是 BE 的缩容。

BE 节点的扩容和缩容过程不影响当前系统运行以及正在执行的任务，并且不会影响当前系统的性能。数据均衡会自动进行。根据集群现有数据量的大小，集群会在几个小时到 1 天的不等时间内恢复到负载均衡的状态。

1. BE 扩容（创建 BE 与 FE 关系）

将启动的 BE 节点加入已有的 FE 集群中，命令如下。

```
#在 node1 节点通过 MySQL 连接 Doris 集群
[root@node1 ~]# cd /software/mysql-5.7.22-client/bin/
[root@node1 bin]# ./mysql -uroot -P9030 -h192.168.179.4 -p123456

#将 BE 节点加入 Doris 集群中
mysql> ALTER SYSTEM ADD BACKEND "node3:9050";
Query OK, 0 rows affected (0.05 sec)

mysql> ALTER SYSTEM ADD BACKEND "node4:9050";
Query OK, 0 rows affected (0.02 sec)

mysql> ALTER SYSTEM ADD BACKEND "node5:9050";
Query OK, 0 rows affected (0.01 sec)
```

加入完成之后，可以执行 show backends\G 命令来查看 BE 节点。

```
mysql> show backends\G;
*************************** 1. row ***************************
            BackendId: 11001
              Cluster: default_cluster
                   IP: 192.168.179.6
        HeartbeatPort: 9050
               BePort: 9060
             HttpPort: 8040
             BrpcPort: 8060
        LastStartTime: 2023-02-06 20:03:34
        LastHeartbeat: 2023-02-06 20:23:44
```

```
               Alive: true
  SystemDecommissioned: false
 ClusterDecommissioned: false
             TabletNum: 0
      DataUsedCapacity: 0.000
         AvailCapacity: 40.766 GB
         TotalCapacity: 49.976 GB
               UsedPct: 18.43 %
        MaxDiskUsedPct: 18.43 %
    RemoteUsedCapacity: 0.000
                   Tag: {"location" : "default"}
                ErrMsg:
               Version: doris-1.2.1-rc01-Unknown
                Status: {"lastSuccessReportTabletsTime":"2023-02-06 20:22:52",
"lastStreamLoadTime":-1,"isQueryDisabled":false,"isLoadDisabled":f
alse}HeartbeatFailureCounter: 0
              NodeRole: mix
*************************** 2. row ***************************
             BackendId: 11002
               Cluster: default_cluster
                    IP: 192.168.179.7
         HeartbeatPort: 9050
                BePort: 9060
              HttpPort: 8040
              BrpcPort: 8060
         LastStartTime: 2023-02-06 20:14:35
         LastHeartbeat: 2023-02-06 20:23:44
                 Alive: true
  SystemDecommissioned: false
 ClusterDecommissioned: false
             TabletNum: 0
      DataUsedCapacity: 0.000
         AvailCapacity: 39.699 GB
         TotalCapacity: 49.976 GB
               UsedPct: 20.56 %
        MaxDiskUsedPct: 20.56 %
    RemoteUsedCapacity: 0.000
                   Tag: {"location" : "default"}
                ErrMsg:
               Version: doris-1.2.1-rc01-Unknown
                Status: {"lastSuccessReportTabletsTime":"2023-02-06 20:23:03",
"lastStreamLoadTime":-1,"isQueryDisabled":false,"isLoadDisabled":f
alse}HeartbeatFailureCounter: 0
              NodeRole: mix
*************************** 3. row ***************************
             BackendId: 11003
               Cluster: default_cluster
                    IP: 192.168.179.8
         HeartbeatPort: 9050
                BePort: 9060
```

```
                HttpPort: 8040
               BrpcPort: 8060
           LastStartTime: 2023-02-06 20:14:36
           LastHeartbeat: 2023-02-06 20:23:44
                   Alive: true
    SystemDecommissioned: false
   ClusterDecommissioned: false
               TabletNum: 0
        DataUsedCapacity: 0.000
           AvailCapacity: 39.938 GB
           TotalCapacity: 49.976 GB
                 UsedPct: 20.08 %
          MaxDiskUsedPct: 20.08 %
      RemoteUsedCapacity: 0.000
                     Tag: {"location" : "default"}
                  ErrMsg:
                 Version: doris-1.2.1-rc01-Unknown
                  Status: {"lastSuccessReportTabletsTime":"2023-02-06 20:23:08",
"lastStreamLoadTime":-1,"isQueryDisabled":false,"isLoadDisabled":f
alse}HeartbeatFailureCounter: 0
                NodeRole: mix
3 rows in set (0.01 sec)
```

注意

Alive:true 表示 BE 节点运行正常。BE 扩容后，Doris 会自动根据负载情况进行数据均衡，其间不影响使用。至此，Doris 集群中已经完成 3 个 FE Follower 的部署（node1～node3）、2 个 Observer 的部署（node4、node5）、3 个 BE 的部署。

除了 SQL 命令，也可以通过 node1～node5 任意节点的 http://ip:8030 来查看对应的 BE 信息，如图 1.16 所示。

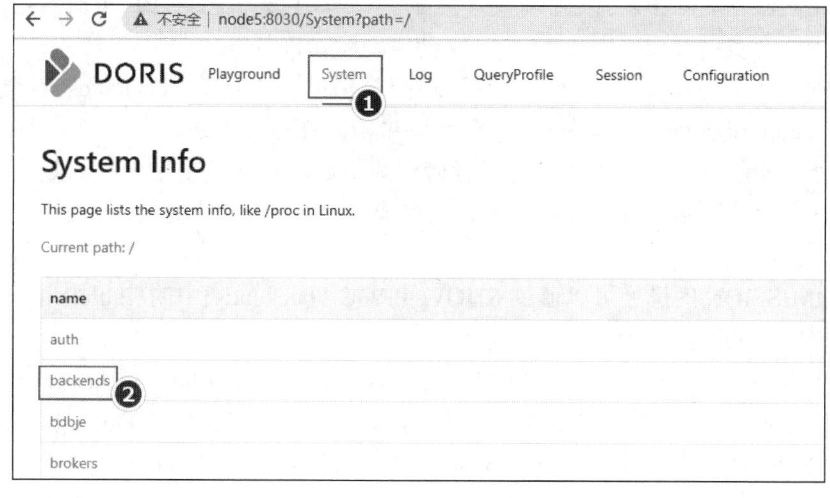

（a）Doris BE 界面

图 1.16　查看 BE 信息

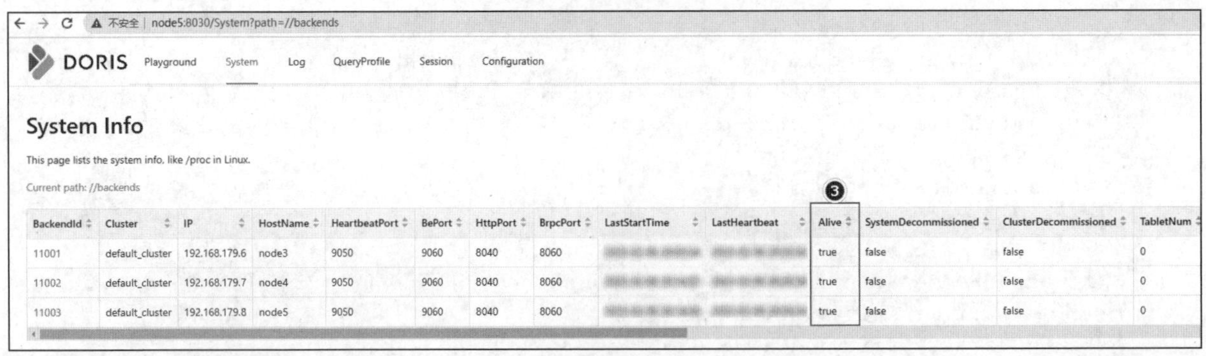

BackendId	Cluster	IP	HostName	HeartbeatPort	BePort	HttpPort	BrpcPort	LastStartTime	LastHeartbeat	Alive	SystemDecommissioned	ClusterDecommissioned	TabletNum
11001	default_cluster	192.168.179.6	node3	9050	9060	8040	8060	[illegible]	[illegible]	true	false	false	0
11002	default_cluster	192.168.179.7	node4	9050	9060	8040	8060	[illegible]	[illegible]	true	false	false	0
11003	default_cluster	192.168.179.8	node5	9050	9060	8040	8060	[illegible]	[illegible]	true	false	false	0

（b）BE 启动信息

图 1.16　查看 BE 信息（续）

2．BE 缩容

BE 缩容就是在 Doris 集群中将 BE 节点删除。删除 BE 节点有两种方式，分别使用 DROP 和 DECOMMISSION 命令。

（1）DROP 命令。DROP 命令语句如下。

```
ALTER SYSTEM DROP BACKEND "be_host:be_heartbeat_service_port";
```

注意

DROP BACKEND 直接删除该 BE，并且其上的数据将不能再恢复。因此不推荐使用 DROP BACKEND 语句删除 BE 节点。当使用这个语句时，会有对应的防误操作提示。

（2）DECOMMISSION 命令。DECOMMISSION 命令语句如下。

```
ALTER SYSTEM DECOMMISSION BACKEND "be_host:be_heartbeat_service_port";
```

关于 DECOMMISSION 命令说明如下。

- ☑ 该命令用于安全删除 BE 节点。命令下发后，Doris 会尝试将该 BE 上的数据向其他 BE 节点迁移，当所有数据都迁移完成后，Doris 会自动删除该节点。
- ☑ 该命令是一个异步操作。执行后，可以通过 SHOW PROC '/backends';看到该 BE 节点的 SystemDecommissioned 状态为 true。表示该节点正在进行下线。
- ☑ 该命令不一定执行成功。如剩余 BE 存储空间不足以容纳下线 BE 上的数据，或者剩余机器数量不满足最小副本数时，该命令都无法完成，并且 BE 一直处于 SystemDecommissioned 为 true 的状态。
- ☑ DECOMMISSION 的进度可以通过 SHOW PROC '/backends';中的 TabletNum 查看，如果正在进行，TabletNum 将不断减少。
- ☑ 该操作可以通过 CANCEL DECOMMISSION BACKEND "be_host:be_heartbeat_service_port";命令取消。取消后，该 BE 上的数据将维持当前剩余的数据量。后续 Doris 重新进行负载均衡。

下面使用 DECOMMISSION 命令对 node5 BE 角色进行下线，具体操作命令如下。

```
mysql> ALTER SYSTEM DECOMMISSION BACKEND "node5:9050";
Query OK, 0 rows affected (0.01 sec)
```

node5 BE 下线之后，还可以通过 BE 扩容命令重新将该节点添加回来，命令如下。

```
mysql> ALTER SYSTEM ADD BACKEND "node5:9050";
Query OK, 0 rows affected (0.01 sec)
```

1.6.8　Broker 部署（可选）

Broker 是 Doris 集群中的一种可选进程，主要用于支持 Doris 读写远端存储上的文件和目录。建议每一个 FE 和 BE 节点都部署一个 Broker。

Broker 通过提供一个 RPC 服务端口来提供服务，是一个无状态的 Java 进程，负责为远端存储的读写操作封装一些操作，如 open、pread、pwrite 等。除此之外，Broker 不记录任何其他信息，所以远端存储的连接信息、文件信息、权限信息等都需要通过参数在 RPC 调用中传递给 Broker 进程，才能使得 Broker 能够正确读写文件。

Broker 仅作为一个数据通路，并不参与任何计算，因此仅需占用较少的内存。通常一个 Doris 系统中会部署一个或多个 Broker 进程，并且相同类型的 Broker 组成一个组，并设定一个名称（Broker name）。

Broker 在 Doris 系统架构中的位置如图 1.17 所示。

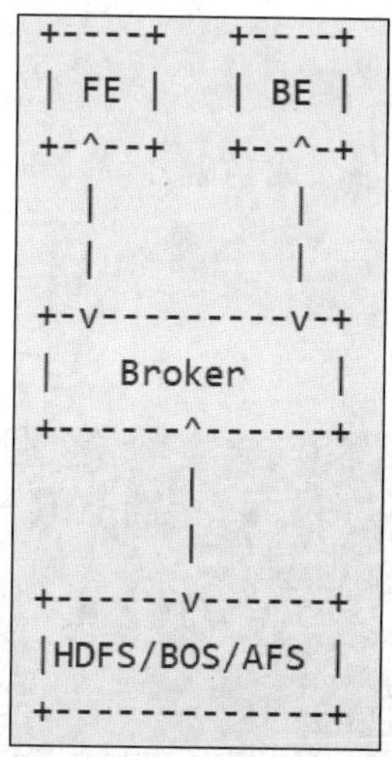

图 1.17　Broker 在 Doris 架构中的位置

1. Broker 部署

在节点划分中，我们将在 node1～node5 节点上部署 Broker。具体操作步骤如下。

（1）准备 Broker 安装包。将 apache-doris-dependencies-1.2.1-bin-x86_64.tar.xz 文件解压，其中有 apache_hdfs_broker 文件夹，将该文件夹复制到 node1～node5 各个节点的/software/doris-1.2.1 目录中。

```
[root@node ~]# scp -r /software/doris-1.2.1/apache_hdfs_broker/ node1:/software/
doris-1.2.1/
[root@node1 ~]# scp -r /software/doris-1.2.1/apache_hdfs_broker/ node2:/software/
doris-1.2.1/
[root@node1 ~]# scp -r /software/doris-1.2.1/apache_hdfs_broker/ node3:/software/
```

```
doris-1.2.1/
[root@node1 ~]# scp -r /software/doris-1.2.1/apache_hdfs_broker/ node4:/software/
doris-1.2.1/
[root@node1 ~]# scp -r /software/doris-1.2.1/apache_hdfs_broker/ node5:/software/
doris-1.2.1/
```

（2）启动 Broker。在 node1～node5 节点上启动 Borker。

```
cd /software/doris-1.2.1/apache_hdfs_broker/bin
chmod +x ./start_broker.sh
chmod +x ./stop_broker.sh
./start_broker.sh --daemon
```

（3）将 Broker 加入 Doris 集群中。在 node1 上通过 MySQL 客户端连接 Doris 集群，执行 SQL 命令将启动的 Borker 加入 Doris 集群中。

```
#通过 MySQL 客户端连接 Doris 集群
[root@node1 ~]# cd /software/mysql-5.7.22-client/bin/
[root@node1 bin]# ./mysql -uroot -P9030 -h192.168.179.4 -p123456

#将各个 Broker 加入集群中
mysql> ALTER SYSTEM ADD BROKER broker_name "node1:8000","node2:8000","node3:8000",
"node4:8000","node5:8000";
Query OK, 0 rows affected (0.02 sec)
```

（4）查看 Broker 信息。Broker 节点加入成功后，可以通过如下 SQL 命令来进行查询。

```
#在 MySQL 客户端查询 Broker 信息
mysql> SHOW PROC "/brokers";
```

结果如图 1.18 所示。

```
mysql> SHOW PROC "/brokers";
+-------------+---------------+----------+------+-------+---------------+----------------+--------+
| Name        | IP            | HostName | Port | Alive | LastStartTime | LastUpdateTime | ErrMsg |
+-------------+---------------+----------+------+-------+---------------+----------------+--------+
| broker_name | 192.168.179.4 | node1    | 8000 | true  |               |                |        |
| broker_name | 192.168.179.5 | node2    | 8000 | true  |               |                |        |
| broker_name | 192.168.179.6 | node3    | 8000 | true  |               |                |        |
| broker_name | 192.168.179.7 | node4    | 8000 | true  |               |                |        |
| broker_name | 192.168.179.8 | node5    | 8000 | true  |               |                |        |
+-------------+---------------+----------+------+-------+---------------+----------------+--------+
5 rows in set (0.00 sec)
```

图 1.18　Broker 信息

也可以登录 node1～node5 任意节点的 8030 端口，查看 Broker 的信息，如图 1.19 所示。

2. Broker 扩缩容

Broker 实例的数量没有硬性要求，通常每台物理机部署一个即可。Broker 的添加和删除可以通过以下命令完成，这里不再演示。

```
ALTER SYSTEM ADD BROKER broker_name "broker_host:broker_ipc_port";
ALTER SYSTEM DROP BROKER broker_name "broker_host:broker_ipc_port";
ALTER SYSTEM DROP ALL BROKER broker_name;
```

Broker 是无状态的进程，可以随意启停。当然，停止后，正在其上运行的作业会失败，重试

即可。

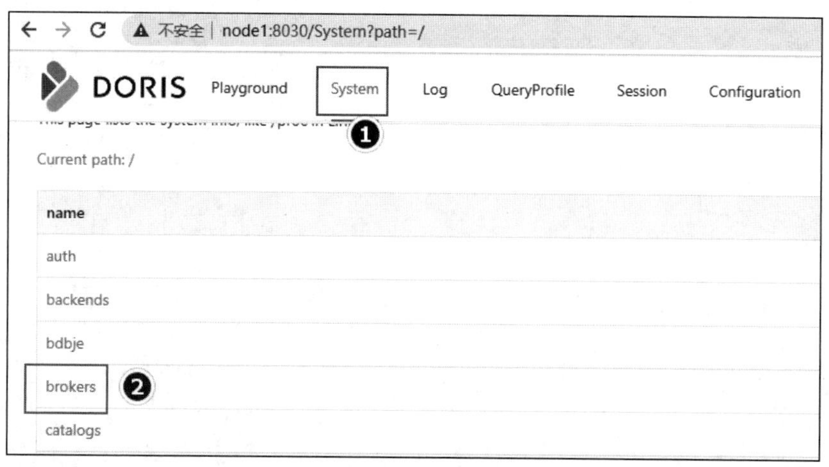

（a）Doris 界面

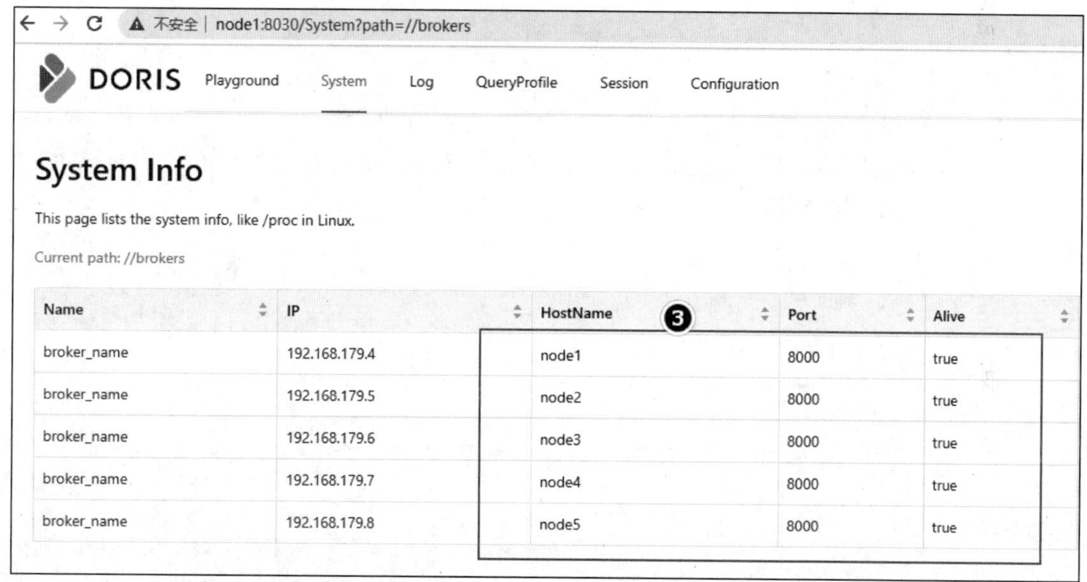

Name	IP	HostName	Port	Alive
broker_name	192.168.179.4	node1	8000	true
broker_name	192.168.179.5	node2	8000	true
broker_name	192.168.179.6	node3	8000	true
broker_name	192.168.179.7	node4	8000	true
broker_name	192.168.179.8	node5	8000	true

（b）Broker 启动信息

图 1.19　查看 Broker 信息

1.6.9　Doris 集群启停脚本

Doris 部署后集群中的角色包括 FE、BE、Broker，这些节点都可以动态扩缩容。部署集群完成后，启动集群时依次启动 FE、BE、Broker，停止集群时则依次停止 Broker、BE、FE。以当前搭建的 5 节点为例，停止集群命令如下。

```
#停止 Broker（node1～node5 节点）
cd /software/doris-1.2.1/apache_hdfs_broker/bin
./stop_broker.sh
```

```
#停止 BE（node3～node5 节点）
cd /software/doris-1.2.1/apache-doris-be/bin
./stop_be.sh

#停止 FE（node1～node5 节点）
cd /software/doris-1.2.1/apache-doris-fe/bin
./stop_fe.sh
```

启动集群命令如下。

```
#启动 FE（node1～node5 节点）
cd /software/doris-1.2.1/apache-doris-fe/bin
./start_fe.sh  --daemon

#启动 BE（node3～node5 节点）
cd /software/doris-1.2.1/apache-doris-be/bin
./start_be.sh --daemon

#启动 Broker(node1～node5 节点)
cd /software/doris-1.2.1/apache_hdfs_broker/bin
./start_broker.sh --daemon
```

也可以自己写脚本来完成 Doris 集群的启停。将脚本存入 node1 节点的/software/doris-1.2.1 目录下，启动脚本 start_doris.sh 的代码如下。

```
#! /bin/bash
echo -e "start apache doris cluster on node1~node5\n"

echo "start apache doris FE on node1~node5 >>>>>"
for fenode in node1 node2 node3 node4 node5
do
  ssh $fenode "sh /software/doris-1.2.1/apache-doris-fe/bin/start_fe.sh --daemon"
done

sleep 2
echo -e "\n"
for fenode in node1 node2 node3 node4 node5
do
  echo "***** check FE on $fenode jps *****"
  ssh $fenode "jps |grep PaloFe"
done

echo -e "\n"
echo "start apache doris BE on node3~node5 >>>>>"
for benode in node3 node4 node5
do
  ssh $benode "source /etc/profile;sh /software/doris-1.2.1/apache-doris-be/bin/
start_be.sh --daemon"
done
```

```
sleep 2
echo -e "\n"
for benode in node3 node4 node5
do
  echo "***** check BE on $benode  *****"
  ssh $benode "ps aux |grep doris_be"
done

echo -e "\n"
echo "start apache doris BROKER on node1~node5 >>>>>"
for brokernode in node1 node2 node3 node4 node5
do
  ssh $brokernode "sh /software/doris-1.2.1/apache_hdfs_broker/bin/start_broker.sh
--daemon"
done

sleep 2
echo -e "\n"
for brokernode in node1 node2 node3 node4 node5
do
  echo "***** check BROKER on $brokernode jps *****"
  ssh $brokernode "jps |grep BrokerBootstrap"
done
```

停止脚本 stop_doris.sh 的代码如下。

```
#! /bin/bash
echo -e "stop apache doris cluster on node1~node5\n"

echo "stop apache doris BROKER on node1~node5 >>>>>"
for brokernode in node1 node2 node3 node4 node5
do
  ssh $brokernode "sh /software/doris-1.2.1/apache_hdfs_broker/bin/stop_broker.sh"
done

sleep 2
echo -e "\n"
for brokernode in node1 node2 node3 node4 node5
do
  echo "***** check BROKER on $brokernode jps *****"
  ssh $brokernode "jps |grep BrokerBootstrap"
done

echo -e "\n"
echo "stop apache doris BE on node3~node5 >>>>>"
for benode in node3 node4 node5
do
  ssh $benode "source /etc/profile;sh /software/doris-1.2.1/apache-doris-be/bin/
stop_be.sh"
done
```

```
sleep 2
echo -e "\n"
for benode in node3 node4 node5
do
  echo "***** check BE on $benode  *****"
  ssh $benode "ps aux |grep doris_be"
done

echo -e "\n"
echo "stop apache doris FE on node1~node5 >>>>>"
for fenode in node1 node2 node3 node4 node5
do
  ssh $fenode "sh /software/doris-1.2.1/apache-doris-fe/bin/stop_fe.sh"
done

sleep 2
echo -e "\n"
for fenode in node1 node2 node3 node4 node5
do
  echo "***** check FE on $fenode jps *****"
  ssh $fenode "jps |grep PaloFe"
done
```

启停脚本编写完成后，可以通过以下方式调用。

```
[root@node1 ~]# cd /software/doris-1.2.1/
[root@node1 doris-1.2.1]# sh start_doris.sh
[root@node1 doris-1.2.1]# sh stop_doris.sh
```

第 2 章

Doris 数据表设计

2.1　Doris 简单使用

下面按照官网给出的示例简单操作 Doris。首先进行创建用户、创建数据库、账户赋权、创建数据表等操作，然后向表中加入数据，再通过 MySQL 客户端进行数据的查询分析。

2.1.1　创建用户

Doris 采用 MySQL 协议进行通信，可以通过 MySQL 客户端或者 MySQL JDBC 连接到 Doris 集群。Doris 集群内置 root 用户，密码默认为空，root 用户默认拥有集群所有权限，如权限变更权限（Grant_priv）、节点变更权限（Node_priv，包括 FE、BE、Broker 节点的添加、删除、下画线等操作）。

启动 Doris 程序后，可以通过 root 或 admin 用户（管理员）连接到 Doris 集群。使用以下命令即可登录 Doris，登录后进入 Doris 对应的 MySQL 命令行操作界面：

```
[root@node1 ~]# cd /software/mysql-5.7.22-client/bin/
[root@node1 bin]# ./mysql -u root -P 9030 -h127.0.0.1 -p123456
```

-h 可以指定任意一个 FE 节点的 IP 地址；-P 是 fe.conf 中的 query_port 配置，默认为 9030；其余参数同 MySQL 参数。

首次使用用户登录无须密码，可以通过以下命令来修改密码，前文已经介绍，这里不再重复。

```
mysql> SET PASSWORD FOR 'root' = PASSWORD('your_password');
Query OK, 0 rows affected (0.00 sec)
```

your_password 是为 root 用户设置的新密码，可以随意设置，建议设置为强密码以增加安全性，下次登录就使用新密码登录。

可以通过以下命令创建一个普通用户 test。

```
mysql> CREATE USER 'test' IDENTIFIED BY '123456';
Query OK, 0 rows affected (0.02 sec)
```

创建用户完成后，下次登录 Doris 就可以使用新用户登录：mysql -h FE_HOST -P9030 -utest -ptest_passwd，新创建的普通用户默认没有任何权限，需要给用户进行数据库赋权才可使用。

2.1.2　创建数据库

初始可以通过 root 或 admin 用户创建数据库，命令如下。

```
mysql> create database example_db;
Query OK, 0 rows affected (0.02 sec)
```

在 Doris 中，所有命令都可以使用 help command;查看到详细的语法帮助，help 命令可以列举详细的参考信息，非常方便。如果不清楚命令的全名，可以使用“help 命令某一字段”进行模糊查询，如输入 help create，可以匹配到 CREATE DATABASE、CREATE TABLE、CREATE USER 等命令，示例如下。

```
mysql> help create;
Many help items for your request exist.
To make a more specific request, please type 'help <item>',
where <item> is one of the following
topics:
   CREATE CATALOG
   CREATE DATABASE
   CREATE ENCRYPTKEY
   CREATE EXTERNAL TABLE
   CREATE FILE
   CREATE FUNCTION
   CREATE INDEX
   CREATE MATERIALIZED VIEW
   CREATE POLICY
   CREATE REPOSITORY

mysql> help create database;
Name: 'CREATE DATABASE'
Description:
```

该语句用于新建数据库（database），语法如下。

```
CREATE DATABASE [IF NOT EXISTS] db_name
    [PROPERTIES ("key"="value", ...)];

mysql> help create user;
Name: 'CREATE USER'
Description:
```

CREATE USER 命令用于创建一个 Doris 用户。

```
CREATE USER [IF EXISTS] user_identity [IDENTIFIED BY 'password']
[DEFAULT ROLE 'role_name']
[password_policy]
... ...
```

通过以下命令查看创建的数据库。

```
mysql> show databases;
+--------------------+
| Database           |
+--------------------+
| example_db         |
| information_schema |
+--------------------+
```

```
2 rows in set (0.00 sec)
```

information_schema 数据库是为了兼容 MySQL 协议而存在的，实际上信息可能不完全准确，因此关于具体数据库的信息建议通过直接查询相应数据库而获得。

2.1.3　账户赋权

example_db 创建完成之后，可以通过 root/admin 账户使用 GRANT 命令将 example_db 读写权限授权给普通账户，如 test。授权之后采用 test 账户登录就可以操作 example_db 数据库了。

```
#给 test 用户进行数据库访问授权
mysql> GRANT ALL ON example_db TO test;
Query OK, 0 rows affected (0.08 sec)

#退出 root 用户登录的 mysql 客户端，使用 test 登录
mysql> exit
[root@node1 bin]# ./mysql -u test -P 9030 -h127.0.0.1 -p123456
mysql> show databases;
+--------------------+
| Database           |
+--------------------+
| example_db         |
| information_schema |
+--------------------+
2 rows in set (0.03 sec)
```

可以看到普通用户 test 拥有了操作 example_db 的权限，如果不进行赋权则查看不到对应的数据库。

2.1.4　创建数据表

1. 创建数据表

按照如下命令创建表。

```
mysql> use example_db;
Database changed

#创建 example_db.example_tbl 表
CREATE TABLE IF NOT EXISTS example_db.example_tbl
(
    `user_id` LARGEINT NOT NULL COMMENT "用户 id",
    `date` DATE NOT NULL COMMENT "数据灌入日期时间",
    `city` VARCHAR(20) COMMENT "用户所在城市",
    `age` SMALLINT COMMENT "用户年龄",
    `sex` TINYINT COMMENT "用户性别",
    `last_visit_date` DATETIME REPLACE DEFAULT "1970-01-01 00:00:00" COMMENT "用户最后一次访问时间",
    `cost` BIGINT SUM DEFAULT "0" COMMENT "用户总消费",
    `max_dwell_time` INT MAX DEFAULT "0" COMMENT "用户最大停留时间",
    `min_dwell_time` INT MIN DEFAULT "99999" COMMENT "用户最小停留时间"
```

```
)
AGGREGATE KEY(`user_id`, `date`, `city`, `age`, `sex`)
DISTRIBUTED BY HASH(`user_id`) BUCKETS 1
PROPERTIES (
    "replication_allocation" = "tag.location.default: 1"
);

mysql> show tables;
+----------------------+
| Tables_in_example_db |
+----------------------+
| example_tbl          |
+----------------------+
1 row in set (0.01 sec)
```

2. 准备数据

在 node1 节点/root/data 目录下准备 test.csv，数据内容如下。

```
[root@node1 ~]# mkdir data
[root@node1 ~]# cd data && vim test.csv
10000,2017-10-01,北京,20,0,2017-10-01 06:00:00,20,10,10
10000,2017-10-01,北京,20,0,2017-10-01 07:00:00,15,2,2
10001,2017-10-01,北京,30,1,2017-10-01 17:05:45,2,22,22
10002,2017-10-02,上海,20,1,2017-10-02 12:59:12,200,5,5
10003,2017-10-02,广州,32,0,2017-10-02 11:20:00,30,11,11
10004,2017-10-01,深圳,35,0,2017-10-01 10:00:15,100,3,3
10004,2017-10-03,深圳,35,0,2017-10-03 10:20:22,11,6,6
```

3. 导入数据

这里通过 Stream load 方式将上面保存到文件中的数据导入刚才创建的表里，命令如下。

```
#进入/root/data 目录
[root@node1 ~]# cd /root/data/

#加载数据
[root@node1 data]# curl  --location-trusted -u test:123456 -T test.csv -H
"column_separator:," http://127.0.0.1:8030/api/example_db/example_tbl/_stream_load
```

以上命令参数解释如下：

- ☑ -u test : 123456：这里是用户名密码，我们使用默认用户 root，密码默认为空。
- ☑ -T test.csv：这里是刚才保存的数据文件，如果路径不一样，需指定完整路径。
- ☑ 127.0.0.1:8030：分别是 FE 的 ip 和 http_port。

执行成功之后可以看到下面的返回信息。

```
{
    "TxnId": 2003,
    "Label": "b9c4fc8f-7a66-41ca-9bab-22ec391ede38",
    "TwoPhaseCommit": "false",
    "Status": "Success",
    "Message": "OK",
```

```
    "NumberTotalRows": 7,
    "NumberLoadedRows": 7,
    "NumberFilteredRows": 0,
    "NumberUnselectedRows": 0,
    "LoadBytes": 399,
    "LoadTimeMs": 779,
    "BeginTxnTimeMs": 53,
    "StreamLoadPutTimeMs": 488,
    "ReadDataTimeMs": 0,
    "WriteDataTimeMs": 145,
    "CommitAndPublishTimeMs": 88
}
```

☑ Status：Success 表示导入成功。

☑ NumberTotalRows：表示要导入的总数据量。

☑ NumberLoadedRows：表示已经导入的数据记录数。

到这里我们已经完成数据导入，下面就可以根据需求对数据进行查询分析了。

2.1.5 查询数据表

上一节完成了建表、数据导入，本节我们就可以体验 Doris 的数据快速查询分析能力，示例如下。

```
mysql> select * from example_tbl;
+---------+------------+--------+------+------+---------------------+------+------
----------+----------------+
| user_id | date | city | age | sex | last_visit_date | cost | max_dwell_time |
min_dwell_time |
+---------+------------+--------+------+------+---------------------+------+------
----------+----------------+
| 10000 | 2017-10-01 | 北京 | 20 | 0 | 2017-10-01 07:00:00 |  35 | 10 |  2 |
| 10001 | 2017-10-01 | 北京 | 30 | 1 | 2017-10-01 17:05:45 |   2 | 22 | 22 |
| 10002 | 2017-10-02 | 上海 | 20 | 1 | 2017-10-02 12:59:12 | 200 |  5 |  5 |
| 10003 | 2017-10-02 | 广州 | 32 | 0 | 2017-10-02 11:20:00 |  30 | 11 | 11 |
| 10004 | 2017-10-01 | 深圳 | 35 | 0 | 2017-10-01 10:00:15 | 100 |  3 |  3 |
| 10004 | 2017-10-03 | 深圳 | 35 | 0 | 2017-10-03 10:20:22 |  11 |  6 |  6 |
+---------+------------+--------+------+------+---------------------+------+------
----------+----------------+
6 rows in set (0.02 sec)

mysql> select * from example_tbl where city='上海';
+---------+------------+--------+------+------+---------------------+------+------
----------+----------------+
| user_id | date | city | age | sex | last_visit_date | cost | max_dwell_time |
min_dwell_time |
+---------+------------+--------+------+------+---------------------+------+------
----------+----------------+
| 10002 | 2017-10-02 | 上海 | 20 | 1 | 2017-10-02 12:59:12 | 200 | 5 | 5 |
+---------+------------+--------+------+------+---------------------+------+------
----------+----------------+
```

```
1 row in set (0.05 sec)

mysql> select city, sum(cost) as total_cost from example_tbl group by city;
+--------+------------+
| city | total_cost |
+--------+------------+
| 广州 |   30 |
| 上海 | 200 |
| 北京 |   37 |
| 深圳 | 111 |
+--------+------------+
4 rows in set (0.05 sec)
```

2.2 Doris 基础

在 Doris 中，数据都以表（Table）的形式进行逻辑上的描述，一张表包括行（Row）和列（Column），Table 中又有分区（Partition）和分桶（Tablet）概念，下面分别介绍这些概念。

1. ROW 和 Column

Row 代表用户的一行数据，Column 用于描述一行数据中不同的字段。Column 可以分为两大类：Key 和 Value。从业务角度，Key 和 Value 可以分别对应维度列和指标列。从聚合模型角度，Key 列相同的行，会聚合成一行。其中 Value 列的聚合方式由用户在建表时指定。具体参见 2.3 节。

2. Tablet 和 Partition

在 Doris 的存储引擎中，用户 Table 数据被水平划分为若干个 Tablet。每个 Tablet 包含若干数据行。各个 Tablet 之间的数据没有交集，并且在物理上是独立存储的。

多个 Tablet 在逻辑上归属不同的分区（Partition），一个 Tablet 只属于一个 Partition，而一个 Partition 包含若干个 Tablet，如图 2.1 所示。因为 Tablet 在物理上是独立存储的，所以可以视为 Partition 在物理上也独立。Tablet 是数据移动、复制等操作的最小物理存储单元。

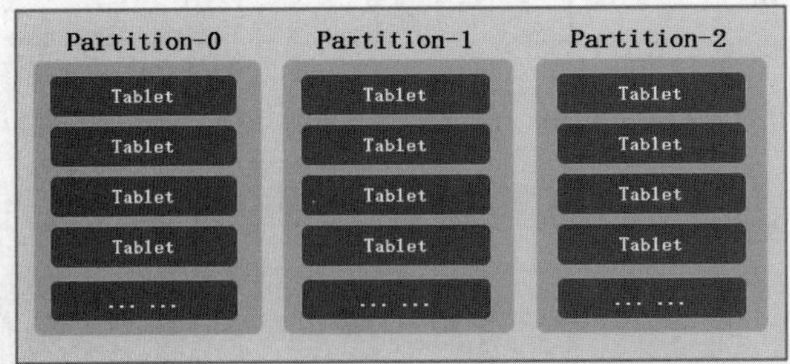

图 2.1　表和分区

若干个 Partition 组成一个 Table。Partition 可以视为逻辑上最小的管理单元。数据的导入与删除都可以或仅能针对一个 Partition 进行。

2.2.1　建表语法及参数解释

Doris 的建表语句如下。

```
CREATE TABLE [IF NOT EXISTS] [database.]table
(
column_definition_list,
[index_definition_list]
)
[engine_type]
[key_type]
[table_comment]
[partition_desc]
[distribution_desc]
[rollup list]
[properties]
```

注意

（1）Doris 建表是一个同步命令，SQL 执行完成即返回结果，命令返回成功即表示建表成功。

（2）IF NOT EXISTS 表示如果没有创建过该表，则创建。注意这里只判断表名是否存在，而不会判断新建表结构是否与已存在的表结构相同。所以如果存在一个同名但不同结构的表，该命令也会返回成功，但并不代表已经创建了新的表和新的结构。

（3）Doris 默认为表名大小写敏感，如有表名大小写不敏感的需求需在集群初始化时进行设置。表名大小写敏感在集群初始化完成后不可再修改。

1. column_definition_list

column_definition_list 表示定义的列信息，一个表中可以定义多个列，每个列的定义如下。

```
column_name column_type [KEY] [aggr_type] [NULL] [default_value] [column_comment]
```

以上定义列参数的解释如下。

（1）column_name：列名。

（2）column_type：列类型，Doris 支持常见的列类型 INT、BIGING、FLOAT、DATE、VARCHAR 等，详细内容请参考 2.2.2 节。

（3）aggr_type：表示聚合类型，支持以下聚合类型。

- ☑ SUM：求和。适用数值类型。
- ☑ MIN：求最小值。适合数值类型。
- ☑ MAX：求最大值。适合数值类型。
- ☑ REPLACE：替换。对于维度列相同的行，指标列会按照导入的先后顺序，后导入的替换先导入的。
- ☑ REPLACE_IF_NOT_NULL：非空值替换。和 REPLACE 的区别在于对于 NULL 值，不做替换。这里要注意的是字段默认值要给 NULL，而不能是空字符串，如果是空字符串，会替换成指定的值或空字符串。
- ☑ HLL_UNION：HLL 类型的列的聚合方式，通过 HyperLogLog 算法聚合。

☑ BITMAP_UNION：BIMTAP 类型的列的聚合方式，进行位图的并集聚合。

（4）default_value：列默认值，当导入数据未指定该列的值时，系统将赋予该列 default_value。语法为`default default_value`，当前 default_value 支持两种形式，

```
#1.用户指定固定值
k1 INT DEFAULT '1',
k2 CHAR(10) DEFAULT 'aaaa'

#2.系统提供的关键字，目前只用于 DATETIME 类型，导入数据缺失该值时系统将赋予当前时间
dt DATETIME DEFAULT CURRENT_TIMESTAMP
```

示例如下。

```
k1 TINYINT,
k2 DECIMAL(10,2) DEFAULT "10.5",
k4 BIGINT NULL DEFAULT "1000" COMMENT "This is column k4",
v1 VARCHAR(10) REPLACE NOT NULL,
v2 BITMAP BITMAP_UNION,
v3 HLL HLL_UNION,
v4 INT SUM NOT NULL DEFAULT "1" COMMENT "This is column v4"
```

（5）column_comment：列注释。

2. index_definition_list

index_definition_list 表示定义的索引信息。定义索引可以是一个或多个，多个使用逗号隔开，索引定义语法如下。

```
INDEX index_name (col_name) [USING BITMAP] COMMENT 'xxxxxx'
```

示例如下。

```
INDEX idx1 (k1) USING BITMAP COMMENT "This is a bitmap index1",
INDEX idx2 (k2) USING BITMAP COMMENT "This is a bitmap index2",
...
```

3. engine_type

engine_type 表示表引擎类型，在 Doris 中表分为普通表和外部表，两类表主要通过 ENGINE 类型来标识是哪种类型的表。普通表就是 Doris 中创建的表，ENGINE 为 OLAP，OLAP 是默认的 Engine 类型；外部表有很多类型，ENGINE 也不同，如 MYSQL、BROKER、HIVE、ICEBERG、HUDI。

示例如下。

```
ENGINE=olap
```

4. key_type

key_type 表示数据类型，用法如下。

```
key_type(col1, col2, ...)
```

key_type 支持以下模型。

☑ DUPLICATE KEY（默认）：其后指定的列为排序列。

☑ AGGREGATE KEY：其后指定的列为维度列。

☑ UNIQUE KEY：其后指定的列为主键列。

示例如下。

```
DUPLICATE KEY(col1, col2),
AGGREGATE KEY(k1, k2, k3),
UNIQUE KEY(k1, k2)
```

5. table_comment

table_comment 表示表注释，示例如下。

```
COMMENT "This is my first DORIS table"
```

6. partition_desc

partitioin_desc 表示分区信息，支持三种写法。

（1）LESS TIIAN：仅定义分区上界。下界由上一个分区的上界决定。

```
PARTITION BY RANGE(col1[, col2, ...])
(
    PARTITION partition_name1 VALUES LESS THAN MAXVALUE|("value1", "value2", ...),
    PARTITION partition_name2 VALUES LESS THAN MAXVALUE|("value1", "value2", ...)
)
```

（2）FIXED RANGE：定义分区的左闭右开区间。

```
PARTITION BY RANGE(col1[, col2, ...])
(
    PARTITION partition_name1 VALUES [("k1-lower1", "k2-lower1", "k3-lower1",...),
("k1-upper1", "k2-upper1", "k3-upper1", ...)),
    PARTITION partition_name2 VALUES [("k1-lower1-2", "k2-lower1-2", ...), ("k1-
upper1-2", MAXVALUE, ))
)
```

（3）MULTI RANGE：批量创建 RANGE 分区，定义分区的左闭右开区间，设定时间单位和步长，时间单位支持年、月、日、周和小时。

```
PARTITION BY RANGE(col)
(
   FROM ("2000-11-14") TO ("2021-11-14") INTERVAL 1 YEAR,
   FROM ("2021-11-14") TO ("2022-11-14") INTERVAL 1 MONTH,
   FROM ("2022-11-14") TO ("2023-01-03") INTERVAL 1 WEEK,
   FROM ("2023-01-03") TO ("2023-01-14") INTERVAL 1 DAY
)
```

⚠注意

该特性是 Doris1.2.1 版本后增加的。

7. distribution_desc

distribution_desc 定义数据分桶方式，有两种方式，分别为哈希（HASH）分桶语法和随机数（RANDOM）分桶语法。

（1）哈希分桶。

语法：DISTRIBUTED BY HASH (k1[,k2 ...]) [BUCKETS num]

说明：使用指定的 Key 列进行哈希分桶。

（2）随机数分桶。

语法：DISTRIBUTED BY RANDOM [BUCKETS num]

说明：使用随机数进行分桶。

8. rollup_list

rollup_list 指的是建表的同时可以创建多个物化视图（rollup），多个物化视图使用逗号隔开，语法如下。

```
ROLLUP (rollup_definition[, rollup_definition, ...])
```

以上语法中 rollup_definition 定义多个物化视图，语法如下。

```
rollup_name    (col1[,    col2,    ...])    [DUPLICATE    KEY(col1[,    col2,    ...])]
[PROPERTIES("key" = "value")]
```

示例如下。

```
ROLLUP (
r1 (k1, k3, v1, v2),
r2 (k1, v1)
)
```

2.2.2 数据类型

Doris 支持的列数据类型如表 2.1 所示。

表 2.1 Doris 支持的数据类型

列　类　型	占用字节/B	描　　述
TINYINT	1	范围：$-2^{7}+1 \sim 2^{7}-1$
SMALLINT	2	范围：$-2^{15}+1 \sim 2^{15}-1$
INT	4	范围：$-2^{31}+1 \sim 2^{31}-1$
BIGINT	8	范围：$-2^{63}+1 \sim 2^{63}-1$
LARGEINT	16	范围：$-2^{127}+1 \sim 2^{127}-1$
BOOLEAN	1	与 TINYINT 一样，0 代表 false，1 代表 true
FLOAT	4	支持科学计数法
DOUBLE	12	支持科学计数法
DECIMAL[(precision, scale)]	16	保证精度的小数类型。默认是 DECIMAL(10, 0) precision: 1～27 scale: 0～9 其中整数部分为 1～18 不支持科学计数法

续表

列　类　型	占用字节/B	描　　述
DECIMALV3[(precision, scale)]	16	更高精度的小数类型。默认是 DECIMAL(10, 0) precision: 1～38 scale: 0～precision
DATE	3	范围：0000-01-01～9999-12-31
DATEV2	3	DATEV2 类型相比 DATE 类型更加高效，在计算时，DATEV2 相比 DATE 可以节省一半的内存使用量
DATETIME	8	范围：0000-01-01 00:00:00～9999-12-31 23:59:59
DATETIMEV2	8	范围：0000-01-01 00:00:00[.000000]～9999-12-31 23:59:59[.999999]，相比 DATETIME 类型，DATETIMEV2 更加高效，并且支持了最多到微秒的时间精度。
CHAR[(length)]	1	定长字符串。长度范围：1～255
VARCHAR[(length)]	-	变长字符串。长度范围：1～65533
STRING	-	变长字符串。最大（默认）支持 1048576B（1MB） String 类型的长度还受 be 配置`string_type_length_soft_limit_bytes`，实际能存储的最大长度取两者最小值，String 类型只能用在 Value 列，不能用在 Key 列和分区、分桶列
HLL	1～16385 个字节	HyperLogLog 列类型，不需要指定长度和默认值。长度根据数据的聚合程度系统内控制。 必须配合 HLL_UNION 聚合类型使用
BITMAP	-	bitmap 列类型，不需要指定长度和默认值。表示整型的集合，元素最大支持到 $2^{64}-1$。 必须配合 BITMAP_UNION 聚合类型使用

Doris 还支持 ARRAY、JSONB 类型，具体可以参考官网：https://doris.apache.org/zh-CN/docs/dev/sql-manual/sql-reference/Data-Types/。

2.3　数据存储模型基础

Doris 数据存储模型目前分为三类：AGGREGATE KEY、UNIQUE KEY、DUPLICATE KEY，三种存储模型中数据都是按 KEY 进行排序。不同的数据模型有不同的使用场景和优劣势。下面我们分别进行介绍，并给出选择建议。

2.3.1　Aggregate 数据存储模型

在创建 Doris 表时，可以指定 key_type 为 AGGREGATE KEY，这就是 Aggregate 数据模型，AGGREGATE KEY 模型可以提前聚合数据，适合报表和多维分析业务。只要向 Aggregate 表中插入数据的 AGGREGATE KEY 相同，数据表中新旧记录就可以进行聚合，目前支持的聚合函数有 SUM、MIN、MAX、REPLACE。Aggregate 数据模型可以自动对导入的数据进行聚合；也可以对导入数据不聚合，保留明细数据；如果表中已存在数据在后续导入数据时，后续数据与先前已有数据也会聚合。

1. 导入数据聚合

假设业务的数据表模式如表 2.2 所示。

表 2.2　数据表

列 名 称	类　型	聚 合 类 型	注　释
user_id	LARGEINT		用户 id
date	DATE		数据灌入日期
city	VARCHAR(20)		用户所在城市
age	SMALLINT		用户年龄
sex	TINYINT		用户性别
last_visit_date	DATETIME	REPLACE	用户最后一次访问时间
cost	BIGINT	SUM	用户总消费
max_dwell_time	INT	MAX	用户最大停留时间
min_dwell_time	INT	MIN	用户最小停留时间

建表语句如下。

```
CREATE TABLE IF NOT EXISTS example_db.example_tbl
(
`user_id` LARGEINT NOT NULL COMMENT "用户 id",
`date` DATE NOT NULL COMMENT "数据灌入日期时间",
`city` VARCHAR(20) COMMENT "用户所在城市",
`age` SMALLINT COMMENT "用户年龄",
`sex` TINYINT COMMENT "用户性别",
`last_visit_date` DATETIME REPLACE DEFAULT "1970-01-01 00:00:00" COMMENT "用户最后一次访问时间",
`cost` BIGINT SUM DEFAULT "0" COMMENT "用户总消费",
`max_dwell_time` INT MAX DEFAULT "0" COMMENT "用户最大停留时间",
`min_dwell_time` INT MIN DEFAULT "99999" COMMENT "用户最小停留时间"
)
AGGREGATE KEY(`user_id`, `date`, `city`, `age`, `sex`)
DISTRIBUTED BY HASH(`user_id`) BUCKETS 1
PROPERTIES (
"replication_allocation" = "tag.location.default: 1"
);
```

在 MySQL 客户端执行以上建表语句，创建 example_db.example_tbl 表，表 2.2 在 2.1.4 小节已经创建过，可以先删除（drop table xx）后重新创建。

```
#删除重新创建表 example_db.example_tbl
mysql> drop table example_db.example_tbl;
```

可以看到，这是一个典型的用户信息和访问行为的事实表。在一般星型模型中，用户信息和访问行为一般分别存放在维度表和事实表中。这里为了更加方便地解释 Doris 的数据模型，将两部分信息统一存放在一张表中。

表 2.3 是一张 Aggregate 数据模型表，表中的列按照是否设置了 AggregationType 分为 Key（维度

列）和 Value（指标列）。没有设置 AggregationType 的，如 user_id、date、age 等称为 Key，而设置了 AggregationType 的称为 Value。

当我们导入数据时，对于 Key 列相同的行会聚合成一行，而 Value 列会按照设置的 AggregationType 进行聚合。AggregationType 目前常见有以下四种聚合方式。

（1）SUM：求和，多行的 Value 进行累加。

（2）REPLACE：替代，下一批数据中的 Value 会替换之前导入行中的 Value。

（3）MAX：保留最大值。

（4）MIN：保留最小值。

假设有以下导入数据（原始数据），如表 2.3 所示。

表 2.3　原始数据

user id	date	city	age	sex	last visit date	cost	max dwell time	min dwell time
10000	2017-10-01	北京	20	0	2017-10-01 06:00:00	20	10	10
10000	2017-10-01	北京	20	0	2017-10-01 07:00:00	15	2	2
10001	2017-10-01	北京	30	1	2017-10-01 17:05:45	2	22	22
10002	2017-10-02	上海	20	1	2017-10-02 12:59:12	200	5	5
10003	2017-10-02	广州	32	0	2017-10-02 11:20:00	30	11	11
10004	2017-10-01	深圳	35	0	2017-10-01 10:00:15	100	3	3
10004	2017-10-03	深圳	35	0	2017-10-03 10:20:22	11	6	6

假设这是一张记录用户访问某商品页面行为的表。我们以第一行数据为例，解释如表 2.4 所示。

表 2.4　数据说明

数　　据	说　　明
10000	用户 id，每个用户唯一识别 id
2017-10-01	数据入库时间，精确到日期
北京	用户所在城市
20	用户年龄
0	性别男（1 代表女性）
2017-10-01 06:00:00	用户本次访问该页面的时间，精确到秒
20	用户本次访问产生的消费
10	用户本次访问，驻留该页面的时间
10	用户本次访问，驻留该页面的时间（冗余）

执行如下语句将以上数据写入 example_db.example_tbl 表中。

```
insert into example_db.example_tbl values
(10000,"2017-10-01","北京",20,0,"2017-10-01 06:00:00",20,10,10),
(10000,"2017-10-01","北京",20,0,"2017-10-01 07:00:00",15,2,2),
(10001,"2017-10-01","北京",30,1,"2017-10-01 17:05:45",2,22,22),
(10002,"2017-10-02","上海",20,1,"2017-10-02 12:59:12",200,5,5),
(10003,"2017-10-02","广州",32,0,"2017-10-02 11:20:00",30,11,11),
(10004,"2017-10-01","深圳",35,0,"2017-10-01 10:00:15",100,3,3),
(10004,"2017-10-03","深圳",35,0,"2017-10-03 10:20:22",11,6,6);
```

以上向表中插入非数字类型数据需要使用双引号或者单引号引用数据，当这批数据正确导入 Doris 中，Doris 中最终存储如图 2.2 所示。

```
mysql> select * from example_db.example_tbl;
+---------+------------+--------+------+------+---------------------+------+----------------+----------------+
| user_id | date       | city   | age  | sex  | last_visit_date     | cost | max_dwell_time | min_dwell_time |
+---------+------------+--------+------+------+---------------------+------+----------------+----------------+
| 10000   | 2017-10-01 | 北京   |   20 |    0 | 2017-10-01 07:00:00 |   35 |             10 |              2 |
| 10001   | 2017-10-01 | 北京   |   30 |    1 | 2017-10-01 17:05:45 |    2 |             22 |             22 |
| 10002   | 2017-10-02 | 上海   |   20 |    1 | 2017-10-02 12:59:12 |  200 |              5 |              5 |
| 10003   | 2017-10-02 | 广州   |   32 |    0 | 2017-10-02 11:20:00 |   30 |             11 |             11 |
| 10004   | 2017-10-01 | 深圳   |   35 |    0 | 2017-10-01 10:00:15 |  100 |              3 |              3 |
| 10004   | 2017-10-03 | 深圳   |   35 |    0 | 2017-10-03 10:20:22 |   11 |              6 |              6 |
+---------+------------+--------+------+------+---------------------+------+----------------+----------------+
```

图 2.2　数据在 Doris 中

可以看到，用户 10000 只剩下了一行聚合后的数据。而其余用户的数据和原始数据保持一致。这里先解释用户 10000 聚合后的数据。

前 5 列没有变化，从第 6 列 last_visit_date 开始：

☑ 2017-10-01 07:00:00：因为 last_visit_date 列的聚合方式为 REPLACE，所以 2017-10-01 07:00:00 替换 2017-10-01 06:00:00 保存了下来；

⚠注意

在同一个导入批次中的数据，对于 REPLACE 这种聚合方式，替换顺序不做保证。如在这个例子中，最终保存下来的也有可能是 2017-10-01 06:00:00。而对于不同导入批次中的数据，可以保证，后一批次的数据会替换前一批次。

☑ 35：因为 cost 列的聚合类型为 SUM，所以由 20 + 15 累加获得 35；

☑ 10：因为 max_dwell_time 列的聚合类型为 MAX，所以 10 和 2 取最大值，获得 10；

☑ 2：因为 min_dwell_time 列的聚合类型为 MIN，所以 10 和 2 取最小值，获得 2。

经过聚合，Doris 中最终只会存储聚合后的数据。换句话说，即明细数据会丢失，用户不能够再查询到聚合前的明细数据。

2．保留明细数据

将以上案例表结构修改如下，创建新的表 example_db.example_tbl_1，如表 2.5 所示。

表 2.5　表 example_db.example_tbl_1

列 名 称	类　型	聚 合 类 型	注　释
user_id	LARGEINT		用户 id
date	DATE		数据灌入日期
timestamp	DATETIME		数据灌入时间，精确到秒
city	VARCHAR(20)		用户所在城市
age	SMALLINT		用户年龄
sex	TINYINT		用户性别
last_visit_date	DATETIME	REPLACE	用户最后一次访问时间
cost	BIGINT	SUM	用户总消费
max_dwell_time	INT	MAX	用户最大停留时间
min_dwell_time	INT	MIN	用户最小停留时间

既增加了一列 timestamp，记录精确到秒的数据灌入时间。同时，将 AGGREGATE KEY 设置为 AGGREGATE KEY(user_id, date, timestamp, city, age, sex)，接下来建表 example_db.example_tbl_1，建表语句如下。

```
CREATE TABLE IF NOT EXISTS example_db.example_tbl_1
(
`user_id` LARGEINT NOT NULL COMMENT "用户 id",
`date` DATE NOT NULL COMMENT "数据灌入日期时间",
`timestamp` DATETIME NOT NULL COMMENT "数据灌入时间，精确到秒",
`city` VARCHAR(20) COMMENT "用户所在城市",
`age` SMALLINT COMMENT "用户年龄",
`sex` TINYINT COMMENT "用户性别",
`last_visit_date` DATETIME REPLACE DEFAULT "1970-01-01 00:00:00" COMMENT "用户最后
一次访问时间",
`cost` BIGINT SUM DEFAULT "0" COMMENT "用户总消费",
`max_dwell_time` INT MAX DEFAULT "0" COMMENT "用户最大停留时间",
`min_dwell_time` INT MIN DEFAULT "99999" COMMENT "用户最小停留时间"
)
AGGREGATE KEY(`user_id`, `date`, `timestamp`, `city`, `age`, `sex`)
DISTRIBUTED BY HASH(`user_id`) BUCKETS 1
PROPERTIES (
"replication_allocation" = "tag.location.default: 1"
);
```

向表中插入如下数据，如表 2.6 所示。

表 2.6　需要插入的数据

user id	date	timestamp	city	age	sex	last_visit_date	cost	max_dwell_time	min_dwell_time
10000	2017-10-01	2017-10-01 08:00:05	北京	20	0	2017-10-01 06:00:00	20	10	10
10000	2017-10-01	2017-10-01 09:00:05	北京	20	0	2017-10-01 07:00:00	15	2	2
10001	2017-10-01	2017-10-01 18:12:10	北京	30	1	2017-10-01 17:05:45	2	22	22
10002	2017-10-02	2017-10-02 13:10:00	上海	20	1	2017-10-02 12:59:12	200	5	5
10003	2017-10-02	2017-10-02 13:15:00	广州	32	0	2017-10-02 11:20:00	30	11	11
10004	2017-10-01	2017-10-01 12:12:48	深圳	35	0	2017-10-01 10:00:15	100	3	3
10004	2017-10-03	2017-10-03 12:38:20	深圳	35	0	2017-10-03 10:20:22	11	6	6

插入数据 SQL 如下。

```
insert into example_db.example_tbl_1 values
(10000,"2017-10-01","2017-10-01 08:00:05","北京",20,0,"2017-10-01 06:00:00",20,10,10),
```

```
(10000,"2017-10-01","2017-10-01 09:00:05","北京",20,0,"2017-10-01 07:00:00",15,2,2),
(10001,"2017-10-01","2017-10-01 18:12:10","北京",30,1,"2017-10-01 17:05:45",2,22,22),
(10002,"2017-10-02","2017-10-02 13:10:00","上海",20,1,"2017-10-02 12:59:12",200,5,5),
(10003,"2017-10-02","2017-10-02 13:15:00","广州",32,0,"2017-10-02 11:20:00",30,11,11),
(10004,"2017-10-01","2017-10-01 12:12:48","深圳",35,0,"2017-10-01 10:00:15",100,3,3),
(10004,"2017-10-03","2017-10-03 12:38:20","深圳",35,0,"2017-10-03 10:20:22",11,6,6);
```

那么当这批数据正确导入 Doris 后，Doris 中最终存储如图 2.3 所示。

```
mysql> select * from example_db.example_tbl_1;
+---------+------------+---------------------+--------+------+------+---------------------+------+----------------+----------------+
| user_id | date       | timestamp           | city   | age  | sex  | last_visit_date     | cost | max_dwell_time | min_dwell_time |
+---------+------------+---------------------+--------+------+------+---------------------+------+----------------+----------------+
| 10000   | 2017-10-01 | 2017-10-01 08:00:05 | 北京   |   20 |    0 | 2017-10-01 06:00:00 |   20 |             10 |             10 |
| 10000   | 2017-10-01 | 2017-10-01 09:00:05 | 北京   |   20 |    0 | 2017-10-01 07:00:00 |   15 |              2 |              2 |
| 10001   | 2017-10-01 | 2017-10-01 18:12:10 | 北京   |   30 |    1 | 2017-10-01 17:05:45 |    2 |             22 |             22 |
| 10002   | 2017-10-02 | 2017-10-02 13:10:00 | 上海   |   20 |    1 | 2017-10-02 12:59:12 |  200 |              5 |              5 |
| 10003   | 2017-10-02 | 2017-10-02 13:15:00 | 广州   |   32 |    0 | 2017-10-02 11:20:00 |   30 |             11 |             11 |
| 10004   | 2017-10-01 | 2017-10-01 12:12:48 | 深圳   |   35 |    0 | 2017-10-01 10:00:15 |  100 |              3 |              3 |
| 10004   | 2017-10-03 | 2017-10-03 12:38:20 | 深圳   |   35 |    0 | 2017-10-03 10:20:22 |   11 |              6 |              6 |
+---------+------------+---------------------+--------+------+------+---------------------+------+----------------+----------------+
```

图 2.3　将数据存入 Doris

现在可以看到，存储的数据和导入数据完全一样，没有发生任何聚合。这是因为这批数据中加入了 timestamp 列，所有行的 Key 都不完全相同。也就是说，只要保证导入的数据中，每一行的 Key 都不完全相同，那么即使在聚合模型下，Doris 也可以保存完整的明细数据。

3. 导入数据与已有数据聚合

回到表 example_db.example_tbl，数据如图 2.4 所示。

```
mysql> select * from example_tbl;
+---------+------------+--------+------+------+---------------------+------+----------------+----------------+
| user_id | date       | city   | age  | sex  | last_visit_date     | cost | max_dwell_time | min_dwell_time |
+---------+------------+--------+------+------+---------------------+------+----------------+----------------+
| 10000   | 2017-10-01 | 北京   |   20 |    0 | 2017-10-01 07:00:00 |   35 |             10 |              2 |
| 10001   | 2017-10-01 | 北京   |   30 |    1 | 2017-10-01 17:05:45 |    2 |             22 |             22 |
| 10002   | 2017-10-02 | 上海   |   20 |    1 | 2017-10-02 12:59:12 |  200 |              5 |              5 |
| 10003   | 2017-10-02 | 广州   |   32 |    0 | 2017-10-02 11:20:00 |   30 |             11 |             11 |
| 10004   | 2017-10-01 | 深圳   |   35 |    0 | 2017-10-01 10:00:15 |  100 |              3 |              3 |
| 10004   | 2017-10-03 | 深圳   |   35 |    0 | 2017-10-03 10:20:22 |   11 |              6 |              6 |
+---------+------------+--------+------+------+---------------------+------+----------------+----------------+
```

图 2.4　将数据存入 Doris

再向该表中插入一批新数据，如表 2.7 所示。

表 2.7　新插入的数据

user id	date	city	age	sex	last_visit_date	cost	max_dwell_time	min_dwell_time
10004	2017-10-03	深圳	35	0	2017-10-03 11:22:00	44	19	19
10005	2017-10-03	长沙	29	1	2017-10-03 18:11:02	3	1	1

插入数据 SQL 如下。

```
insert into example_db.example_tbl values
(10004,"2017-10-03","深圳",35,0,"2017-10-03 11:22:00",44,19,19),
(10005,"2017-10-03","长沙",29,1,"2017-10-03 18:11:02",3,1,1);
```

那么当这批数据正确导入 Doris 后，Doris 中最终存储如图 2.5 所示。

```
mysql> select * from example_db.example_tbl;
+---------+------------+------+------+------+---------------------+------+----------------+----------------+
| user_id | date       | city | age  | sex  | last_visit_date     | cost | max_dwell_time | min_dwell_time |
+---------+------------+------+------+------+---------------------+------+----------------+----------------+
| 10000   | 2017-10-01 | 北京 |   20 |    0 | 2017-10-01 07:00:00 |   35 |             10 |              2 |
| 10001   | 2017-10-01 | 北京 |   30 |    1 | 2017-10-01 17:05:45 |    2 |             22 |             22 |
| 10002   | 2017-10-02 | 上海 |   20 |    1 | 2017-10-02 12:59:12 |  200 |              5 |              5 |
| 10003   | 2017-10-02 | 广州 |   32 |    0 | 2017-10-02 11:20:00 |   30 |             11 |             11 |
| 10004   | 2017-10-01 | 深圳 |   35 |    0 | 2017-10-01 10:00:15 |  100 |              3 |              3 |
| 10004   | 2017-10-03 | 深圳 |   35 |    0 | 2017-10-03 11:22:00 |   55 |             19 |              6 |
| 10005   | 2017-10-03 | 长沙 |   29 |    1 | 2017-10-03 18:11:02 |    3 |              1 |              1 |
+---------+------------+------+------+------+---------------------+------+----------------+----------------+
```

图 2.5　插入新数据后的 Doris

可以看到，用户 10004 的已有数据和新导入数据发生了聚合。同时新增了 10005 用户的数据。

数据的聚合，在 Doris 中有如下三个阶段。

（1）每一批次数据导入的 ETL 阶段。该阶段会在每一批次导入的数据内部进行聚合。

（2）底层 BE 进行数据 Compaction 的阶段。该阶段，BE 会对已导入的不同批次的数据进行进一步的聚合。

（3）数据查询阶段。在数据查询时，对于查询涉及的数据，会进行对应的聚合。

数据在不同时间，可能聚合的程度不一致。比如一批数据刚导入时，可能还未与之前已存在的数据进行聚合。但是对于用户而言，用户只能查询到聚合后的数据。即不同的聚合程度对于用户查询而言是透明的。用户需始终认为数据以最终完成的聚合程度存在，而不应假设某些聚合还未发生。

2.3.2　Unique 数据存储模型

在某些多维分析场景下，用户更关注的是如何保证 Key 的唯一性，即如何获得 Primary Key 唯一性约束。因此引入了 Unique 数据模型，该模型可以根据相同的 Primary Key 来保留后插入的数据，确保数据的唯一，只要 UNIQUE KEY 相同，新记录就会覆盖旧记录。Unique 数据模型有两种实现方式：读时合并（merge on read）和写时合并（merge on write），下面将对两种实现方式分别举例进行说明。

1．读时合并

有以下用户基础信息表结构，如表 2.8 所示。

表 2.8　用户数据

列　名　称	类　　型	IsKey	注　　释
user_id	BIGINT	Yes	用户 id
username	VARCHAR(50)	Yes	用户昵称
city	VARCHAR(20)	No	用户所在城市
age	SMALLINT	No	用户年龄
sex	TINYINT	No	用户性别
phone	LARGEINT	No	用户电话
address	VARCHAR(500)	No	用户住址
register_time	DATETIME	No	用户注册时间

表 2.8 中存储数据没有聚合需求，只需保证主键唯一性，这里说的主键可以通过 UNIQUE KEY 来自定义，参见以下建表语句，这里指定主键为 user_id+username。

```
CREATE TABLE IF NOT EXISTS example_db.example_unique_tbl
(
`user_id` LARGEINT NOT NULL COMMENT "用户 id",
`username` VARCHAR(50) NOT NULL COMMENT "用户昵称",
`city` VARCHAR(20) COMMENT "用户所在城市",
`age` SMALLINT COMMENT "用户年龄",
`sex` TINYINT COMMENT "用户性别",
`phone` LARGEINT COMMENT "用户电话",
`address` VARCHAR(500) COMMENT "用户地址",
`register_time` DATETIME COMMENT "用户注册时间"
)
UNIQUE KEY(`user_id`, `username`)
DISTRIBUTED BY HASH(`user_id`) BUCKETS 1
PROPERTIES (
"replication_allocation" = "tag.location.default: 1"

);
```

向表 2.8 中插入如下数据。

```
insert into example_db.example_unique_tbl values
(1,"zs","北京",18,0,18812345671,"北京丰台区","2023-03-01 08:00:00"),
(2,"ls","上海",19,1,18812345672,"上海松江区","2023-03-02 08:00:00"),
(3,"ws","天津",20,1,18812345673,"天津南开区","2023-03-03 08:00:00"),
(4,"ml","深圳",21,0,18812345674,"深圳罗湖区","2023-03-04 08:00:00"),
(4,"ml","深圳",22,1,18812345675,"深圳福田区","2023-03-05 08:00:00");
```

插入以上数据之后，表中最终数据结果如图 2.6 所示。

```
mysql> select * from example_db.example_unique_tbl;
+---------+----------+------+------+------+-------------+------------+---------------------+
| user_id | username | city | age  | sex  | phone       | address    | register_time       |
+---------+----------+------+------+------+-------------+------------+---------------------+
| 1       | zs       | 北京 |   18 |    0 | 18812345671 | 北京丰台区 | 2023-03-01 08:00:00 |
| 2       | ls       | 上海 |   19 |    1 | 18812345672 | 上海松江区 | 2023-03-02 08:00:00 |
| 3       | ws       | 天津 |   20 |    1 | 18812345673 | 天津南开区 | 2023-03-03 08:00:00 |
| 4       | ml       | 深圳 |   22 |    1 | 18812345675 | 深圳福田区 | 2023-03-05 08:00:00 |
+---------+----------+------+------+------+-------------+------------+---------------------+
```

图 2.6　插入数据后

可以看到 user_id 为 4、username 为 ml 的前一条数据被后插入的 user_id 为 4、username 为 ml 的数据替换。

以上操作在读取表时 Doris 底层会对数据进行替换，这就是 Unique 数据模型的读时合并。我们发现这种合并方式完全可以用 Aggregate 聚合模型中的 REPLACE 方式替代，其内部的实现方式和数据存储方式也完全一样，验证如下：

在 Doris 中创建如下 Aggregate 聚合表，表结果和建表语句如表 2.9 所示。

表 2.9　聚合数据

列 名 称	类　型	聚 合 类 型	注　释
user_id	BIGINT		用户 id
username	VARCHAR(50)		用户昵称

续表

列 名 称	类　型	聚 合 类 型	注　释
city	VARCHAR(20)	REPLACE	用户所在城市
age	SMALLINT	REPLACE	用户年龄
sex	TINYINT	REPLACE	用户性别
phone	LARGEINT	REPLACE	用户电话
address	VARCHAR(500)	REPLACE	用户住址
register_time	DATETIME	REPLACE	用户注册时间

建表语句。

```
CREATE TABLE IF NOT EXISTS example_db.example_aggregate_tbl
(
`user_id` LARGEINT NOT NULL COMMENT "用户 id",
`username` VARCHAR(50) NOT NULL COMMENT "用户昵称",
`city` VARCHAR(20) REPLACE COMMENT "用户所在城市",
`agc` SMALLINT REPLACE COMMENT "用户年龄",
`sex` TINYINT REPLACE COMMENT "用户性别",
`phone` LARGEINT REPLACE COMMENT "用户电话",
`address` VARCHAR(500) REPLACE COMMENT "用户地址",
`register_time` DATETIME REPLACE COMMENT "用户注册时间"
)
AGGREGATE KEY(`user_id`, `username`)
DISTRIBUTED BY HASH(`user_id`) BUCKETS 1
PROPERTIES (
"replication_allocation" = "tag.location.default: 1"
);
```

表创建完成后插入如下数据。

```
insert into example_db.example_aggregate_tbl values
(1,"zs","北京",18,0,18812345671,"北京丰台区","2023-03-01 08:00:00"),
(2,"ls","上海",19,1,18812345672,"上海松江区","2023-03-02 08:00:00"),
(3,"ws","天津",20,1,18812345673,"天津南开区","2023-03-03 08:00:00"),
(4,"ml","深圳",21,0,18812345674,"深圳罗湖区","2023-03-04 08:00:00"),
(4,"ml","深圳",22,1,18812345675,"深圳福田区","2023-03-05 08:00:00");
```

表 example_db.example_aggregate_tbl 插入数据后，结果如图 2.7 所示。

```
mysql> select * from example_db.example_aggregate_tbl;
+---------+----------+--------+------+------+-------------+--------------+---------------------+
| user_id | username | city   | age  | sex  | phone       | address      | register_time       |
+---------+----------+--------+------+------+-------------+--------------+---------------------+
| 1       | zs       | 北京   |   18 |    0 | 18812345671 | 北京丰台区   | 2023-03-01 08:00:00 |
| 2       | ls       | 上海   |   19 |    1 | 18812345672 | 上海松江区   | 2023-03-02 08:00:00 |
| 3       | ws       | 天津   |   20 |    1 | 18812345673 | 天津南开区   | 2023-03-03 08:00:00 |
| 4       | ml       | 深圳   |   22 |    1 | 18812345675 | 深圳福田区   | 2023-03-05 08:00:00 |
+---------+----------+--------+------+------+-------------+--------------+---------------------+
```

图 2.7　插入新数据

通过以上验证，读时合并与 Aggregate 聚合模型的结果相同，其底层实现方式也是一样的，都是在读取数据时进行数据合并，呈现最终结果。

2. 写时合并

在 1.2 版本之前，该模型本质上是聚合模型的一个特例，也是一种简化的表结构表示方式。由于聚合模型的实现方式是读时合并，因此在一些聚合查询上性能不佳（参见 2.3.4 节），在 1.2 版本引入了 Unique 模型新的实现方式——写时合并，通过在写入时做一些额外的工作，实现了最优的查询性能。写时合并将在未来替换读时合并成为 Unique 模型的默认实现方式，两者将会短暂的共存一段时间。

Unqiue 模型的写时合并实现，与聚合模型就是完全不同的两种模型，查询性能更接近于 duplicate 模型，在有主键约束需求的场景上相比聚合模型有较大的查询性能优势，尤其是在聚合查询以及需要用索引过滤大量数据的查询中。

在 1.2.0 版本中，作为一个新的 feature，写时合并默认关闭，用户可以通过添加下面的 property 来开启。

```
"enable_unique_key_merge_on_write" = "true"
```

仍然以表 2.9 为例，表结构还是原来的表结构，如表 2.10 所示。

表 2.10　聚合数据

列 名 称	类 型	聚 合 类 型	注 释
user_id	BIGINT		用户 id
username	VARCHAR(50)		用户昵称
city	VARCHAR(20)	NONE	用户所在城市
age	SMALLINT	NONE	用户年龄
sex	TINYINT	NONE	用户性别
phone	LARGEINT	NONE	用户电话
address	VARCHAR(500)	NONE	用户住址
register_time	DATETIME	NONE	用户注册时间

建表语句如下。

```
CREATE TABLE IF NOT EXISTS example_db.example_unique_tbl2
(
`user_id` LARGEINT NOT NULL COMMENT "用户 id",
`username` VARCHAR(50) NOT NULL COMMENT "用户昵称",
`city` VARCHAR(20) COMMENT "用户所在城市",
`age` SMALLINT COMMENT "用户年龄",
`sex` TINYINT COMMENT "用户性别",
`phone` LARGEINT COMMENT "用户电话",
`address` VARCHAR(500) COMMENT "用户地址",
`register_time` DATETIME COMMENT "用户注册时间"
)
UNIQUE KEY(`user_id`, `username`)
DISTRIBUTED BY HASH(`user_id`) BUCKETS 1
PROPERTIES (
"replication_allocation" = "tag.location.default: 1",
"enable_unique_key_merge_on_write" = "true"
);
```

向表 example_db.example_unique_tbl2 中插入与之前一样的数据.

```
insert into example_db.example_unique_tbl2 values
(1,"zs","北京",18,0,18812345671,"北京丰台区","2023-03-01 08:00:00"),
(2,"ls","上海",19,1,18812345672,"上海松江区","2023-03-02 08:00:00"),
(3,"ws","天津",20,1,18812345673,"天津南开区","2023-03-03 08:00:00"),
(4,"ml","深圳",21,0,18812345674,"深圳罗湖区","2023-03-04 08:00:00"),
(4,"ml","深圳",22,1,18812345675,"深圳福田区","2023-03-05 08:00:00");
```

插入数据后，查询表 example_db.example_unique_tbl2 中数据，结果如图 2.8 所示。

```
mysql> select * from example_db.example_unique_tbl2;
+---------+----------+--------+------+------+-------------+------------+---------------------+
| user_id | username | city   | age  | sex  | phone       | address    | register_time       |
+---------+----------+--------+------+------+-------------+------------+---------------------+
| 1       | zs       | 北京   |   18 |    0 | 18812345671 | 北京丰台区 | 2023-03-01 08:00:00 |
| 2       | ls       | 上海   |   19 |    1 | 18812345672 | 上海松江区 | 2023-03-02 08:00:00 |
| 3       | ws       | 天津   |   20 |    1 | 18812345673 | 天津南开区 | 2023-03-03 08:00:00 |
| 4       | ml       | 深圳   |   22 |    1 | 18812345675 | 深圳福田区 | 2023-03-05 08:00:00 |
+---------+----------+--------+------+------+-------------+------------+---------------------+
```

图 2.8　查询表 example_db.example_unique_tbl2 的结果

在开启了写时合并选项的 Unique 表上，数据在导入阶段就会将被覆盖和被更新的数据进行标记删除，同时将新的数据写入新的文件。在查询时，所有被标记删除的数据都会在文件级别被过滤掉，读取出来的数据就都是最新的数据，消除掉了读时合并中的数据聚合过程，并且能够在很多情况下支持多种谓词的下推。因此在许多场景都能带来比较大的性能提升，尤其是在有聚合查询的情况下。

注意

（1）新的 Merge-on-write 实现默认关闭，且只能在建表时通过指定 property 的方式打开。

（2）旧的 Merge-on-read 的实现无法无缝升级到新版本的实现（数据组织方式完全不同），如果需要改为使用写时合并的实现版本，需要手动执行 insert into unique-mow-table select * from source table.

（3）在 Unique 模型上独有的 delete sign 和 sequence col，在写时合并的新版实现中仍可以正常使用，用法没有变化。想要查看隐藏的 delete_sign 列，可以执行 SET show_hidden_columns=true;显示隐藏列，然后 desc table 查看对应表即可。sequence col 需要在创建 Unique 表时指定 function_column.sequence_col 参数，具体参见 2.6 节。或者具体参考 5.3 节。

2.3.3 Duplicate 数据存储模型

在某些多维分析场景下，数据既没有主键，也没有聚合需求，只需要将数据原封不动地存入表中，即使数据主键重复也要存储。因此引入 Duplicate 数据模型来满足这类需求。Duplicate 数据模型只指定排序列，相同的行不会合并，适用于数据无须提前聚合的分析业务。举例说明，有如表 2.11 所示结构数据。

表 2.11　表结构

列 名 称	类　型	SortKey	注　释
timestamp	DATETIME	Yes	日志时间
type	INT	Yes	日志类型
error_code	INT	Yes	错误码

续表

列 名 称	类 型	SortKey	注 释
error_msg	VARCHAR(1024)	No	错误详细信息
op_id	BIGINT	No	负责人 id
op_time	DATETIME	No	处理时间

建表语句如下。

```
CREATE TABLE IF NOT EXISTS example_db.example_duplicate_tbl
(
`timestamp` DATETIME NOT NULL COMMENT "日志时间",
`type` INT NOT NULL COMMENT "日志类型",
`error_code` INT COMMENT "错误码",
`error_msg` VARCHAR(1024) COMMENT "错误详细信息",
`op_id` BIGINT COMMENT "负责人 id",
`op_time` DATETIME COMMENT "处理时间"
)
DUPLICATE KEY(`timestamp`, `type`, `error_code`)
DISTRIBUTED BY HASH(`type`) BUCKETS 1
PROPERTIES (
"replication_allocation" = "tag.location.default: 1"
);
```

创建表成功后，向表中插入如下数据。

```
insert into example_db.example_duplicate_tbl values
("2023-03-01 08:00:00",1,200,"错误 200",1001,"2023-03-01 09:00:00"),
("2023-03-02 08:00:00",2,201,"错误 201",1002,"2023-03-02 09:00:00"),
("2023-03-03 08:00:00",3,202,"错误 202",1003,"2023-03-03 09:00:00"),
("2023-03-04 08:00:00",4,203,"错误 203",1004,"2023-03-04 09:00:00"),
("2023-03-04 08:00:00",4,203,"错误 203",1004,"2023-03-04 09:00:00"),
("2023-03-04 08:00:00",4,203,"错误 203",1005,"2023-03-05 10:00:00");
```

插入数据后，表 example_db.example_duplicate_tbl 结果如图 2.9 所示。

```
mysql> select * from example_db.example_duplicate_tbl;
+---------------------+------+------------+-----------+-------+---------------------+
| timestamp           | type | error_code | error_msg | op_id | op_time             |
+---------------------+------+------------+-----------+-------+---------------------+
| 2023-03-01 08:00:00 |    1 |        200 | 错误200   |  1001 | 2023-03-01 09:00:00 |
| 2023-03-02 08:00:00 |    2 |        201 | 错误201   |  1002 | 2023-03-02 09:00:00 |
| 2023-03-03 08:00:00 |    3 |        202 | 错误202   |  1003 | 2023-03-03 09:00:00 |
| 2023-03-04 08:00:00 |    4 |        203 | 错误203   |  1005 | 2023-03-05 10:00:00 |
| 2023-03-04 08:00:00 |    4 |        203 | 错误203   |  1004 | 2023-03-04 09:00:00 |
| 2023-03-04 08:00:00 |    4 |        203 | 错误203   |  1004 | 2023-03-04 09:00:00 |
+---------------------+------+------------+-----------+-------+---------------------+
```

图 2.9　数据结果

这种数据模型区别于 Aggregate 和 Unique 模型，数据完全按照导入文件或插入的数据进行存储，不会有任何聚合。即使两行数据完全相同，也都会保留。而在建表语句中指定的 DUPLICATE KEY，只是用来指明底层数据按照那些列进行排序，更贴切的名称应该为 Sorted Column，这里取名 DUPLICATE KEY 只是用以明确表示所用的数据模型。关于 Sorted Column 的更多解释，参见 2.8.1 节。

在 Aggregate、Unique 和 Duplicate 三种数据模型中。底层的数据存储，是按照各自建表语句中，

AGGREGATE KEY、UNIQUE KEY 和 DUPLICATE KEY 中指定的列进行排序存储的。在 DUPLICATE KEY 的选择上，建议适当地选择前 2～4 列就可以。

2.3.4 聚合模型的局限性

以上 Aggregate 数据模型和 Unique 数据模型是聚合模型，Duplicate 数据模型不是聚合模型，聚合模型存在一些局限性，这里说的局限性主要体现在 select count(*) from table 操作效率和语意正确性两方面，下面针对 Aggregate 模型介绍聚合模型的局限性。

在聚合模型中，模型对外展现的是最终聚合后的数据。也就是说，在 Doris 内部任何还未聚合的数据（如两个不同导入批次的数据），必须通过某种方式以保证对外展示的一致性。接下来举例说明。

假设表结构如表 2.12 所示。

表 2.12　表结构

列 名 称	类　型	聚 合 类 型	注　释
user_id	LARGEINT		用户 id
date	DATE		数据灌入日期
cost	BIGINT	SUM	用户总消费

建表语句如下。

```
CREATE TABLE IF NOT EXISTS example_db.test
(
`user_id` LARGEINT NOT NULL COMMENT "用户 id",
`date` DATE NOT NULL COMMENT "数据灌入日期",
`cost` BIGINT SUM COMMENT "用户总消费"
)
AGGREGATE KEY(`user_id`, `date`)
DISTRIBUTED BY HASH(`user_id`) BUCKETS 1
PROPERTIES (
"replication_allocation" = "tag.location.default: 1"
);
```

向表中分别插入两批次数据，第一批次 SQL 如下。

```
insert into example_db.test values
(10001,"2017-11-20",50),
(10002,"2017-11-21",39);
```

第二批次 SQL 如下。

```
insert into example_db.test values
(10001,"2017-11-20",1),
(10001,"2017-11-21",5),
(10003,"2017-11-22",22);
```

可以看到“10001,2017-11-20”这条数据虽然分在了两个批次中，但是由于设置了 Aggregate Key 所以是相同数据，进行了聚合。两批次数据插入后，test 表中数据如图 2.10 所示。

```
mysql> select * from test;
+---------+------------+------+
| user_id | date       | cost |
+---------+------------+------+
| 10001   | 2017-11-20 |   51 |
| 10001   | 2017-11-21 |    5 |
| 10002   | 2017-11-21 |   39 |
| 10003   | 2017-11-22 |   22 |
+---------+------------+------+
```

图 2.10 查询结果

另外，在聚合列（Value）上，执行与聚合类型不一致的聚合类查询时，要注意语意。接下来在上述示例中执行如下查询。

```
mysql> select min(cost) from test;
+-------------+
| min(`cost`) |
+-------------+
|           5 |
+-------------+
1 row in set (0.03 sec)
```

以上结果得到的是 5，而不是 1，归根结底就是底层数据进行了合并，是一致性保证的体现。这种一致性的保证，在某些查询中，会极大地降低查询效率。例如，在 select count(*) from table 操作中，这种一致性保证就会大幅降低查询效率，原因如下：

在其他数据库中，这类查询都会很快地返回结果，因为在实现上，我们可以通过如“导入时对行进行计数，保存 count 的统计信息”，或者在查询时“仅扫描某一列数据，获得 count 值”的方式，只需很小的开销，即可获得查询结果。但是在 Doris 的聚合模型中，这种查询的开销非常大。

以上案例中，执行 select count(*) from test;正确结果为 4，为了得到正确的结果，必须同时读取 user_id 和 date 两列的数据，再加上查询时聚合，才能返回 4 这个正确的结果。也就是说，在 count() 查询中，Doris 必须扫描所有的 AGGREGATE KEY 列（这里就是 user_id 和 date），并且聚合后，才能得到语意正确的结果，当聚合列非常多时，count()查询需要扫描大量的数据，效率低下。

因此，当业务上有频繁的 count(*)查询时，建议用户通过增加一个值恒为 1 的，聚合类型为 SUM 的列来模拟 count。上述例子中的表结构，现在修改如下，如表 2.13 所示。

表 2.13 新增列

列 名 称	类 型	聚 合 类 型	注 释
user_id	BIGINT		用户 id
date	DATE		数据灌入日期
cost	BIGINT	SUM	用户总消费
count	BIGINT	SUM	用于计算 count

增加一个 count 列，并且导入数据中，该列值恒为 1。则 select count(*) from table;的结果等价于 select sum(count) from table;。而后者的查询效率将远高于前者。不过这种方式也有使用限制，就是用户需要自行保证不会重复导入 AGGREGATE KEY 列都相同的行。否则，select sum(count) from table; 只能表述原始导入的行数，而不是 select count(*) from table; 的语义。

建表语句如下。

```
CREATE TABLE IF NOT EXISTS example_db.test1
(
`user_id` LARGEINT NOT NULL COMMENT "用户 id",
`date` DATE NOT NULL COMMENT "数据灌入日期",
`cost` BIGINT SUM COMMENT "用户总消费",
`count` BIGINT SUM COMMENT "用于计算 count"
)
AGGREGATE KEY(`user_id`, `date`)
DISTRIBUTED BY HASH(`user_id`) BUCKETS 1
PROPERTIES (
"replication_allocation" = "tag.location.default: 1"
);
```

插入如下数据。

```
insert into test1 values
(10001,"2017-11-20",50,1),
(10002,"2017-11-21",39,1),
(10001,"2017-11-21",5,1),
(10003,"2017-11-22",22,1);
```

执行 SQL 语句对比。

```
# select count(*) from test1; 等价  select sum(count) from test1(效率高);
mysql> select count(*) from test1;
+----------+
| count(*) |
+----------+
|        4 |
+----------+
1 row in set (0.04 sec)

mysql> select count(*) from test1;
+----------+
| count(*) |
+----------+
|        4 |
+----------+
1 row in set (0.03 sec)
```

此外，聚合模型的局限性须注意以下几点。

（1）Unique 模型的写时合并没有聚合模型的局限性（效率低下的局限），因为写时合并原理是写入数据时已经将数据合并并会对过时数据进行标记删除，在数据查询时不需进行任何数据聚合，在测试环境中，count(*)查询在 Unique 模型的写时合并实现上的性能，相比聚合模型有 10 倍以上的提升。

（2）Duplicate 模型没有聚合模型的这个局限性。因为该模型不涉及聚合语意，在做 count(*)查询时，任意选择一列查询，即可得到语意正确的结果。

（3）Duplicate、Aggregate、Unique 模型，都会在建表时指定 Key 列，然而实际上是有所区别的：对于 Duplicate 模型，表的 Key 列，可以认为只是“排序列”，并非起到唯一标识的作用。而 Aggregate、Unique 模型这种聚合类型的表，Key 列是兼顾“排序列”和“唯一标识列”，是真正意义上的“Key 列”。

2.3.5 数据模型的选择建议

Doris 中数据模型在建表时就已经确定，且无法修改。所以，选择一个合适的数据模型非常重要。如果在建表时没有指定数据模型，Doris 会根据创建列是否有聚合字段来决定使用什么模型，没有聚合字段默认是 Duplicate 数据存储模型，根据前缀索引长度决定选择哪些列作为 Key 列；如果有聚合 Key，默认为 Aggregate 数据存储模型，聚合列之前的列为 Key 列。

1. Aggregate 数据模型选择

Aggregate 模型可以通过预聚合，极大地降低聚合查询时所需扫描的数据量和查询的计算量，非常适合有固定模式的报表类查询场景。但是该模型对 count(*) 查询很不友好。同时因为固定了 Value 列上的聚合方式，在进行其他类型的聚合查询时，需要考虑语意正确性。

2. Unique 数据模型选择

Unique 模型针对需要唯一主键约束的场景，可以保证主键唯一性约束。但是无法利用 ROLLUP 等预聚合带来的查询优势。

对于聚合查询有较高性能需求的用户，推荐使用自 1.2 版本加入的写时合并实现。

Unique 模型仅支持整行更新，如果用户既需要唯一主键约束，又需要更新部分列（如将多张源表导入一张 Doris 表的情形），则可以考虑使用 Aggregate 模型，同时将非主键列的聚合类型设置为 REPLACE_IF_NOT_NULL。具体的用法可以参考语法手册。

3. Duplicate 数据模型选择

Duplicate 数据模型适用于既没有聚合需求，又没有主键唯一性约束的原始数据的存储，适合任意维度的 Ad-hoc 查询。虽然同样无法利用预聚合的特性，但是不受聚合模型的约束，可以发挥列存模型的优势（只读取相关列，而不需要读取所有 Key 列）。

2.4 列定义建议

关于 Doris 表的类型，可以通过在 mysql-client 中执行 HELP CREATE TABLE;查看。在定义 Doris 表中列类型时有如下建议。

（1）AGGREGATE KEY 数据模型 Key 列必须在所有 Value 列之前。

（2）尽量选择整型类型。因为整型类型的计算和查找效率远高于字符串。

（3）对于不同长度的整型类型的选择原则，遵循够用即可。

（4）对于 VARCHAR 和 STRING 类型的长度，遵循够用即可。

（5）表中一行数据所有列总的字节数不能超过 100KB。如果数据一行非常大，建议拆分数据进行多表存储。

2.5 分区和分桶基础

Doris 支持两层的数据划分。第一层是 Partition，即分区。用户可以指定某一维度列作为分区列（Ranger 分区当前只支持整型和时间类型的列），并指定每个分区的取值范围，分区支持 Range 和 List 的划分方式。第二层是 Bucket 分桶（Tablet），仅支持哈希的划分方式，用户可以指定一个或多个维度列以及桶数对数据进行哈希分布或者不指定分桶列设置成 Random Distribution 对数据进行随机分布。

创建 Doris 表时也可以仅使用一层分区，使用一层分区时，只支持 Bucket 分桶划分，这种表叫作单分区表；如果一张表既有分区又有分桶，这张表叫作复合分区表。

下面分别介绍分区和分桶，并对推荐使用复合分区的场景进行总结。

2.5.1 分区

分区用于将数据划分成不同区间，逻辑上可以理解为将原始表划分成多个部分。可以方便地按分区对数据进行管理，如删除数据时更加迅速。分区包括 Range 和 List 两种方式。

使用分区时注意以下几点。

（1）分区列可以指定一列或多列，分区列必须为 KEY 列。

（2）不论分区列是什么类型，在写分区值时，都需要加双引号。

（3）分区数量理论上没有上限。

（4）当不使用分区建表时，系统会自动生成一个和表名同名的，全值范围的分区。该分区对用户不可见，并且不可删改。

（5）创建分区时不可添加范围重叠的分区。

1. Ranage 分区

业务上，多数用户会选择采用按时间进行分区。Range 分区列通常为时间列，以方便管理新旧数据。

1）创建 Range 分区方式

分区支持通过 VALUES [...)指定下界，生成一个左闭右开的区间。也支持通过 VALUES LESS THAN (...)仅指定上界，系统会将前一个分区的上界作为该分区的下界，生成一个左闭右开的区。从 Doris1.2.0 版本后也支持通过 FROM(...) TO (...) INTERVAL ...来批量创建分区。下面分别进行演示。

（1）通过 VALUES [...)创建 Range 分区表 example_db.example_range_tbl1。

```
CREATE TABLE IF NOT EXISTS example_db.example_range_tbl1
(
`user_id` LARGEINT NOT NULL COMMENT "用户 id",
`date` DATE NOT NULL COMMENT "数据灌入日期时间",
`timestamp` DATETIME NOT NULL COMMENT "数据灌入的时间戳",
`city` VARCHAR(20) COMMENT "用户所在城市",
`age` SMALLINT COMMENT "用户年龄",
`sex` TINYINT COMMENT "用户性别",
`last_visit_date` DATETIME REPLACE DEFAULT "1970-01-01 00:00:00" COMMENT "用户最后
```

```
一次访问时间",
`cost` BIGINT SUM DEFAULT "0" COMMENT "用户总消费",
`max_dwell_time` INT MAX DEFAULT "0" COMMENT "用户最大停留时间",
`min_dwell_time` INT MIN DEFAULT "99999" COMMENT "用户最小停留时间"
)
ENGINE=OLAP
AGGREGATE KEY(`user_id`, `date`, `timestamp`, `city`, `age`, `sex`)
PARTITION BY RANGE(`date`)
(
PARTITION `p201701` VALUES [("2017-01-01"),("2017-02-01")),
PARTITION `p201702` VALUES [("2017-02-01"),("2017-03-01")),
PARTITION `p201703` VALUES [("2017-03-01"),("2017-04-01"))
)
DISTRIBUTED BY HASH(`user_id`) BUCKETS 16
PROPERTIES
(
"replication_num" = "3"
);
```

查看表 example_db.example_range_tbl1 分区信息。

```
mysql> SHOW  PARTITIONS FROM example_db.example_range_tbl1\G;
*************************** 1. row ***************************
             PartitionId: 13898
           PartitionName: p201701
          VisibleVersion: 1
      VisibleVersionTime: 2023-02-08 16:36:24
                   State: NORMAL
            PartitionKey: date
                   Range:  [types:  [DATE];  keys:  [2017-01-01];  ..types:  [DATE];
keys: [2017-02-01]; )
         DistributionKey: user_id
                 Buckets: 16
          ReplicationNum: 3
           StorageMedium: HDD
            CooldownTime: 9999-12-31 23:59:59
     RemoteStoragePolicy:
LastConsistencyCheckTime: NULL
                DataSize: 0.000
              IsInMemory: false
       ReplicaAllocation: tag.location.default: 3
*************************** 2. row ***************************
             PartitionId: 13899
           PartitionName: p201702
          VisibleVersion: 1
      VisibleVersionTime: 2023-02-08 16:36:24
                   State: NORMAL
            PartitionKey: date
                   Range:  [types:  [DATE];  keys:  [2017-02-01];  ..types:  [DATE];
keys: [2017-03-01]; )
```

```
         DistributionKey: user_id
                 Buckets: 16
          ReplicationNum: 3
           StorageMedium: HDD
            CooldownTime: 9999-12-31 23:59:59
     RemoteStoragePolicy:
LastConsistencyCheckTime: NULL
                DataSize: 0.000
              IsInMemory: false
       ReplicaAllocation: tag.location.default: 3
*************************** 3. row ***************************
             PartitionId: 13900
           PartitionName: p201703
          VisibleVersion: 1
      VisibleVersionTime: 2023-02-08 16:36:24
                   State: NORMAL
            PartitionKey: date
                   Range:  [types:  [DATE];  keys:  [2017-03-01];  ..types:  [DATE];
keys: [2017-04-01]; )
         DistributionKey: user_id
                 Buckets: 16
          ReplicationNum: 3
           StorageMedium: HDD
            CooldownTime: 9999-12-31 23:59:59
     RemoteStoragePolicy:
LastConsistencyCheckTime: NULL
                DataSize: 0.000
              IsInMemory: false
       ReplicaAllocation: tag.location.default: 3
3 rows in set (0.01 sec)
```

（2）通过 VALUES LESS THAN(...)创建 Range 分区表 example_db.example_range_tbl2。

```
CREATE TABLE IF NOT EXISTS example_db.example_range_tbl2
(
`user_id` LARGEINT NOT NULL COMMENT "用户 id",
`date` DATE NOT NULL COMMENT "数据灌入日期时间",
`timestamp` DATETIME NOT NULL COMMENT "数据灌入的时间戳",
`city` VARCHAR(20) COMMENT "用户所在城市",
`age` SMALLINT COMMENT "用户年龄",
`sex` TINYINT COMMENT "用户性别",
`last_visit_date` DATETIME REPLACE DEFAULT "1970-01-01 00:00:00" COMMENT "用户最后
一次访问时间",
`cost` BIGINT SUM DEFAULT "0" COMMENT "用户总消费",
`max_dwell_time` INT MAX DEFAULT "0" COMMENT "用户最大停留时间",
`min_dwell_time` INT MIN DEFAULT "99999" COMMENT "用户最小停留时间"
)
ENGINE=OLAP
AGGREGATE KEY(`user_id`, `date`, `timestamp`, `city`, `age`, `sex`)
PARTITION BY RANGE(`date`)
```

```
(
PARTITION `p201701` VALUES LESS THAN ("2017-02-01"),
PARTITION `p201702` VALUES LESS THAN ("2017-03-01"),
PARTITION `p201703` VALUES LESS THAN ("2017-04-01")
)
DISTRIBUTED BY HASH(`user_id`) BUCKETS 16
PROPERTIES
(
"replication_num" = "3"
);
```

注意

通过 VALUES LESS THAN (...)创建分区仅指定上界，系统会将前一个分区的上界作为该分区的下界，生成一个左闭右开的区。最开始分区的下界为该分区字段的 MIN_VALUE,DATE 类型默认是 0000-01-01。

查看表 example_db.example_range_tbl2 分区信息。

```
mysql> show partitions from example_db.example_range_tbl2\G;
*************************** 1. row ***************************
             PartitionId: 14095
           PartitionName: p201701
          VisibleVersion: 1
      VisibleVersionTime: 2023-02-08 16:42:20
                   State: NORMAL
            PartitionKey: date
                   Range: [types: [DATE]; keys: [0000-01-01]; ..types: [DATE];
keys: [2017-02-01]; )
         DistributionKey: user_id
                 Buckets: 16
          ReplicationNum: 3
           StorageMedium: HDD
            CooldownTime: 9999-12-31 23:59:59
     RemoteStoragePolicy:
LastConsistencyCheckTime: NULL
                DataSize: 0.000
              IsInMemory: false
       ReplicaAllocation: tag.location.default: 3
*************************** 2. row ***************************
             PartitionId: 14096
           PartitionName: p201702
          VisibleVersion: 1
      VisibleVersionTime: 2023-02-08 16:42:20
                   State: NORMAL
            PartitionKey: date
                   Range: [types: [DATE]; keys: [2017-02-01]; ..types: [DATE];
keys: [2017-03-01]; )
         DistributionKey: user_id
                 Buckets: 16
```

```
          ReplicationNum: 3
           StorageMedium: HDD
            CooldownTime: 9999-12-31 23:59:59
     RemoteStoragePolicy: 
LastConsistencyCheckTime: NULL
                DataSize: 0.000
              IsInMemory: false
       ReplicaAllocation: tag.location.default: 3
*************************** 3. row ***************************
             PartitionId: 14097
           PartitionName: p201703
          VisibleVersion: 1
      VisibleVersionTime: 2023-02-08 16:42:20
                   State: NORMAL
            PartitionKey: date
                   Range: [types: [DATE]; keys: [2017-03-01]; ..types: [DATE]; 
keys: [2017-04-01]; )
         DistributionKey: user_id
                 Buckets: 16
          ReplicationNum: 3
           StorageMedium: HDD
            CooldownTime: 9999-12-31 23:59:59
     RemoteStoragePolicy: 
LastConsistencyCheckTime: NULL
                DataSize: 0.000
              IsInMemory: false
       ReplicaAllocation: tag.location.default: 3
3 rows in set (0.01 sec)
```

（3）通过 FROM(...) TO (...) INTERVAL ...创建 Range 分区表 example_db.example_range_tbl2。

```
CREATE TABLE IF NOT EXISTS example_db.example_range_tbl3
(
`user_id` LARGEINT NOT NULL COMMENT "用户 id",
`date` DATE NOT NULL COMMENT "数据灌入日期时间",
`timestamp` DATETIME NOT NULL COMMENT "数据灌入的时间戳",
`city` VARCHAR(20) COMMENT "用户所在城市",
`age` SMALLINT COMMENT "用户年龄",
`sex` TINYINT COMMENT "用户性别",
`last_visit_date` DATETIME REPLACE DEFAULT "1970-01-01 00:00:00" COMMENT "用户最后一次访问时间",
`cost` BIGINT SUM DEFAULT "0" COMMENT "用户总消费",
`max_dwell_time` INT MAX DEFAULT "0" COMMENT "用户最大停留时间",
`min_dwell_time` INT MIN DEFAULT "99999" COMMENT "用户最小停留时间"
)
ENGINE=OLAP
AGGREGATE KEY(`user_id`, `date`, `timestamp`, `city`, `age`, `sex`)
PARTITION BY RANGE(`date`)
(
 FROM ("2017-01-03") TO ("2017-01-06") INTERVAL 1 DAY
```

```
)
DISTRIBUTED BY HASH(`user_id`) BUCKETS 16
PROPERTIES
(
"replication_num" = "3"
);
```

⚠注意

上述 FROM(...) TO (...) INTERVAL ...这种批量创建分区语句后面指定的 INTERVAL 还可以指定成 YEAR、MONTH、WEEK、DAY、HOUR。

查看表 example_db.example_range_tbl3 分区信息。

```
mysql> show partitions from example_db.example_range_tbl3\G;
*************************** 1. row ***************************
             PartitionId: 14489
           PartitionName: p_20170103
          VisibleVersion: 1
      VisibleVersionTime: 2023-02-08 16:54:18
                   State: NORMAL
            PartitionKey: date
                   Range: [types: [DATE]; keys: [2017-01-03]; ..types: [DATE];
keys: [2017-01-04]; )
         DistributionKey: user_id
                 Buckets: 16
          ReplicationNum: 3
           StorageMedium: HDD
            CooldownTime: 9999-12-31 23:59:59
     RemoteStoragePolicy:
LastConsistencyCheckTime: NULL
                DataSize: 0.000
              IsInMemory: false
       ReplicaAllocation: tag.location.default: 3
*************************** 2. row ***************************
             PartitionId: 14490
           PartitionName: p_20170104
          VisibleVersion: 1
      VisibleVersionTime: 2023-02-08 16:54:18
                   State: NORMAL
            PartitionKey: date
                   Range: [types: [DATE]; keys: [2017-01-04]; ..types: [DATE];
keys: [2017-01-05]; )
         DistributionKey: user_id
                 Buckets: 16
          ReplicationNum: 3
           StorageMedium: HDD
            CooldownTime: 9999-12-31 23:59:59
     RemoteStoragePolicy:
LastConsistencyCheckTime: NULL
                DataSize: 0.000
```

```
              IsInMemory: false
       ReplicaAllocation: tag.location.default: 3
*************************** 3. row ***************************
             PartitionId: 14491
           PartitionName: p_20170105
          VisibleVersion: 1
      VisibleVersionTime: 2023-02-08 16:54:18
                   State: NORMAL
            PartitionKey: date
                   Range: [types: [DATE]; keys: [2017-01-05]; ..types: [DATE];
keys: [2017-01-06]; )
         DistributionKey: user_id
                 Buckets: 16
          ReplicationNum: 3
           StorageMedium: HDD
            CooldownTime: 9999-12-31 23:59:59
     RemoteStoragePolicy:
LastConsistencyCheckTime: NULL
                DataSize: 0.000
              IsInMemory: false
       ReplicaAllocation: tag.location.default: 3
3 rows in set (0.01 sec)
```

2）增删分区

以上是三种方式来创建 Range 分区，下面对表 example_db.example_range_tbl2 进行分区增删操作，演示分区范围的变化情况。

目前表 example_db.example_range_tbl2 中的分区情况如下。

```
p201701: [MIN_VALUE,  2017-02-01)
p201702: [2017-02-01, 2017-03-01)
p201703: [2017-03-01, 2017-04-01)
```

通过以下 SQL 命令来对表 example_db.example_range_tbl2 增加一个分区。

```
mysql> ALTER TABLE example_db.example_range_tbl2 ADD PARTITION p201705 VALUES LESS
THAN ("2017-06-01");
Query OK, 0 rows affected (0.05 sec)
```

注意

关于操作分区注意项参考官网：https://doris.apache.org/zh-CN/docs/dev/sql-manual/sql-reference/Data-Definition-Statements/Alter/ALTER-TABLE-PARTITION。

增加分区后，表 example_db.example_range_tbl2 中的分区情况如下。

```
p201701: [MIN_VALUE,  2017-02-01)
p201702: [2017-02-01, 2017-03-01)
p201703: [2017-03-01, 2017-04-01)
p201705: [2017-04-01, 2017-06-01)
```

此时，删除分区 p201703，SQL 命令如下。

```
mysql> ALTER TABLE example_db.example_range_tbl2 DROP PARTITION p201703;
Query OK, 0 rows affected (0.01 sec)
```

删除分区 p201703 后，分区结果如下。

```
p201701: [MIN_VALUE,  2017-02-01)
p201702: [2017-02-01, 2017-03-01)
p201705: [2017-04-01, 2017-06-01)
```

以上删除分区后，注意到 p201702 和 p201705 的分区范围并没有发生变化，而这两个分区之间，出现了一个空洞：[2017-03-01, 2017-04-01)，即如果导入的数据范围在这个空洞范围内，是无法导入的。

继续删除分区 p201702，空洞范围变为[2017-02-01, 2017-04-01)，操作如下。

```
#删除分区 p201702
mysql> ALTER TABLE example_db.example_range_tbl2 DROP PARTITION p201702;
Query OK, 0 rows affected (0.01 sec)

#删除后分区如下
p201701: [MIN_VALUE,  2017-02-01)
p201705: [2017-04-01, 2017-06-01)
```

现在对表 example_db.example_range_tbl2 再次增加一个分区，分区结果如下。

```
#增加一个分区 p201702new VALUES LESS THAN ("2017-03-01")
mysql> ALTER TABLE example_db.example_range_tbl2 ADD PARTITION p201702new VALUES
LESS THAN ("2017-03-01");
Query OK, 0 rows affected (0.05 sec)

#表分区结果
p201701:    [MIN_VALUE,  2017-02-01)
p201702new: [2017-02-01, 2017-03-01)
p201705:    [2017-04-01, 2017-06-01)
```

可以看到空洞范围缩小为[2017-03-01, 2017-04-01)。

现在删除分区 p201701，并添加分区 p201612 VALUES LESS THAN ("2017-01-01")，SQL 操作及分区结果如下。

```
#删除分区 p201701
mysql> ALTER TABLE example_db.example_range_tbl2 DROP PARTITION p201701;
Query OK, 0 rows affected (0.01 sec)

#添加分区 p201612 VALUES LESS THAN ("2017-01-01")
mysql> ALTER TABLE example_db.example_range_tbl2 ADD PARTITION p201612 VALUES LESS
THAN ("2017-01-01");
Query OK, 0 rows affected (0.05 sec)

#表分区结果
p201612:    [MIN_VALUE,  2017-01-01)
p201702new: [2017-02-01, 2017-03-01)
p201705:    [2017-04-01, 2017-06-01)
```

综上，分区的删除不会改变已存在分区的范围。删除分区可能出现空洞。通过 VALUES LESS THAN 语句增加分区时，分区的下界紧接上一个分区的上界。

3）多列分区

Range 分区除了上述看到的单列分区，也支持多列分区。创建表 example_range_tbl4，该表为多列分区，建表语句如下。

```
CREATE TABLE IF NOT EXISTS example_db.example_range_tbl4
(
`date` DATE NOT NULL COMMENT "数据灌入日期时间",
`id` INT NOT NULL COMMENT "用户 id",
`age` SMALLINT COMMENT "用户年龄",
`cost` BIGINT SUM DEFAULT "0" COMMENT "用户总消费"
)
ENGINE=OLAP
AGGREGATE KEY(`date`,`id`,`age`)
PARTITION BY RANGE(`date`,`id`)
(
    PARTITION `p201701_1000` VALUES LESS THAN ("2017-02-01", "1000"),
    PARTITION `p201702_2000` VALUES LESS THAN ("2017-03-01", "2000"),
    PARTITION `p201703_all`  VALUES LESS THAN ("2017-04-01")
)
DISTRIBUTED BY HASH(`id`) BUCKETS 16
PROPERTIES
(
"replication_num" = "3"
);
```

创建以上表的分区是按照 date 和 id 两个列来进行分区，表创建完成后，分区如下。

```
* p201701_1000: [(MIN_VALUE, MIN_VALUE), ("2017-02-01", "1000") )
* p201702_2000: [("2017-02-01", "1000"), ("2017-03-01", "2000") )
* p201703_all: [("2017-03-01", "2000"), ("2017-04-01", MIN_VALUE))
```

可以看到最后一个分区用户默认只指定了 date 列的分区值，所以 id 列的分区值会默认填充 MIN_VALUE。当用户插入数据时，分区列值会按照顺序依次比较，最终得到对应的分区。向表中依次插入以下几条数据。

```
#插入以下 7 条属于不同分区的数据
insert into example_db.example_range_tbl4 values
("2017-01-01",200,18,10),
("2017-01-01",2000,19,11),
("2017-02-01",100,20,12),
("2017-02-01",2000,21,13),
("2017-02-15",5000,22,14),
("2017-03-01",2000,23,15),
("2017-03-10",1,24,16);

#插入以下两条不属于任何分区的数据，会报错
insert into example_db.example_range_tbl4 values
```

```
("2017-04-01",1000,25,17),
("2017-05-01",1000,26,18);
```

可以通过以下命令来查看表 example_db.example_range_tbl4 对应分区数据。

```
#select col1,col2... from db.table PARTITION partition_name;
mysql> select * from example_range_tbl4 partition p201701_1000;
+------------+------+------+------+
| date       | id   | age  | cost |
+------------+------+------+------+
| 2017-01-01 | 2000 |   19 |   11 |
| 2017-01-01 |  200 |   18 |   10 |
| 2017-02-01 |  100 |   20 |   12 |
+------------+------+------+------+

mysql> select * from example_range_tbl4 partition p201702_2000;
+------------+------+------+------+
| date       | id   | age  | cost |
+------------+------+------+------+
| 2017-02-15 | 5000 |   22 |   14 |
| 2017-02-01 | 2000 |   21 |   13 |
+------------+------+------+------+
2 rows in set (0.07 sec)

mysql> select * from example_range_tbl4 partition p201703_all;
+------------+------+------+------+
| date       | id   | age  | cost |
+------------+------+------+------+
| 2017-03-01 | 2000 |   23 |   15 |
| 2017-03-10 |    1 |   24 |   16 |
+------------+------+------+------+
2 rows in set (0.08 sec)
```

通过以上查询可以发现，数据对应分区情况如下。

```
* 数据 --> 分区
* 2017-01-01, 200 --> p201701_1000
* 2017-01-01, 2000 --> p201701_1000
* 2017-02-01, 100 --> p201701_1000
* 2017-02-01, 2000 --> p201702_2000
* 2017-02-15, 5000 --> p201702_2000
* 2017-03-01, 2000 --> p201703_all
* 2017-03-10, 1 --> p201703_all
* 2017-04-01, 1000 --> 无法导入
* 2017-05-01, 1000 --> 无法导入
```

⚠注意

以上数据对应到哪个分区是一个个分区进行匹配，首先看第一个列是否在第一个分区中，不在就判断第二个列是否在第一个分区中，如果都不在那么就以此类推判断数据是否在第二个分区，直到进入合适的数据分区。

2．List 分区

业务上，用户可以选择城市或者其他枚举值进行分区，对于这种枚举类型数据列进行分区可以使用 List 分区。List 分区列支持 BOOLEAN, TINYINT, SMALLINT, INT, BIGINT, LARGEINT, DATE, DATETIME, CHAR, VARCHAR 数据类型，分区值为枚举值。只有当数据为目标分区枚举值其中之一时，才可以命中分区。

1）创建 List 分区方式

分区支持通过 VALUES IN (...)来指定每个分区包含的枚举值。举例如下，创建 List 分区表 example_db.example_list_tbl1，命令如下。

```
CREATE TABLE IF NOT EXISTS example_db.example_list_tbl1
(
`user_id` LARGEINT NOT NULL COMMENT "用户 id",
`date` DATE NOT NULL COMMENT "数据灌入日期时间",
`timestamp` DATETIME NOT NULL COMMENT "数据灌入的时间戳",
`city` VARCHAR(20) NOT NULL COMMENT "用户所在城市",
`age` SMALLINT COMMENT "用户年龄",
`sex` TINYINT COMMENT "用户性别",
`last_visit_date` DATETIME REPLACE DEFAULT "1970-01-01 00:00:00" COMMENT "用户最后一次访问时间",
`cost` BIGINT SUM DEFAULT "0" COMMENT "用户总消费",
`max_dwell_time` INT MAX DEFAULT "0" COMMENT "用户最大停留时间",
`min_dwell_time` INT MIN DEFAULT "99999" COMMENT "用户最小停留时间"
)
ENGINE=olap
AGGREGATE KEY(`user_id`, `date`, `timestamp`, `city`, `age`, `sex`)
PARTITION BY LIST(`city`)
(
PARTITION `p_cn` VALUES IN ("Beijing", "Shanghai", "Hong Kong"),
PARTITION `p_usa` VALUES IN ("New York", "San Francisco"),
PARTITION `p_jp` VALUES IN ("Tokyo")
)
DISTRIBUTED BY HASH(`user_id`) BUCKETS 16
PROPERTIES
(
"replication_num" = "3"
);
```

创建完成表 example_db.example_list_tbl1 之后，会自动生成如下 3 个分区。

```
p_cn: ("Beijing", "Shanghai", "Hong Kong")
p_usa: ("New York", "San Francisco")
p_jp: ("Tokyo")
```

2）增删分区

执行如下命令对表 example_db.example_list_tbl1 增加分区。

```
#增加分区 p_uk VALUES IN ("London")
mysql> ALTER TABLE example_db.example_list_tbl1 ADD PARTITION p_uk VALUES IN
```

```
("London");
Query OK, 0 rows affected (0.04 sec)

#分区结果如下：

p_cn: ("Beijing", "Shanghai", "Hong Kong")
p_usa: ("New York", "San Francisco")
p_jp: ("Tokyo")
p_uk: ("London")
```

执行如下命令对表 example_db.example_list_tbl1 删除分区。

```
#删除分区 p_jp
mysql> ALTER TABLE example_db.example_list_tbl1 DROP PARTITION p_jp;
Query OK, 0 rows affected (0.01 sec)

#分区结果如下：

p_cn: ("Beijing", "Shanghai", "Hong Kong")
p_usa: ("New York", "San Francisco")
p_uk: ("London")
```

向表 example_db.example_list_tbl1 中插入如下数据，观察数据所属分区情况。

```
#向表中插入如下数据，数据对应的 city 都能匹配对应分区
insert into example_db.example_list_tbl1 values
(10000,"2017-10-01","2017-10-01 08:00:05","Beijing",20,0,"2017-10-01
06:00:00",20,10,10),
(10000,"2017-10-01","2017-10-01 09:00:05","Shanghai",20,0,"2017-10-01
07:00:00",15,2,2),
(10001,"2017-10-01","2017-10-01 18:12:10","Hong Kong",30,1,"2017-10-01
17:05:45",2,22,22),
(10002,"2017-10-02","2017-10-02 13:10:00","New York",20,1,"2017-10-02
12:59:12",200,5,5),
(10003,"2017-10-02","2017-10-02 13:15:00","San Francisco",32,0,"2017-10-02
11:20:00",30,11,11),
(10004,"2017-10-01","2017-10-01 12:12:48","London",35,0,"2017-10-01
10:00:15",100,3,3);

#查询 p_cn 分区数据，查询其他分区数据语法相同
mysql> select * from example_db.example_list_tbl1 partition p_cn;
+---------+------------+---------------------+-----------+
| user_id | date       | timestamp           | city      |...
+---------+------------+---------------------+-----------+
| 10001   | 2017-10-01 | 2017-10-01 18:12:10 | Hong Kong |...
| 10000   | 2017-10-01 | 2017-10-01 08:00:05 | Beijing   |...
| 10000   | 2017-10-01 | 2017-10-01 09:00:05 | Shanghai  |...
+---------+------------+---------------------+-----------+

#向表中插入如下数据，不属于表中任何分区会报错
insert into example_db.example_list_tbl1 values
```

```
(10004,"2017-10-03","2017-10-03 12:38:20","Tokyo",35,0,"2017-10-03
10:20:22",11,6,6);
```

3）多列分区

List 分区也支持多列分区。创建多列分区表 example_db.example_list_tbl2，命令如下。

```
CREATE TABLE IF NOT EXISTS example_db.example_list_tbl2
(
`id` LARGEINT NOT NULL COMMENT "用户 id",
`date` DATE NOT NULL COMMENT "数据灌入日期时间",
`city` VARCHAR(20) NOT NULL COMMENT "用户所在城市",
`age` SMALLINT COMMENT "用户年龄",
`cost` BIGINT SUM DEFAULT "0" COMMENT "用户总消费"
)
ENGINE=olap
AGGREGATE KEY(`id`, `date`, `city`, `age`)
PARTITION BY LIST(`id`, `city`)
(
   PARTITION `p1_city` VALUES IN (("1", "Beijing"), ("1", "Shanghai")),
   PARTITION `p2_city` VALUES IN (("2", "Beijing"), ("2", "Shanghai")),
   PARTITION `p3_city` VALUES IN (("3", "Beijing"), ("3", "Shanghai"))
)
DISTRIBUTED BY HASH(`id`) BUCKETS 16
PROPERTIES
(
"replication_num" = "3"
);
```

以上表是以 id、city 列创建的多列分区，分区信息如下。

```
p1_city: [("1", "Beijing"), ("1", "Shanghai")]
p2_city: [("2", "Beijing"), ("2", "Shanghai")]
p3_city: [("3", "Beijing"), ("3", "Shanghai")]
```

当数据插入到表中匹配时也是按照每列顺序进行匹配，向表中插入如下数据。

```
#向表中插入如下数据，每条数据可以对应到已有分区中
insert into example_db.example_list_tbl12 values
(1,"2017-10-01","Beijing",18,100),
(1,"2017-10-02","Shanghai",18,101),
(2,"2017-10-03","Shanghai",20,102),
(3,"2017-10-04","Beijing",21,103)

#向表中插入如下数据，每条数据都不能匹配已有分区，则报错
insert into example_db.example_list_tbl2 values
(1,"2017-10-05","Tianjin",22,104),
(4,"2017-10-06","Beijing",23,105);
```

以上几条数据匹配分区情况如下。

```
数据 ---> 分区
1, Beijing ---> p1_city
```

```
1, Shanghai ---> p1_city
2, Shanghai ---> p2_city
3, Beijing ---> p3_city
1, Tianjin ---> 无法导入
4, Beijing ---> 无法导入
```

2.5.2 分桶

Doris 数据表存储中，如果有分区，在插入数据时，数据会按照对应规则匹配写入对应的分区中，如果表除了有分区还有分桶，那么数据在写入某个分区后，还会根据分桶规则将数据写入不同的分桶（Tablet）。

1. 哈希分桶

分桶 Bucket 目前仅支持哈希分桶，即根据对应列的哈希值将数据划分成不同的分桶。

建议采用区分度大的列做分桶，避免出现数据倾斜，为方便数据恢复，建议单个 Bucket 的 size 不要太大，保持在 10GB 以内，所以建表或增加分区时请合理考虑 Bucket 数目，其中不同分区可指定不同的 Bucket 数。

建表时创建分桶表只需要在建表语句中加入 distrubution_desc 即可。

```
...
DISTRIBUTED BY HASH('id') BUCKETS 16
...
```

之前创建的所有分区表都进行了分桶，使用 Bucket 分桶要注意以下几点。

（1）如果使用了分区，则 DISTRIBUTED ... 语句描述的是数据在各个分区内的划分规则。如果不使用分区，则描述的是对整个表的数据的划分规则。

（2）分桶列可以是多列，Aggregate 和 Unique 模型必须为 Key 列，Duplicate 模型可以是 Key 列和 Value 列。分桶列可以和分区列相同或不同。

（3）分桶列的选择，是在“查询吞吐”和“查询并发”之间的一种权衡。

- ☑ 如果选择多个分桶列，则数据分布更均匀。如果一个查询条件不包含所有分桶列的等值条件，那么该查询会触发所有分桶同时扫描，这样查询的吞吐会增加，单个查询的延迟随之降低。这个方式适合大吞吐低并发的查询场景。
- ☑ 如果仅选择一个或少数分桶列，则对应的点查询可以仅触发一个分桶扫描。此时，当多个点查询并发时，这些查询有较大的概率分别触发不同的分桶扫描，各个查询之间的 I/O 影响较小（尤其当不同桶分布在不同磁盘上时），所以这种方式适合高并发的点查询场景。

（4）分桶的数量理论上没有上限。

关于分区与分桶数量和数据量有如下建议。

（1）一个表必须指定分桶列，但可以不指定分区。

（2）对于分区表，可以在之后的使用过程中对分区进行增删操作，而对于无分区的表，之后不能再进行增加分区等操作。

（3）分区列和分桶列在表创建之后不可更改，既不能更改分区和分桶列的类型，也不能对这些列进行任何增删操作。所以建议在建表前，先确认使用方式来进行合理地建表。

（4）一个表的 Tablet 总数量等于(Partition num * Bucket num)。

（5）一个表的 Tablet 数量，在不考虑扩容的情况下，推荐略多于整个集群的磁盘数量。

（6）单个 Tablet 的数据量理论上没有上下界，但建议在 1GB～10GB 的范围内。如果单个 Tablet 数据量过小，则数据的聚合效果不佳，且元数据管理压力大。如果数据量过大，则不利于副本的迁移、补齐，且会增加 Schema Change 或者 Rollup 操作失败重试的代价（这些操作失败重试的粒度是 Tablet）。

（7）当 Tablet 的数据量原则和数量原则冲突时，建议优先考虑数据量原则。

（8）在建表时，每个分区的 Bucket 数量统一指定。但是在动态增加分区时（ADD PARTITION），可以单独指定新分区的 Bucket 数量。可以利用这个功能方便地应对数据缩小或膨胀。

（9）一个分区的 Bucket 数量一旦指定，不可更改。所以在确定 Bucket 数量时，需要预先考虑集群扩容的情况。比如当前只有 3 台 host，每台 host 有 1 块盘。如果 Bucket 的数量只设置为 3 或更小，那么后期即使再增加机器，也不能提高并发度。

（10）举一些例子：假设在有 10 台 BE，每台 BE 一块磁盘的情况下。如果一个表总大小为 500MB，则可以考虑 4～8 个 tablet 分片；5GB：8～16 个 tablet 分片；50GB：32 个 tablet 分片；500GB：建议分区，每个分区大小在 50GB 左右，每个分区 16～32 个 tablet 分片；5TB：建议分区，每个分区大小在 50GB 左右，每个分区 16～32 个 tablet 分片。

表的数据量可以通过 SHOW DATA 命令查看，如图 2.11 所示，结果除以副本数，即表的数据量。

```
mysql> show data;
+-----------------------+-------------+--------------+
| TableName             | Size        | ReplicaCount |
+-----------------------+-------------+--------------+
| example_duplicate_tbl | 1.307 KB    | 1            |
| example_list_tbl      | 23.982 KB   | 144          |
| example_list_tbl1     | 8.142 KB    | 144          |
| example_range_tbl     | 0.000       | 144          |
| example_range_tbl1    | 0.000       | 144          |
| example_range_tbl2    | 0.000       | 144          |
| example_range_tbl3    | 0.000       | 144          |
| example_range_tbl4    | 14.238 KB   | 144          |
| example_tbl           | 2.793 KB    | 1            |
| example_tbl_1         | 1.644 KB    | 1            |
| test                  | 1.058 KB    | 1            |
| test1                 | 629.000 B   | 1            |
| Total                 | 53.777 KB   | 1013         |
| Quota                 | 1024.000 TB | 1073741824   |
| Left                  | 1024.000 TB | 1073740811   |
+-----------------------+-------------+--------------+
```

图 2.11　表的数据量

2．随机数分桶

如果 OLAP 表没有更新类型的字段，将表的数据分桶模式设置为 RANDOM，则可以避免严重的数据倾斜（数据在导入表对应的分区时，单次导入作业每个批次的数据将随机选择一个 Tablet 进行写入），分桶模式设置为 RANDOM 只需要建表时设置如下。

```
...
DISTRIBUTED BY RANDOM  BUCKETS 1
...
```

也可以不向“BUCKETS 1”直接指定 RANDOM，默认 BUCKETS 为 10。使用 RANDOM 分桶模式建表如下。

```
CREATE TABLE IF NOT EXISTS example_db.example_list_tbl3
(
`id` LARGEINT NOT NULL COMMENT "用户id",
`date` DATE NOT NULL COMMENT "数据灌入日期时间",
`city` VARCHAR(20) NOT NULL COMMENT "用户所在城市",
`age` SMALLINT COMMENT "用户年龄",
`cost` BIGINT SUM DEFAULT "0" COMMENT "用户总消费"
)
ENGINE=olap
AGGREGATE KEY(`id`, `date`, `city`, `age`)
PARTITION BY LIST(`id`, `city`)
(
   PARTITION `p1_city` VALUES IN (("1", "Beijing"), ("1", "Shanghai")),
   PARTITION `p2_city` VALUES IN (("2", "Beijing"), ("2", "Shanghai")),
   PARTITION `p3_city` VALUES IN (("3", "Beijing"), ("3", "Shanghai"))
)
DISTRIBUTED BY RANDOM  BUCKETS 1
PROPERTIES
(
"replication_num" = "3"
);
```

当表的分桶模式被设置为 RANDOM 时，因为没有分桶列，无法根据分桶列的值仅对几个分桶查询，对表进行查询时将对命中分区的全部分桶同时扫描，该设置适合对表数据整体的聚合查询分析而不适合高并发的点查询。

如果 OLAP 表是 Random Distribution 的数据分布，那么在数据导入时可以设置单 Tablet 导入模式（将 load_to_single_tablet 设置为 true），那么在大数据量的导入时，一个任务在将数据写入对应的分区时将只写入一个 Tablet 分片，这样将能提高数据导入的并发度和吞吐量，减少数据导入和 Compaction 导致的写放大问题，保障集群的稳定性。

2.5.3 复合分区使用场景

以下场景推荐使用复合分区。

（1）有时间维度或类似带有有序值的维度，可以以这类维度列作为分区列。分区粒度可以根据导入频次、分区数据量等进行评估。

（2）历史数据删除需求：如有删除历史数据的需求（比如仅保留最近 N 天的数据）。使用复合分区，可以通过删除历史分区来达到目的。也可以通过在指定分区内发送 DELETE 语句进行数据删除。

（3）解决数据倾斜问题：每个分区可以单独指定分桶数量。如按天分区，当每天的数据量差异很大时，可以通过指定分区的分桶数，合理划分不同分区的数据，分桶列建议选择区分度大的列。

当然用户也可以不使用复合分区，即使用单分区，则数据只做哈希分布。

2.6　Properties 配置项

在创建表时，可以指定 Properties 设置表属性，目前支持以下属性。

1．replication_num

指定副本数。默认副本数为 3。如果 BE 节点数量小于 3，则需指定副本数小于等于 BE 节点数量。在 0.15 版本后，该属性将自动转换成 replication_allocation 属性，如："replication_num" = "3"会自动转换成"replication_allocation" = "tag.location.default:3"。

2．replication_allocation

根据 Tag 设置副本分布情况。该属性可以完全覆盖 replication_num 属性的功能。

3．storage_medium/storage_cooldown_timc

数据存储介质。storage_medium 用于声明表数据的初始存储介质，而 storage_cooldown_time 用于设定到期时间，示例如下。

```
"storage_medium" = "SSD",
"storage_cooldown_time" = "2020-11-20 00:00:00"
```

这个示例表示数据存放在 SSD 中，并且在 2020-11-20 00:00:00 到期后，会自动迁移到 HDD 存储上，创建表时该时间不能小于当前系统时间。

4．colocate_with

当需要使用 Colocation Join 功能时，使用这个参数设置 Colocation Group。示例如下。

```
"colocate_with" = "group1"
```

5．bloom_filter_columns

用户指定需要添加 Bloom Filter 索引的列名称列表。各个列的 Bloom Filter 索引是独立的，并不是组合索引。示例如下。

```
"bloom_filter_columns" = "k1, k2, k3"
```

6．in_memory

Doris 没有内存表的概念。这个属性设置成 true，Doris 会尽量将该表的数据块缓存在存储引擎的 PageCache 中，以减少磁盘 I/O。但这个属性不会保证数据块常驻在内存中，仅作为一种尽力而为的标识。示例如下。

```
"in_memory" = "true"
```

7．compression

Doris 表的默认压缩方式是 LZ4。1.1 版本后，支持将压缩方式指定为 zstd 以获得更高的压缩比。示例如下。

```
"compression"="zstd"
```

8．function_column.sequence_col

当使用 UNIQUE KEY 模型时，可以指定一个 sequence 列，当 KEY 列相同时，将按照 sequence 列进行 REPLACE（较大值替换较小值，否则无法替换）。

function_column.sequence_col 用来指定 sequence 列到表中某一列的映射，该列可以为整型和时间类型（DATE、DATETIME），创建后不能更改该列的类型。如果设置了 function_column.sequence_col, function_column.sequence_type 将被忽略。示例如下。

```
"function_column.sequence_col" = 'column_name'
```

9．function_column.sequence_type

当使用 UNIQUE KEY 模型时，可以指定一个 sequence 列，当 KEY 列相同时，将按照 sequence 列进行 REPLACE（较大值替换较小值，否则无法替换）。

这里仅需指定顺序列的类型，支持时间类型或整型。Doris 会创建一个隐藏的顺序列。示例如下。

```
"function_column.sequence_type" = 'Date'
```

10．light_schema_change

默认 true，是否使用 light schema change 优化。如果设置成 true，对于值列的加减操作，可以更快地、同步地完成。示例如下。

```
"light_schema_change" = 'true'
```

该功能在 1.2.1 及之后版本默认开启。

11．disable_auto_compaction

是否对这个表禁用自动 compaction，默认为 false。如果这个属性设置成 true，后台的自动 compaction 进程会跳过这个表的所有 tablet。示例如下。

```
"disable_auto_compaction" = "false"
```

12．动态分区相关参数

动态分区相关参数如下。

（1）dynamic_partition.enable：用于指定表级别的动态分区功能是否开启。默认为 true。

（2）dynamic_partition.time_unit：用于指定动态添加分区的时间单位，可选择为 DAY（天），WEEK（周），MONTH（月），HOUR（时）。

（3）dynamic_partition.start：用于指定向前删除多少个分区。值必须小于 0。默认为 Integer.MIN_VALUE。

（4）dynamic_partition.end：用于指定提前创建的分区数量。值必须大于 0。

（5）dynamic_partition.prefix：用于指定创建的分区名前缀，例如分区名前缀为 p，则自动创建分区名为 p20200108。

（6）dynamic_partition.buckets：用于指定自动创建的分区分桶数量。

（7）dynamic_partition.create_history_partition：用于指定是否创建历史分区。

（8）dynamic_partition.history_partition_num：用于指定创建历史分区的数量。

（9）dynamic_partition.reserved_history_periods：用于指定保留的历史分区的时间段。

13. 数据排序相关参数

数据排序相关参数如下。

（1）data_sort.sort_type：数据排序使用的方法，目前支持两种：lexical/z-order，默认是 lexical。

（2）data_sort.col_num：数据排序使用的列数，取最前面几列，不能超过总的 Key 列数。

注意

以上参数也可以通过在 mysql-client 中执行 HELP CREATE TABLE;查看。

2.7　关于 ENGINE

在 Doris 中创建表，ENGINE 的类型是 OLAP，即默认的 ENGINE 类型。只有这个 ENGINE 类型是由 Doris 负责数据管理和存储的。其他 ENGINE 类型，如 MySQL、Broker、ES 等，本质上只是对外部其他数据库或系统中的表的映射，以保证 Doris 可以读取这些数据。而 Doris 本身并不创建、管理和存储任何非 OLAP ENGINE 类型的表和数据。

2.8　Doris 索引

索引用于帮助快速过滤或查找数据。目前 Doris 主要支持两类索引：

☑　内建的智能索引，包括前缀索引和 ZoneMap 索引。

☑　用户创建的二级索引，包括 Bitmap 索引和 Bloom Filter 索引。

内建索引中 ZoneMap 索引是在列存格式上，对每一列自动维护的索引信息，包括 Min/Max、Null 值个数等，这种索引对用户透明，无须用户进行手动操作或配置，因此不再介绍。

2.8.1　前缀索引

不同于传统的数据库设计，Doris 不支持在任意列上创建索引，Doris 这类 MPP 架构的 OLAP 数据库，通常都是通过提高并发来处理大量数据的。

本质上，Doris 的数据存储在类似 SSTable（Sorted String Table，有数据有索引）的数据结构中。该结构是一种有序的数据结构，可以按照指定的列进行排序存储，在这种数据结构上，以排序列作为条件进行查找，会非常地高效。

在 Aggregate、Unique 和 Duplicate 三种数据模型中。底层的数据存储，是按照各自建表语句里 AGGREGATE KEY、UNIQUE KEY 和 DUPLICATE KEY 中指定的列进行排序存储的。

而前缀索引，即在排序的基础上，实现的一种根据给定前缀列快速查询数据的索引方式，Doris

中默认将一行数据的前 36 个字节作为这行数据的前缀索引，但是当遇到 VARCHAR 类型时，前缀索引会直接截断（varchar 类型最多使用 20 个字符）。接下来举例说明。

（1）表 2.14 所示结构的前缀索引为 user_id(8 Bytes) + age(4 Bytes) + message(prefix 20 Bytes)。

表 2.14　表结构

列 名 称	类　型
user_id	BIGINT
age	INT
message	VARCHAR(100)
max_dwell_time	DATETIME
min_dwell_time	DATETIME

（2）表 2.15 所示结构的前缀索引为 user_name(20 Bytes)。即使没有达到 36 个字节，因为遇到 VARCHAR，所以会直接截断，不再往后继续。

表 2.15　表结构

列 名 称	类　型
user name	VARCHAR(20)
age	INT
message	VARCHAR(100)
max_dwell_time	DATETIME
min_dwell_time	DATETIME

当我们的查询条件是前缀索引的前缀时，可以极大地加快查询速度。比如在第一个例子中，我们执行如下查询。

```
SELECT * FROM table WHERE user_id=1829239 and age=20;
```

该查询的效率会远高于如下查询。

```
SELECT * FROM table WHERE age=20;
```

所以在建表时，正确地选择列顺序，能够极大地提高查询效率。

因为建表时已经指定了列顺序，所以一个表只有一种前缀索引。这对于使用其他不能命中前缀索引的列作为条件进行的查询来说，效率上可能无法满足需求。因此，可以通过创建 ROLLUP 来人为地调整列顺序，详情可参考 2.9.2 小节。

2.8.2　Bitmap 索引

bitmap（位图）是一种数据结构，即 bit 的集合，每一个 bit 记录 0 或 1，代表状态。bitmap index 是位图索引，可以针对 Doris 表中的某些列构建位图索引来加快数据查询速度。

1. 位图索引原理

假设有一张表数据如表 2.16 所示，现有 5 行数据。

表 2.16　表结构

编　号	姓　名	性　别	年　龄	城　市	收　入
001	张三	男	18	北京	1000
002	李四	女	18	上海	2000
003	王五	男	19	深圳	3000
004	马六	女	19	北京	4000
005	田七	男	20	上海	5000
…	…	…	…	…	…

现在需要从表中找出性别列为“男”，城市列是“上海”的数据，如果表中没有索引，这就需要扫描一行行数据判断是否满足指定条件来过滤数据。

如果在“性别”列上创建了位图索引，对于性别这个列及每行数据位置会形成两个向量，即男（10101），女（01010），如表 2.17 所示。

表 2.17　性别位图索引

行号	1	2	3	4	5
男	1	0	1	0	1
女	0	1	0	1	0

如果也在“城市”列上建立了位图索引，那么对于“城市”列位图索引会生成三个向量，即北京（10010），深圳（00100），上海（01001），如表 2.18 所示。

表 2.18　城市位图索引

行号	1	2	3	4	5
北京	1	0	0	1	0
深圳	0	0	1	0	0
上海	0	1	0	0	1

如果现在想要查询性别列为“男”，城市列是“上海”的数据，只需要取出男（10101）和上海（01001）两个向量进行 and 操作，结果生成（00001）向量，就代表（00001）向量中位置为 1 的位置符合条件，即表中第 5 行数据是我们需要的数据，提高了查询速度。

2. Bitmap 位图索引语法

下面创建表来演示 Bitmap 位图索引用法，创建表 example_db.example_bitmap_index_tbl，SQL 语句如下。

```
CREATE TABLE IF NOT EXISTS example_db.example_bitmap_index_tbl
(
`id` BIGINT NOT NULL COMMENT "用户 id",
`age` INT COMMENT "用户年龄",
`name` VARCHAR(100) NOT NULL COMMENT "姓名",
`cost` BIGINT SUM DEFAULT "0" COMMENT "用户总消费"
)
DISTRIBUTED BY HASH(`id`)  BUCKETS 3
PROPERTIES
```

```
(
"replication_allocation" = "tag.location.default: 1"
);
```

1）创建索引

创建索引语法如下：

```
CREATE INDEX [IF NOT EXISTS] index_name ON table (某一个列) USING BITMAP COMMENT '注释';
```

对表 example_db.example_bitmap_index_tbl 中 age 列添加位图索引。

```
mysql> CREATE INDEX  age_index ON example_db.example_bitmap_index_tbl (age) USING
BITMAP COMMENT '年龄索引';
Query OK, 0 rows affected (0.10 sec)
```

2）查看索引

查看索引语法如下，该语句用于展示一个表中索引的相关信息，目前只支持 bitmap 索引。

```
SHOW INDEX FROM example_db.table_name;
```

查看 example_db.example_bitmap_index_tbl 中的位图索引。

```
mysql> show index from example_db.example_bitmap_index_tbl\G;
*************************** 1. row ***************************
       Table: default_cluster:example_db.example_bitmap_index_tbl
  Non_unique:
    Key_name: age_index
Seq_in_index:
 Column_name: age
   Collation:
 Cardinality:
    Sub_part:
      Packed:
        Null:
  Index_type: BITMAP
     Comment: 年龄索引
  Properties:
1 row in set (0.00 sec)
```

3）删除索引

删除指定 table_name 的位图索引，命令如下。

```
DROP INDEX [IF EXISTS] index_name ON [db_name.]table_name;
```

删除表 example_db.example_bitmap_index_tbl 中的位图索引。

```
mysql> DROP INDEX age_index ON example_db.example_bitmap_index_tbl;
Query OK, 0 rows affected (0.05 sec)

#再次查询
mysql> show index from example_db.example_bitmap_index_tbl\G;
Empty set (0.00 sec)
```

3．注意事项

使用位图索引时，需要注意以下事项。

（1）目前索引仅支持 bitmap 类型的索引。

（2）bitmap 索引仅在单列上创建，不支持多列。

（3）bitmap 索引能够应用在 Duplicate、Uniqe 数据模型的所有列和 Aggregate 模型的 Key 列上。

（4）bitmap 索引支持的数据类型包括 TINYINT、SMALLINT、INT、BIGINT、CHAR、VARCHAR、DATE、DATETIME、LARGEINT、DECIMAL 和 BOOL。

（5）bitmap 索引仅在 Segment V2 下生效。当创建 index 时，表的存储格式将默认转换为 V2 格式。

⚠注意

Doris 早期版本的存储格式为 Segment V1，在 0.12 版本中实现了新的存储格式 Segment V2，引入了 Bitmap 索引、内存表、Page Cache、字典压缩以及延迟物化等诸多特性。从 0.13 版本开始，新建表的默认存储格式为 Segment V2，与此同时也保留了对 Segment V1 格式的兼容。

2.8.3　Bloom Filter 索引

BloomFilter 是由 Bloom 在 1970 年提出的一种多哈希函数映射的快速查找算法。通常应用在一些需要快速判断某个元素是否属于集合，但是并不严格要求 100%正确的场合，BloomFilter 有以下特点：

- ☑ 空间效率高的概率型数据结构，用来检查一个元素是否在一个集合中。
- ☑ 对于一个元素检测是否存在的调用，BloomFilter 会告诉调用者两个结果之一：可能存在或者一定不存在。
- ☑ 缺点是存在误判，告诉你可能存在，不一定真实存在。

布隆过滤器实际上是由一个超长的二进制位数组和一系列的哈希函数组成。二进制位数组初始全部为 0，当给定一个待查询的元素时，这个元素会被一系列哈希函数计算映射出一系列的值，所有的值在位数组的偏移量处置为 1。

如图 2.12 所示，是 m=18，k=3（m 是该 Bit 数组的大小，k 是哈希函数的个数）的 Bloom Filter 示例。集合中的 x、y、z 三个元素通过 3 个不同的哈希函数散列到位数组中。当查询元素 w 时，通过哈希函数计算之后因为有一个位为 0，因此 w 不在该集合中。

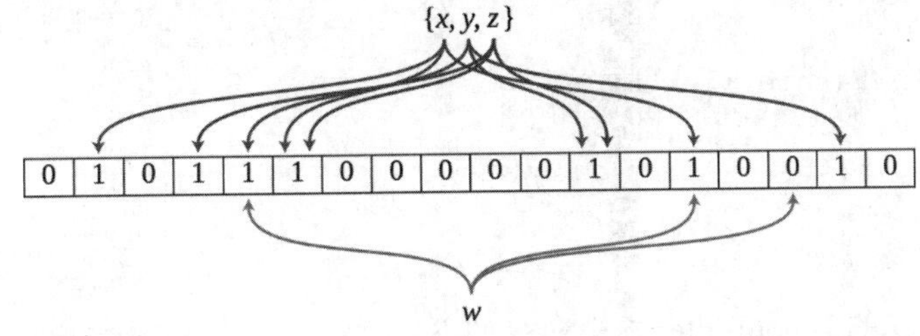

图 2.12　布隆过滤器示例

那么怎么判断某个元素是否在集合中呢？同样是这个元素经过哈希函数计算后得到所有的偏移位置，若这些位置全都为 1，则判断这个元素在这个集合中，若有一个不为 1，则判断这个元素不在这个集合中，就是这么简单！

布隆过滤器索引使用非常广泛，在大数据组件 HBase 就提供了布隆过滤器，它允许你对存储在每个数据块的数据做一个反向测试。当某行被请求时，通过布隆过滤器先检查该行是否不在这个数据块，布隆过滤器要么确定回答该行不在，要么回答它不知道。这就是为什么我们称它是反向测试。

布隆过滤器同样也可以应用到行里的单元上，当访问某列标识符时可以先使用同样的反向测试。但布隆过滤器也不是没有代价，存储这个额外的索引层次会占用额外的空间，布隆过滤器随着它们的索引对象数据增长而增长，所以行级布隆过滤器比列标识符级布隆过滤器占用空间要少。当空间不是问题时，它们可以帮助你榨干系统的性能潜力。

Doris 的 BloomFilter 索引需要通过建表时指定，或者通过表的 ALTER 操作来完成。BloomFilter 本质上是一种位图结构，用于快速地判断一个给定的值是否在一个集合中，这种判断会产生小概率的误判，即如果返回 false，则一定不在这个集合内。而如果返回 true，则有可能在这个集合内。

BloomFilter 索引是以 Block（1024 行）为粒度创建的，每 1024 行中，指定列的值作为一个集合生成一个 BloomFilter 索引条目，用于在查询时快速过滤不满足条件的数据。

1. BloomFilter 索引语法

Doris BloomFilter 索引的创建是通过在建表语句的 PROPERTIES 里加上"bloom_filter_columns"="k1,k2,k3",这个属性，k1,k2,k3 是要创建的 BloomFilter 索引的 Key 列名称，例如下面我们对表里的 saler_id,category_id 创建了 BloomFilter 索引。

```
CREATE TABLE IF NOT EXISTS example_db.example_bloom_index_tbl  (
    sale_date date NOT NULL COMMENT "销售时间",
    customer_id int NOT NULL COMMENT "客户编号",
    saler_id int NOT NULL COMMENT "销售员",
    sku_id int NOT NULL COMMENT "商品编号",
    category_id int NOT NULL COMMENT "商品分类",
    sale_count int NOT NULL COMMENT "销售数量",
    sale_price DECIMAL(12,2) NOT NULL COMMENT "单价",
    sale_amt DECIMAL(20,2)  COMMENT "销售总金额"
)
Duplicate  KEY(sale_date, customer_id,saler_id,sku_id,category_id)
PARTITION BY RANGE(sale_date)
(
PARTITION P_202111 VALUES [('2021-11-01'), ('2021-12-01'))
)
DISTRIBUTED BY HASH(saler_id) BUCKETS 1
PROPERTIES (
"replication_num" = "3",
"bloom_filter_columns"="saler_id,category_id"
);
```

查看我们在表上建立的 BloomFilter 索引命令如下。

```
SHOW CREATE TABLE <table_name>;
```

执行之后，查看对应建表语句 PROPERTIES 中是否有 bloom_filter_columns 配置项。

```
mysql> SHOW CREATE TABLE example_db.example_bloom_index_tbl\G;
*************************** 1. row ***************************
```

```
       Table: example_bloom_index_tbl
Create Table: CREATE TABLE `example_bloom_index_tbl` (
  `sale_date` date NOT NULL COMMENT '销售时间',
  `customer_id` int(11) NOT NULL COMMENT '客户编号',
  `saler_id` int(11) NOT NULL COMMENT '销售员',
  `sku_id` int(11) NOT NULL COMMENT '商品编号',
  `category_id` int(11) NOT NULL COMMENT '商品分类',
  `sale_count` int(11) NOT NULL COMMENT '销售数量',
  `sale_price` decimal(12, 2) NOT NULL COMMENT '单价',
  `sale_amt` decimal(20, 2) NULL COMMENT '销售总金额'
) ENGINE=OLAP
DUPLICATE KEY(`sale_date`, `customer_id`, `saler_id`, `sku_id`, `category_id`)
COMMENT 'OLAP'
PARTITION BY RANGE(`sale_date`)
(PARTITION P_202111 VALUES [('2021-11-01'), ('2021-12-01')))
DISTRIBUTED BY HASH(`saler_id`) BUCKETS 1
PROPERTIES (
"replication_allocation" = "tag.location.default: 3",
"bloom_filter_columns" = "category_id, saler_id",
"in_memory" = "false",
"storage_format" = "V2",
"disable_auto_compaction" = "false"
);
1 row in set (0.00 sec)
```

删除 BloomFilter 索引即将索引列从 bloom_filter_columns 属性中移除，命令如下。

```
ALTER TABLE <db.table_name> SET ("bloom_filter_columns" = "");
```

删除表 example_db.example_bloom_index_tbl 中的布隆索引。

```
mysql> alter table example_db.example_bloom_index_tbl set ("bloom_filter_columns"="");
Query OK, 0 rows affected (0.05 sec)
```

以上语句执行完成后，可以执行“show create table example_db.example_bloom_index_tbl\G;”查看建表语句参数中已经没有布隆过滤器的配置参数。

修改 BloomFilter 索引即修改表对应的 bloom_filter_columns 属性，语法如下。

```
ALTER TABLE <db.table_name> SET ("bloom_filter_columns" = "k1,k3");
```

现在给表 example_db.example_bloom_index_tbl 中 category_id 列创建布隆过滤器，操作如下。

```
mysql> alter table example_db.example_bloom_index_tbl set ("bloom_filter_columns"=
"category_id");
Query OK, 0 rows affected (0.04 sec)

mysql> show create table example_db.example_bloom_index_tbl\G;
*************************** 1. row ***************************
...
(PARTITION P_202111 VALUES [('2021-11-01'), ('2021-12-01')))
DISTRIBUTED BY HASH(`saler_id`) BUCKETS 1
PROPERTIES (
```

```
"replication_allocation" = "tag.location.default: 3",
"bloom_filter_columns" = "category_id",
"in_memory" = "false",
"storage_format" = "V2",
"disable_auto_compaction" = "false"
);
... ...
```

2. 注意事项

使用布隆过滤器时，需要注意以下事项：

（1）BloomFilter 适用于非前缀过滤。

（2）查询会根据该列高频过滤，而且查询条件大多是 in 和=过滤。

（3）不同于 Bitmap，BloomFilter 适用于高基数列。如 UserID。因为如果创建在低基数的列上，如“性别”列，则每个 Block 几乎都会包含所有取值，导致 BloomFilter 索引失去意义。

（4）不支持对 Tinyint、Float、Double 类型的列建 Bloom Filter 索引。

（5）Bloom Filter 索引只对 in 和=过滤查询有加速效果。

（6）如果要查看某个查询是否命中了 Bloom Filter 索引，可以通过查询的 Profile 信息查看。

2.9　Rollup 物化索引

Rollup 在多维分析中是“上卷”的意思，即将数据按某种指定的粒度进行进一步聚合。在 Doris 中，我们将用户通过建表语句创建出来的表称为 Base 表（Base Table）。Base 表中保存着按用户建表语句指定方式存储的基础数据。

Rollup 可以理解为 Base 表的一个物化索引结构，物化是因为其数据在物理上独立存储，而索引的意思是，建立 Rollup 时可只选取 Base 表中的部分列作为 Schema，Schema 中的字段顺序也可与 Base 表不同，所以 Rollup 可以调整列顺序以增加前缀索引的命中率，也可以减少 Key 列以增加数据的聚合度。

在 Base 表之上，可以创建任意多个 Rollup 物化索引表，这些 Rollup 的数据是基于 Base 表产生的，并且在物理上是独立存储的。Rollup 物化索引表的基本作用在于，在 Base 表的基础上，获得更粗粒度的聚合数据。

2.9.1　Rollup 物化索引的创建与操作

1. 创建测试表

创建表 tbl1，建表 SQL 语句如下。

```
CREATE TABLE IF NOT EXISTS example_db.tbl1
(
`siteid` BIGINT NOT NULL COMMENT "网站 id",
`citycode` SMALLINT NOT NULL COMMENT "城市编码",
`username` VARCHAR(32) NOT NULL COMMENT "用户名称",
```

```
`pv` BIGINT SUM NOT NULL DEFAULT "0" COMMENT "pv 值",
`uv` BIGINT SUM NOT NULL DEFAULT "0" COMMENT "uv 值"
)
AGGREGATE KEY(`siteid`, `citycode`, `username`)
DISTRIBUTED BY HASH(`siteid`) BUCKETS 1
PROPERTIES (
"replication_allocation" = "tag.location.default: 1"
);
```

并向表中插入如下 20 条数据。

```
insert into example_db.tbl1 values
(101,1,"陈家伟",20,10),
(102,2,"童启光",21,11),
(103,1,"丁俊毅",22,12),
(104,2,"林正平",23,13),
(105,1,"王雅云",24,14),
(101,2,"陈家伟",25,15),
(102,1,"童启光",26,16),
(103,2,"丁俊毅",27,17),
(104,1,"林正平",28,18),
(105,2,"王雅云",29,19),
(101,1,"陈家伟",30,20),
(102,2,"童启光",31,21),
(103,1,"丁俊毅",32,22),
(104,2,"林正平",33,23),
(105,1,"王雅云",34,24),
(101,2,"陈家伟",35,25),
(102,1,"童启光",36,26),
(103,2,"丁俊毅",37,27),
(104,1,"林正平",38,28),
(105,2,"王雅云",39,29);
```

表中数据如图 2.13 所示。

```
mysql> select * from tbl1;
+--------+----------+-----------+------+------+
| siteid | citycode | username  | pv   | uv   |
+--------+----------+-----------+------+------+
|    105 |        1 | 王雅云    |   58 |   38 |
|    105 |        2 | 王雅云    |   68 |   48 |
|    101 |        1 | 陈家伟    |   50 |   30 |
|    101 |        2 | 陈家伟    |   60 |   40 |
|    102 |        1 | 童启光    |   62 |   42 |
|    102 |        2 | 童启光    |   52 |   32 |
|    103 |        1 | 丁俊毅    |   54 |   34 |
|    103 |        2 | 丁俊毅    |   64 |   44 |
|    104 |        1 | 林正平    |   66 |   46 |
|    104 |        2 | 林正平    |   56 |   36 |
+--------+----------+-----------+------+------+
```

图 2.13　表数据

对于 tbl1 明细数据是 siteid、citycode、username 三者构成一组 Key，从而对 pv、uv 字段进行聚合；如果业务方经常有查看城市 pv 总量的需求，可以建立一个只有 citycode、pv 的 Rollup，这就可以通过创建 Rollup 物化索引表来实现。

2．创建 Rollup 物化索引表

基于 Base 表创建 Rollup 物化索引表语法如下。

```
ALTER TABLE [database.]table ADD ROLLUP rollup_name (column_name1, column_name2, ...)
```

对 tbl1 表创建只有 citycode，pv 两列的 Rollup 物化索引表，指定 rollup_name 为 rollup_city，SQL 如下。

```
mysql> ALTER TABLE tbl1 ADD ROLLUP rollup_city(citycode, pv);
Query OK, 0 rows affected (0.03 sec)
```

创建 Rollup 物化索引表过程是一个异步命令，SQL 执行完成并不意味着 Rollup 表创建完成，创建的 Rollup 物化索引表 rollup_city 中只有 citycode、pv 两列，可以通过以下 SQL 来查询 Rollup 表作业的进度。

```
mysql> SHOW ALTER TABLE ROLLUP\G;
*************************** 1. row ***************************
            JobId: 18389
        TableName: tbl1
       CreateTime: 2023-02-09 21:14:57
       FinishTime: 2023-02-09 21:15:19
    BaseIndexName: tbl1
  RollupIndexName: rollup_city
         RollupId: 18390
    TransactionId: 4016
            State: FINISHED
              Msg:
         Progress: NULL
          Timeout: 2592000
1 rows in set (0.01 sec)
```

当作业状态为 FINISHED，则表示作业完成。也可以执行如下命令取消正在执行的作业。

```
CANCEL ALTER TABLE ROLLUP FROM table1;
```

3．查看 Rollup 物化索引表

Rollup 物化索引表创建完成后使用如下命令查看表的 Rollup 信息。

```
DESC [database.]table ALL
```

查看表 tbl1 的 Rollup 物化索引信息，如图 2.14 所示。

```
mysql> desc tbl1 all;
+-------------+---------------+----------+-------------+------+-------+---------+-------+---------+
| IndexName   | IndexKeysType | Field    | Type        | Null | Key   | Default | Extra | Visible |
+-------------+---------------+----------+-------------+------+-------+---------+-------+---------+
| tbl1        | AGG_KEYS      | siteid   | BIGINT      | No   | true  | NULL    |       | true    |
|             |               | citycode | SMALLINT    | No   | true  | NULL    |       | true    |
|             |               | username | VARCHAR(32) | No   | true  | NULL    |       | true    |
|             |               | pv       | BIGINT      | No   | false | 0       | SUM   | true    |
|             |               | uv       | BIGINT      | No   | false | 0       | SUM   | true    |
|             |               |          |             |      |       |         |       |         |
| rollup_city | AGG_KEYS      | citycode | SMALLINT    | No   | true  | NULL    |       | true    |
|             |               | pv       | BIGINT      | No   | false | 0       | SUM   | true    |
+-------------+---------------+----------+-------------+------+-------+---------+-------+---------+
```

图 2.14　物化索引信息

4．删除 Rollup 物化索引表

删除 Rollup 物化索引表命令如下。

```
ALTER TABLE [database.]table DROP ROLLUP rollup_name;
```

执行如下 SQL 删除 tbl1 上名为 rollup_city 的 Rollup 物化索引表。

```
mysql> ALTER TABLE tbl1 DROP ROLLUP rollup_city;
Query OK, 0 rows affected (0.02 sec)

#再次查看 tbl1 上的 Rollup 物化索引信息，没有任何 Rollup 物化索引信息
mysql> desc tbl1 all;
```

5．验证 Rollup 物化索引使用

Rollup 建立之后，查询不需要指定 Rollup 进行查询，还是指定原有表进行查询即可。程序会自动判断是否应该使用 Rollup。是否命中 Rollup 可以通过 EXPLAIN your_sql;命令进行查看，查看执行该命令后“VOlapScanNode”部分查询的 TABLE 即可。

下面对表执行如下 SQL 语句，查看 explain 信息。

```
mysql> explain select citycode ,sum(pv) from tbl1 group by citycode;
...
|   0:VOlapScanNode                                                          |
|      TABLE: default_cluster:example_db.tbl1(tbl1), PREAGGREGATION: ON      |
|      partitions=1/1, tablets=10/10, tabletList=18368,18370,18372 ...       |
|      cardinality=5, avgRowSize=2490.0, numNodes=3
...
```

可以看到由于删除了 Rollup 物化索引表，所以无法从 Rollup 物化索引表中进行查询，下面我们重新基于 tbl1 创建 Rollup 物化索引表 rollup_city。

```
mysql> ALTER TABLE tbl1 ADD ROLLUP rollup_city(citycode, pv);
Query OK, 0 rows affected (0.03 sec)

#查看是否创建完成
mysql> SHOW ALTER TABLE ROLLUP\G;
```

当 Rollup 物化索引表创建完成后，重新执行 explain SQL，可以发现命中了创建的 Rollup 物化索引表。

```
mysql> explain select citycode ,sum(pv) from tbl1 group by citycode;
...
|   0:VOlapScanNode
|
|TABLE: default_cluster:example_db.tbl1(rollup_city), PREAGGREGATION: ON |
|      partitions=1/1, tablets=10/10, tabletList=19029,19031,19033 ...       |
|      cardinality=5, avgRowSize=0.0, numNodes=3
...
```

通过“select citycode ,sum(pv) from tbl1 group by citycode”SQL 查询可以看到 Doris 会自动命中 Rollup 物化索引表，从而只需要扫描极少的数据量，即可完成聚合查询。

2.9.2 Rollup 物化索引的作用

在 Doris 里 Rollup 作为一份聚合物化视图，其在查询中可以起到两个作用：改变索引和聚合数据。

1．改变索引

改变索引主要说的是可以调整前缀索引，因为建表时已经指定了列顺序，所以一个表只有一种前缀索引。这对于使用其他不能命中前缀索引的列作为条件进行的查询来说，效率上可能无法满足需求。因此，可以通过创建 Rollup 来人为地调整列顺序，以获得更好的查询效率。

Doris 的前缀索引，即 Doris 会把 Base/Rollup 表中的前 36 个字节（有 varchar 类型则可能导致前缀索引不满 36 个字节，varchar 会截断前缀索引，并且最多使用 varchar 的 20 个字节）在底层存储引擎单独生成一份排序的稀疏索引数据（数据也是排序的，用索引定位，然后在数据中做二分查找），然后在查询的时候会根据查询中的条件来匹配每个 Base/Rollup 的前缀索引，并且选择出匹配前缀索引最长的一个 Base/Rollup，如图 2.15 所示。

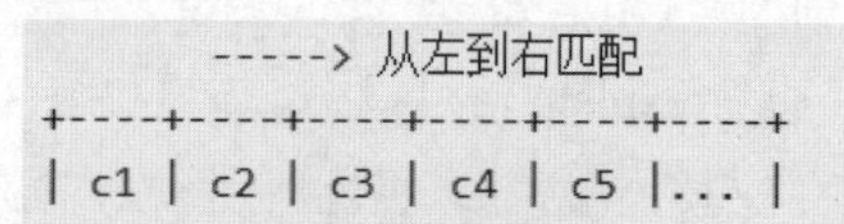

图 2.15　索引定位顺序

如图 2.15 所示，取查询中 where 以及 on 上下推到 ScanNode 的条件，从前缀索引的第一列开始匹配，检查条件中是否有这些列，有则累计匹配的长度，直到匹配不上或者 36 字节结束（varchar 类型的列只能匹配 20 个字节，并且会匹配不足 36 个字节截断前缀索引），然后选择出匹配长度最长的一个 Base/Rollup，下面举例说明，创建了一张 Base 表以及四张 Rollup。

创建表 rollup_test1，表结构如图 2.16 所示。

Field	Type	Null	Key	Default	Extra
k1	TINYINT	Yes	true	N/A	
k2	SMALLINT	Yes	true	N/A	
k3	INT	Yes	true	N/A	
k4	BIGINT	Yes	true	N/A	
k5	DECIMAL(9,3)	Yes	true	N/A	
k6	CHAR(5)	Yes	true	N/A	
k7	DATE	Yes	true	N/A	
k8	DATETIME	Yes	true	N/A	
k9	VARCHAR(20)	Yes	true	N/A	
k10	DOUBLE	Yes	false	N/A	MAX
k11	FLOAT	Yes	false	N/A	SUM

图 2.16　表结构

创建表 SQL 语句如下。

```
CREATE TABLE IF NOT EXISTS example_db.rollup_test1
(
`k1` TINYINT,
```

```
`k2` SMALLINT,
`k3` INT,
`k4` BIGINT,
`k5` DECIMAL(9,3),
`k6` CHAR(5),
`k7` DATE,
`k8` DATETIME,
`k9` VARCHAR(20),
`k10` DOUBLE MAX,
`k11` FLOAT SUM
)
AGGREGATE KEY(`k1`,`k2`,`k3`,`k4`,`k5`,`k6`,`k7`,`k8`,`k9`)
DISTRIBUTED BY HASH(`k1`) BUCKETS 1
PROPERTIES (
"replication_allocation" = "tag.location.default: 1"
);
```

向以上表中插入如下数据（注意：不插入数据，后续创建的物化索引不能被命中）。

```
insert into example_db.rollup_test1 values
(1,2,3,4,1.0,'a',"2023-03-01","2023-03-01 08:00:00","aaa",1.0,1.0),
(5,6,7,8,2.0,'b',"2023-03-02","2023-03-02 08:00:00","bbb",2.0,2.0);
```

基于 rollup_test1 表创建四张 Rollup 物化索引表，命令如下。

```
#创建 rollup_index1
mysql> ALTER TABLE example_db.rollup_test1 ADD ROLLUP rollup_index1(k9,k1,k2,k3,
k4,k5,k6,k7,k8,k10,k11);
Query OK, 0 rows affected (0.05 sec)

#创建 rollup_index2
mysql> ALTER TABLE example_db.rollup_test1 ADD ROLLUP rollup_index2(k9,k2,k1,k3,
k4,k5,k6,k7,k8,k10,k11);
Query OK, 0 rows affected (0.02 sec)

#创建 rollup_index3
mysql> ALTER TABLE example_db.rollup_test1 ADD ROLLUP rollup_index3(k4,k5,k6,k1,
k2,k3,k7,k8,k9,k10,k11);
Query OK, 0 rows affected (0.03 sec)

#创建 rollup_index4
mysql> ALTER TABLE example_db.rollup_test1 ADD ROLLUP rollup_index4(k4,k6,k5,k1,
k2,k3,k7,k8,k9,k10,k11);
Query OK, 0 rows affected (0.02 sec)
```

使用 desc table all;查看 rollup_test1 表的物化索引信息，如图 2.17 所示。

Doris 中默认将一行数据的前 36 个字节作为这行数据的前缀索引，但是当遇到 VARCHAR 类型时，前缀索引会直接截断，以上 Base 表和 Rollup 物化索引表的前缀索引分别为（TINYINT-1 字节、SMALLINT-2 字节、INT-4 字节、BIGINT-8 字节、DECIMAL-16 字节、CHAR-1 字节、DATETIME-8 字节）。

```
rollup_test1(Base 表)(k1 ,k2, k3, k4, k5, k6, k7)

rollup_index1(k9)

rollup_index2(k9)

rollup_index3(k4, k5, k6, k1, k2, k3, k7)

rollup_index4(k4, k6, k5, k1, k2, k3, k7)
```

mysql> desc rollup_test1 all;

IndexName	IndexKeysType	Field	Type	Null	Key	Default	Extra	Visible
rollup_test1	AGG_KEYS	k1	TINYINT	Yes	true	NULL		true
		k2	SMALLINT	Yes	true	NULL		true
		k3	INT	Yes	true	NULL		true
		k4	BIGINT	Yes	true	NULL		true
		k5	DECIMAL(9,3)	Yes	true	NULL		true
		k6	CHAR(5)	Yes	true	NULL		true
		k7	DATE	Yes	true	NULL		true
		k8	DATETIME	Yes	true	NULL		true
		k9	VARCHAR(20)	Yes	true	NULL		true
		k10	DOUBLE	Yes	false	NULL	MAX	true
		k11	FLOAT	Yes	false	NULL	SUM	true
rollup_index4	AGG_KEYS	k4	BIGINT	Yes	true	NULL		true
		k6	CHAR(5)	Yes	true	NULL		true
		k5	DECIMAL(9,3)	Yes	true	NULL		true
		k1	TINYINT	Yes	true	NULL		true
		k2	SMALLINT	Yes	true	NULL		true
		k3	INT	Yes	true	NULL		true
		k7	DATE	Yes	true	NULL		true
		k8	DATETIME	Yes	true	NULL		true
		k9	VARCHAR(20)	Yes	true	NULL		true
		k10	DOUBLE	Yes	false	NULL	MAX	true
		k11	FLOAT	Yes	false	NULL	SUM	true
rollup_index2	AGG_KEYS	k9	VARCHAR(20)	Yes	true	NULL		true
		k2	SMALLINT	Yes	true	NULL		true
		k1	TINYINT	Yes	true	NULL		true
		k3	INT	Yes	true	NULL		true
		k4	BIGINT	Yes	true	NULL		true
		k5	DECIMAL(9,3)	Yes	true	NULL		true
		k6	CHAR(5)	Yes	true	NULL		true
		k7	DATE	Yes	true	NULL		true
		k8	DATETIME	Yes	true	NULL		true
		k10	DOUBLE	Yes	false	NULL	MAX	true
		k11	FLOAT	Yes	false	NULL	SUM	true
rollup_index3	AGG_KEYS	k4	BIGINT	Yes	true	NULL		true
		k5	DECIMAL(9,3)	Yes	true	NULL		true
		k6	CHAR(5)	Yes	true	NULL		true
		k1	TINYINT	Yes	true	NULL		true
		k2	SMALLINT	Yes	true	NULL		true
		k3	INT	Yes	true	NULL		true
		k7	DATE	Yes	true	NULL		true
		k8	DATETIME	Yes	true	NULL		true
		k9	VARCHAR(20)	Yes	true	NULL		true
		k10	DOUBLE	Yes	false	NULL	MAX	true
		k11	FLOAT	Yes	false	NULL	SUM	true
rollup_index1	AGG_KEYS	k9	VARCHAR(20)	Yes	true	NULL		true
		k1	TINYINT	Yes	true	NULL		true
		k2	SMALLINT	Yes	true	NULL		true
		k3	INT	Yes	true	NULL		true
		k4	BIGINT	Yes	true	NULL		true
		k5	DECIMAL(9,3)	Yes	true	NULL		true
		k6	CHAR(5)	Yes	true	NULL		true
		k7	DATE	Yes	true	NULL		true
		k8	DATETIME	Yes	true	NULL		true
		k10	DOUBLE	Yes	false	NULL	MAX	true
		k11	FLOAT	Yes	false	NULL	SUM	true

图 2.17　物化索引信息

能用得上前缀索引的列上的条件需要是=、<、>、<=、>=、in、between 这些，并且这些条件是并列的且关系使用 and 连接，对于 or、!=等这些不能命中，命中规则是匹配最长的前缀索引。

执行以下查询，查看对应的前缀索引命中情况。

```
# select * from rollup_test1 where k1 =1 AND k2>3;此语句有 k1 以及 k2 上的条件，只有
rollup_test1 第一列含有条件里的 k1，所以匹配最长的前缀索引即 rollup_test1，验证如下：
mysql> explain select * from rollup_test1 where k1 =1 AND k2>3;
...
TABLE: default_cluster:example_db.rollup_test1(rollup_test1)
...

# SELECT * FROM rollup_test1 WHERE k4 = 1 AND k5 > 3;此语句有 k4 以及 k5 的条件，匹配前缀
最长索引，可以匹配到 rollup_index3，验证如下：
mysql> explain SELECT * FROM rollup_test1 WHERE k4 = 1 AND k5 > 3;
...
TABLE: default cluster:example_db.rollup_test1(rollup_index3)
...
```

下面尝试匹配含有 varchar 列上的条件，执行如下 SQL。

```
mysql> explain select * from rollup_test1 where k9 in ("xxx","yyy") and k1=10;
...
TABLE: default_cluster:example_db.rollup_test1(rollup_index1)
...
```

有 k9 以及 k1 两个条件，rollup_index1 以及 rollup_index2 的第一列都含有 k9，按理说这里选择这两个 Rollup 都可以命中前缀索引并且效果是一样的随机选择一个即可（因为这里 varchar 刚好 20 个字节，前缀索引不足 36 个字节被截断），但是当前策略这里还会继续匹配 k1，因为 rollup_index1 的第二列为 k1，所以选择了 rollup_index1，其实后面的 k1 条件并不会起到加速的作用。（如果对于前缀索引外的条件需要其可以起到加速查询的目的，可以通过建立 Bloom Filter 过滤器加速。一般对于字符串类型建立即可，因为 Doris 针对列存在 Block 级别对于整型、日期已经有 Min/Max 索引。）

最后，看一个多张 Rollup 都可以命中的查询。

```
mysql>explain SELECT * FROM rollup_test1 WHERE k4 < 1000 AND k5 = 80 AND k6 >= 10000;
...
TABLE: default_cluster:example_db.rollup_test1(rollup_index3)
...
```

有 k4、k5、k6 三个条件，rollup_index3 以及 rollup_index4 的前 3 列分别含有这三个条件列，所以两者匹配的前缀索引长度一致，选取两者都可以，当前默认的策略为选取比较早创建的一张 Rollup，这里为 rollup_index3。

修改以上查询，加入 OR 条件（不走任何索引），则这里的查询不能命中前缀索引。

```
mysql> explain SELECT * FROM rollup_test1 WHERE k4 < 1000 AND k5 = 80 OR k6 >=10000;
...
TABLE: default_cluster:example_db.rollup_test1(rollup_test1)
...
```

2．聚合数据

聚合数据仅用于聚合模型，即 Aggregate 和 Unique（读时合并，Unique 只是 Aggregate 模型的一个特例），在 Duplicate 模型中，由于 Duplicate 模型没有聚合的语境，所以该模型中的 Rollup，已经失去了“上卷”这一层含义，而仅仅是作为调整列顺序，以命中前缀索引的作用。

当然一般的聚合物化视图其聚合数据的功能是必不可少的，这类物化视图对于聚合类查询或报表类查询都有非常大的帮助，要命中聚合物化视图需要下面一些前提。

（1）查询或者子查询中涉及的所有列都存在一张独立的 Rollup 中。

（2）如果查询或者子查询中有 Join，则 Join 的类型应为 Inner join。

以下是可以命中 Rollup 的一些聚合查询的种类，如表 2.19 所示。

表 2.19　聚合查询的种类

列类型查询类型	Sum	Distinct/Count Distinct	Min	Max	APPROX COUNT DISTINCT
Key	false	true	true	true	true
Value(Sum)	true	false	false	false	false
Value(Replace)	false	false	false	false	false
Value(Min)	false	false	true	false	false
Value(Max)	false	false	false	true	false

⚠注意

APPROX_COUNT_DISTINCT 类似 Count Distinct，速度快，返回近似值。

如果符合上述条件，则针对聚合模型在判断命中 Rollup 时会有两个阶段：

（1）通过条件匹配出命中前缀索引长度最长的 Rollup 表。

（2）比较 Rollup 的行数，选择最小的一张 Rollup，这里不是真正去查询对应 Rollup 表中行数少的，而是找到 Rollup 上卷聚合程度最高的，意味着行数最少。

例如创建 Base 表 rollup_test2 以及 Rollup。

```
#创建表 rollup_test2
CREATE TABLE IF NOT EXISTS example_db.rollup_test2
(
`k1` TINYINT,
`k2` SMALLINT,
`k3` INT,
`k4` BIGINT,
`k5` DECIMAL(9,3),
`k6` CHAR(5),
`k7` DATE,
`k8` DATETIME,
`k9` VARCHAR(20),
`k10` DOUBLE MAX,
`k11` FLOAT SUM
)
AGGREGATE KEY(`k1`,`k2`,`k3`,`k4`,`k5`,`k6`,`k7`,`k8`,`k9`)
```

```
DISTRIBUTED BY HASH(`k1`) BUCKETS 1
PROPERTIES (
"replication_allocation" = "tag.location.default: 1"
);

#给表 rollup_test2 添加 Rollup 物化索引表，名称为 rollup1
mysql>ALTER TABLE example_db.rollup_test2 ADD ROLLUP rollup1(k1,k2,k3,k4,k5,k10,k11);
Query OK, 0 rows affected (0.01 sec)

#给表 rollup_test2 添加 Rollup 物化索引表，名称为 rollup2
mysql> ALTER TABLE example_db.rollup_test2 ADD ROLLUP rollup2(k1,k2,k3,k10,k11);
Query OK, 0 rows affected (0.02 sec)

#向表 rollup_test2 中插入如下数据
insert into example_db.rollup_test2 values
(1,2,3,4,1.0,'a',"2023-03-01","2023-03-01 08:00:00","aaa",1.0,1.0),
(5,6,7,8,2.0,'b',"2023-03-02","2023-03-02 08:00:00","bbb",2.0,2.0);

#创建完成后，查看表中的物化索引信息
mysql> desc example_db.rollup_test2 all;
```

物化索引信息结果如图 2.18 所示。

```
mysql> desc example_db.rollup_test2 all;
+--------------+---------------+-------+--------------+------+-------+---------+-------+---------+
| IndexName    | IndexKeysType | Field | Type         | Null | Key   | Default | Extra | Visible |
+--------------+---------------+-------+--------------+------+-------+---------+-------+---------+
| rollup_test2 | AGG_KEYS      | k1    | TINYINT      | Yes  | true  | NULL    |       | true    |
|              |               | k2    | SMALLINT     | Yes  | true  | NULL    |       | true    |
|              |               | k3    | INT          | Yes  | true  | NULL    |       | true    |
|              |               | k4    | BIGINT       | Yes  | true  | NULL    |       | true    |
|              |               | k5    | DECIMAL(9,3) | Yes  | true  | NULL    |       | true    |
|              |               | k6    | CHAR(5)      | Yes  | true  | NULL    |       | true    |
|              |               | k7    | DATE         | Yes  | true  | NULL    |       | true    |
|              |               | k8    | DATETIME     | Yes  | true  | NULL    |       | true    |
|              |               | k9    | VARCHAR(20)  | Yes  | true  | NULL    |       | true    |
|              |               | k10   | DOUBLE       | Yes  | false | NULL    | MAX   | true    |
|              |               | k11   | FLOAT        | Yes  | false | NULL    | SUM   | true    |
|              |               |       |              |      |       |         |       |         |
| rollup2      | AGG_KEYS      | k1    | TINYINT      | Yes  | true  | NULL    |       | true    |
|              |               | k2    | SMALLINT     | Yes  | true  | NULL    |       | true    |
|              |               | k3    | INT          | Yes  | true  | NULL    |       | true    |
|              |               | k10   | DOUBLE       | Yes  | false | NULL    | MAX   | true    |
|              |               | k11   | FLOAT        | Yes  | false | NULL    | SUM   | true    |
|              |               |       |              |      |       |         |       |         |
| rollup1      | AGG_KEYS      | k1    | TINYINT      | Yes  | true  | NULL    |       | true    |
|              |               | k2    | SMALLINT     | Yes  | true  | NULL    |       | true    |
|              |               | k3    | INT          | Yes  | true  | NULL    |       | true    |
|              |               | k4    | BIGINT       | Yes  | true  | NULL    |       | true    |
|              |               | k5    | DECIMAL(9,3) | Yes  | true  | NULL    |       | true    |
|              |               | k10   | DOUBLE       | Yes  | false | NULL    | MAX   | true    |
|              |               | k11   | FLOAT        | Yes  | false | NULL    | SUM   | true    |
+--------------+---------------+-------+--------------+------+-------+---------+-------+---------+
```

图 2.18　物化索引信息

查看如下查询命中 Rollup 的情况。

```
mysql> explain SELECT SUM(k11) FROM rollup_test2 WHERE k1 = 10 AND k2 > 200 AND k3
in (1,2,3);
...
```

```
TABLE: default_cluster:example_db.rollup_test2(rollup2)
...
```

以上命中 Rollup 判断流程如下：首先判断查询是否可以命中聚合的 Rollup 表，经过查看上面的图是可以的，然后条件中含有 k1、k2、k3 三个条件，这三个条件 rollup_test2、rollup1、rollup2 的前三列都含有，所以前缀索引长度一致，然后比较行数，显然 rollup2 的聚合程度最高、行数最少，所以选取 rollup2。

在使用 Rollup 物化索引时，有以下注意事项：

（1）Rollup 最根本的作用是提高某些查询的查询效率（无论是通过聚合来减少数据量，还是修改列顺序以匹配前缀索引）。因此 Rollup 的含义已经超出了“上卷”的范围。这也是为什么我们在源代码中，将其命名为 Materialized Index（物化索引）的原因。

（2）Rollup 是附属于 Base 表的，可以看作是 Base 表的一种辅助数据结构。用户可以在 Base 表的基础上，创建或删除 Rollup，但是不能在查询中显式的指定查询某 Rollup。是否命中 Rollup 完全由 Doris 系统自动决定。

（3）Rollup 的数据是独立物理存储的。因此，创建的 Rollup 越多，占用的磁盘空间也就越大。同时对导入速度也会有影响（导入的 ETL 阶段会自动产生所有 Rollup 的数据），但是不会降低查询效率（只会更好）。

（4）Rollup 的数据更新与 Base 表是完全同步的。用户无须关心这个问题。

（5）Rollup 中列的聚合方式与 Base 表完全相同。创建 Rollup 无须指定，也不能修改。

（6）查询能否命中 Rollup 的一个必要条件（非充分条件）是，查询所涉及的所有列（包括 select list 和 where 中的查询条件列等）都存在于该 Rollup 的列中。否则，查询只能命中 Base 表。

（7）某些类型的查询（如 count(*)）在任何条件下，都无法命中 Rollup。

（8）可以通过 EXPLAIN your_sql;命令获得查询执行计划，在执行计划中，查看是否命中 Rollup。

（9）可以通过 DESC tbl_name ALL;语句显示 Base 表和所有已创建完成的 Rollup。

第 3 章

Doris 数据导入

Doris 提供多种数据导入方式，可以针对不同的数据源选择不同的数据导入方式。Doris 支持的数据导入方式包括 Insert Into、Binlog Load、Broker Load、HDFS Load、Spark Load、Routine Load、Stream Load，同时 Doris 还可以通过外部表同步数据，下面分别进行介绍。

注意

Doris 中的所有导入操作都有原子性保证，即一个导入作业中的数据要么全部成功，要么全部失败，不会出现仅部分数据导入成功的情况。

3.1 Insert Into

Insert Into 语句的使用方式和 MySQL 等数据库中 Insert Into 语句的使用方式类似。但在 Doris 中，所有的数据写入都是一个独立的导入作业，所以这里将 Insert Into 也作为一种导入方式介绍。

3.1.1 语法及参数

Insert Into 插入数据的语法如下。

```
INSERT INTO table_name
[ PARTITION (p1, ...) ]
[ WITH LABEL label]
[ (column [, ...]) ]
{ VALUES ( { expression | DEFAULT } [, ...] ) [, ...] | query }
```

以上语法参数的解释如下。

- ☑ tablet_name：导入数据的目的表。可以是 db_name.table_name 形式。
- ☑ PARTITION：指定待导入的分区，必须是 table_name 中存在的分区，多个分区名称用逗号分隔。
- ☑ LABEL：为 Insert 任务指定一个标签。
- ☑ column：指定的目的列，必须是 table_name 中存在的列。
- ☑ expression：需要赋值给某个列的对应表达式。
- ☑ DEFAULT：让对应列使用默认值。
- ☑ query：一个普通查询，查询的结果会写入目标中。

Insert Into 命令需要通过 MySQL 协议提交，创建导入请求会同步返回导入结果，主要的 Insert

Into 命令包含以下两种：

- ☑ INSERT INTO tbl SELECT ...
- ☑ INSERT INTO tbl (col1, col2, ...) VALUES (1, 2, ...), (1,3, ...);

3.1.2 案例

下面通过创建表 tbl1 演示 Insert Into 操作。

```
#创建表 tbl1
CREATE TABLE IF NOT EXISTS example_db.tbl1
(
`user_id` BIGINT NOT NULL COMMENT "用户 id",
`date` DATE NOT NULL COMMENT "日期",
`username` VARCHAR(32) NOT NULL COMMENT "用户名称",
`age` BIGINT NOT NULL COMMENT "年龄",
`score` BIGINT NOT NULL DEFAULT "0" COMMENT "分数"
)
DUPLICATE KEY(`user_id`)
PARTITION BY RANGE(`date`)
(
PARTITION `p1` VALUES [("2023-01-01"),("2023-02-01")),
PARTITION `p2` VALUES [("2023-02-01"),("2023-03-01")),
PARTITION `p3` VALUES [("2023-03-01"),("2023-04-01"))
)
DISTRIBUTED BY HASH(`user_id`) BUCKETS 1
PROPERTIES (
"replication_allocation" = "tag.location.default: 1"
);

#通过 Insert Into 向表中插入数据
mysql> insert into example_db.tbl1 values  (1,"2023-01-01","zs",18,100), (2,"2023-
02-01","ls",19,200);
Query OK, 2 rows affected (0.09 sec)
{'label':'insert_1b2ba205dee54110_b7a9c0e53b866215', 'status':'VISIBLE', 'txnId':
'6015'}

#创建表 tbl2 ，表结构与 tbl1 一样，同时数据会复制过来
mysql> create table tbl2  as select * from tbl1;
Query OK, 2 rows affected (0.43 sec)
{'label':'insert_fad2b6e787fa451a_90ba76071950c3ae', 'status':'VISIBLE', 'txnId':
'6016'}

#向表 tbl2 中使用 Insert into select 方式插入数据
mysql> insert into tbl2 select * from tbl1;
Query OK, 2 rows affected (0.18 sec)
{'label':'insert_7a52e9f60f7b454b_a9807cd2281932dc', 'status':'VISIBLE', 'txnId':
'6017'}

#Insert into 还可以指定 Label，指定导入作业的标识
```

```
mysql>  insert  into  example_db.tbl2  with  label  mylabel  values  (3,"2023-03-01","ww",20,300),(4,"2023-03-01","ml",21,400);
Query OK, 2 rows affected (0.11 sec)
{'label':'mylabel', 'status':'VISIBLE', 'txnId':'6018'}

#查询表 tbl2 中的数据
mysql> select * from tbl2;
+---------+------------+----------+------+-------+
| user_id | date       | username | age  | score |
+---------+------------+----------+------+-------+
|       1 | 2023-01-01 | zs       |   18 |   100 |
|       1 | 2023-01-01 | zs       |   18 |   100 |
|       4 | 2023-03-01 | ml       |   21 |   400 |
|       2 | 2023-02-01 | ls       |   19 |   200 |
|       2 | 2023-02-01 | ls       |   19 |   200 |
|       3 | 2023-03-01 | ww       |   20 |   300 |
+---------+------------+----------+------+-------+
6 rows in set (0.12 sec)
```

Insert Into 本身就是一个 SQL 命令，其返回结果会根据执行结果的不同，分为结果集为空和结果集不为空两种情况。

结果集为空时，返回 Query OK, 0 rows affected。结果集不为空时分为导入成功和导入失败，导入失败直接返回对应的错误，导入成功返回一个包含 label、status、txnId 等字段的 json 串，示例如下。

```
{'label':'my_label1', 'status':'visible', 'txnId':'4005'}

{'label':'insert_f0747f0e-7a35-46e2-affa-13a235f4020d', 'status':'committed', 'txnId':'4005'}

{'label':'my_label1', 'status':'visible','txnId':'4005','err':'some other error'}
```

- ☑ label 为用户指定的 label 或自动生成的 label。Label 是该 Insert Into 导入作业的标识。每个导入作业，都有一个在单 database 内部唯一的 Label。
- ☑ status 表示导入数据是否可见。如果可见，显示 visible，如果不可见，显示 committed。数据不可见是一个临时状态，这批数据最终是一定可见的。
- ☑ txnId 为这个 insert 对应的导入事务的 id。
- ☑ err 字段会显示一些其他非预期错误。

当前执行 INSERT 语句时，对于有不符合目标表格式的数据，默认的行为是过滤，比如字符串超长等。但是对于有要求数据不能够被过滤的业务场景，可以通过设置会话变量 enable_insert_strict 为 true（默认为 true，建议为 true）来确保当有数据被过滤掉时，INSERT 不会被执行成功。也可以通过命令：set enable_insert_strict=false;设置为 false，插入数据时至少有一条数据被正确导入，则返回成功，那么错误的数据会自动过滤不插入数据表，当需要查看被过滤的行时，用户可以通过“SHOW LOAD”语句查看，举例如下。

```
#向表 tbl1 中插入包含错误数据的数据集，返回报错信息
mysql> insert into example_db.tbl1 values (3,"2023-03-01",
"wwwwwwwwwwwwwwwwwwwwwwwwwwwwwwwwwwwwww",20,300),(4,"2023-03-01","ml",21,400);
```

```
ERROR 5025 (HY000): Insert has filtered data in strict mode, tracking_url=http://
192.168.179.6:8040/api/_load_error_log?file=__shard_0/error_log_insert_stmt_346840
48e4234210-b0c4a99c9aabcb20_34684048e4234210_b0c4a99c9aabcb20

#设置 enable_insert_strict 为 false
set enable_insert_strict=false;

#向表 tbl1 中插入包含错误数据的数据集
mysql> insert into example_db.tbl1 values (3,"2023-03-01",
"wwwwwwwwwwwwwwwwwwwwwwwwwwwwwwwwwwww",20,300),(4,"2023-03-01","ml",21,400);
Query OK, 1 row affected, 1 warning (0.18 sec)
{'label':'insert_43d97ba2ec544fde_b4339d3f1c93753c', 'status':'VISIBLE', 'txnId':
'7010'}

#show load 查看过滤的数据获取 URL
mysql> show load\G;
*************************** 1. row ***************************
         JobId: 21007
         Label: insert_43d97ba2ec544fde_b4339d3f1c93753c
         State: FINISHED
      Progress: ETL:100%; LOAD:100%
          Type: INSERT
       EtlInfo: NULL
      TaskInfo: cluster:N/A; timeout(s):3600; max_filter_ratio:0.0
      ErrorMsg: NULL
    CreateTime: 2023-02-10 20:47:06
  EtlStartTime: 2023-02-10 20:47:06
 EtlFinishTime: 2023-02-10 20:47:06
 LoadStartTime: 2023-02-10 20:47:06
LoadFinishTime: 2023-02-10 20:47:06
           URL: http://192.168.179.7:8040/api/_load_error_log?file=__shard_0/
error_log_insert_stmt_43d97ba2ec544fde-
b4339d3f1c93753d_43d97ba2ec544fde_b4339d3f1c93753d    JobDetails: {"Unfinished
backends":{},"ScannedRows":0,"TaskNumber":0,"LoadBytes":0,"All
backends":{},"FileNumber":0,"FileSize":0}
 TransactionId: 7010
  ErrorTablets: {}

#执行 SHOW LOAD WARNINGS ON "url"来查询被过滤数据信息
mysql> SHOW LOAD WARNINGS ON "http://192.168.179.7:8040/api/_load_error_log?file=
__shard_0/error_log_insert_stmt_43d97ba2ec544fde-b4339d3f1c93753d_43d97ba2ec544fde_
b4339d3f1c93753d"\G;
*************************** 1. row ***************************
         JobId: -1
         Label: NULL
ErrorMsgDetail: Reason: column_name[username], the length of input is too long
than schema. first 32 bytes of input str: [wwwwwwwwwwwwwwwwwwwwwwwwwwwwwwww]
schema length: 32; actual length: 36; . src line []; 1 row in set (0.01 sec)
```

在导入数据时，有如下注意事项。

1．关于插入数据量

Insert Into 对数据量没有限制，大数据量导入也可以支持。但 Insert Into 有默认的超时时间，用户预估的导入数据量过大时，就需要修改系统的 Insert Into 导入超时时间。如何预估导入时间，估算方式如下。

假设有 36GB 数据需要导入 Doris，Doris 集群数据导入速度为 10MB/s（最大限速为 10MB/s，可以根据先前导入的数据量/消耗秒计算出当前集群平均的导入速度），那么预估导入时间为 36GB×1024MB/(10MB/s)≈3686s。

2．关于 Insert 操作返回结果

（1）如果返回结果为 ERROR 1064 (HY000)，则表示导入失败。

（2）如果返回结果为 Query OK，表示执行成功。如果 rows affected 为 0，表示结果集为空，没有数据被导入。如果 rows affected 大于 0，则

- ☑ 如果 status 为 committed，表示数据还不可见，需要通过 show transaction 语句查看状态直到 visible；
- ☑ 如果 status 为 visible，表示数据导入成功；
- ☑ 如果 warnings 大于 0，表示有数据被过滤，可以通过 show load 语句获取 url 查看被过滤的行。

3．关于导入任务超时

导入任务的超时时间（以 s 为单位），导入任务在设定的超时时间内未完成则会被系统取消，变成 CANCELLED。目前 Insert Into 并不支持自定义导入的超时时间，所有 Insert Into 导入的超时时间是统一的，默认的超时时间为 1h。如果导入的源文件无法在规定时间内完成导入，则需要调整 FE 的参数 insert_load_default_timeout_second。

同时 Insert Into 语句受到 Session 变量 query_timeout 的限制。可以通过 SET query_timeout = xxx; 来增加超时时间，单位是 s。

4．关于 Session 变量

1）enable_insert_strict

Insert Into 导入本身不能控制导入可容忍的错误率。用户只能通过 enable_insert_strict 这个 Session 参数用来控制。当该参数设置为 false 时，表示至少有一条数据被正确导入，则返回成功。如果有失败数据，则还会返回一个 Label。

当该参数设置为 true 时（默认），表示如果有一条数据错误，则导入失败。

2）query_timeout

Insert Into 本身也是一个 SQL 命令，因此 Insert Into 语句也受到 Session 变量 query_timeout 的限制。可以通过 SET query_timeout = xxx;来增加超时时间，单位是 s。

5．关于数据导入错误

当数据导入错误时，可以通过 show load warnings on "url"来查看错误详细信息。url 为错误返回信息中的 url。

3.2 Binlog Load

Binlog Load 提供了一种 CDC（Change Data Capture）功能，可以使 Doris 增量同步用户在 MySQL 数据库对数据更新操作。针对 MySQL 数据库中的 INSERT、UPDATE、DELETE、过滤 Query 支持，暂不兼容 DDL（Data Definition Language）语句。

3.2.1 基本原理

当前版本设计中，Binlog Load 需要依赖 canal 作为中间媒介，让 canal 伪造成一个从节点去获取 MySQL 主节点上的 Binlog 并解析，再由 Doris 去获取 canal 上解析好的数据，主要涉及 MySQL 端、canal 端以及 Doris 端，总体数据流向如图 3.1 所示。

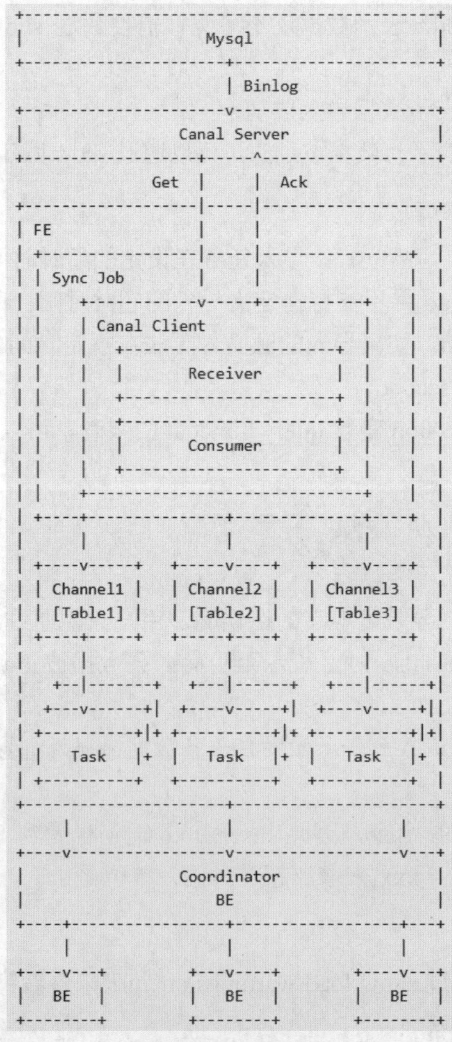

图 3.1　数据流向

在图 3.1 中，用户向 FE 提交一个数据同步作业，FE 会为每个数据同步作业启动一个 canal client，来向 canal server 端订阅并获取数据。

client 中的 receiver 将负责通过 Get 命令接收数据，每获取到一个数据 batch，都会由 consumer 根据对应表分发到不同的 channel，每个 channel 都会为此数据 batch 产生一个发送数据的子任务 Task。

在 FE 上，一个 Task 是 channel 向 BE 发送数据的子任务，里面包含分发到当前 channel 的同一个 batch 的数据。

channel 控制着单个表事务的开始、提交、终止。一个事务周期内，一般会从 consumer 获取到多个 batch 的数据，因此会产生多个向 BE 发送数据的子任务 Task，在提交事务成功前，这些 Task 不会实际生效。

满足一定条件时（比如超过一定时间、达到提交最大数据大小），consumer 将会阻塞并通知各个 channel 提交事务。当且仅当所有 channel 都提交成功，才会通过 Ack 命令通知 canal 继续获取并消费数据。如果有任意 channel 提交失败，将会重新从上一次消费成功的位置获取数据并再次提交（已提交成功的 channel 不会再次提交以保证幂等性）。

整个数据同步作业中，FE 通过以上流程不断地从 canal 获取数据并提交到 BE，从而完成数据同步。

3.2.2　canal 原理及配置

canal 意为水道/管道/沟渠，主要用途是基于 MySQL 数据库增量日志解析，提供增量数据订阅和消费，如图 3.2 所示。

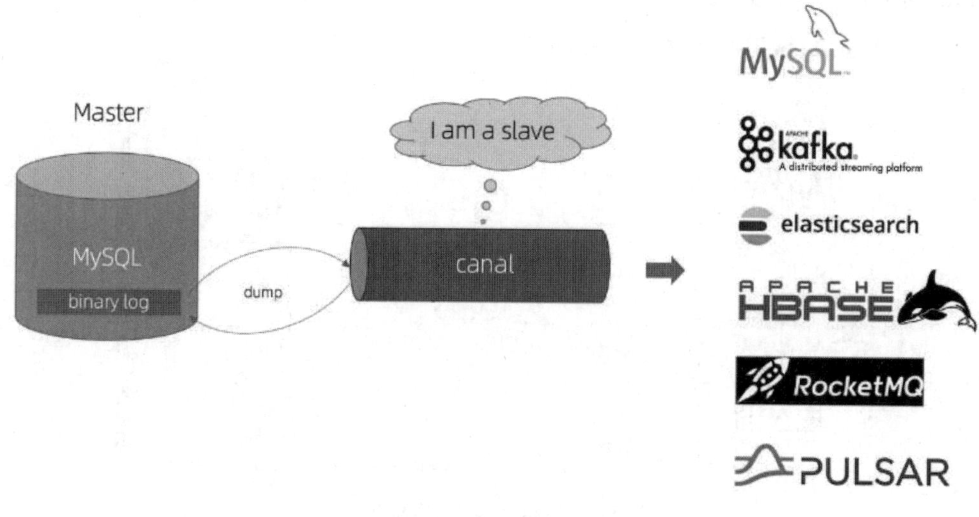

图 3.2　canal 与 MySQL 的关系

早期阿里巴巴因为杭州和美国双机房部署，存在跨机房同步的业务需求，实现方式主要是基于业务 trigger 获取增量变更。从 2010 年开始，业务逐步尝试数据库日志解析获取增量变更进行同步，由此衍生出了大量的数据库增量订阅和消费业务。

当前的 canal 支持源端 MySQL 版本包括 5.1.x、5.5.x、5.6.x、5.7.x、8.0.x。

canal 目前没有独立的官网，可以在 GitHub 上下载和查看 canal 文档，地址为 https://github.com/alibaba/canal/wiki。canal Server 架构如图 3.3 所示。

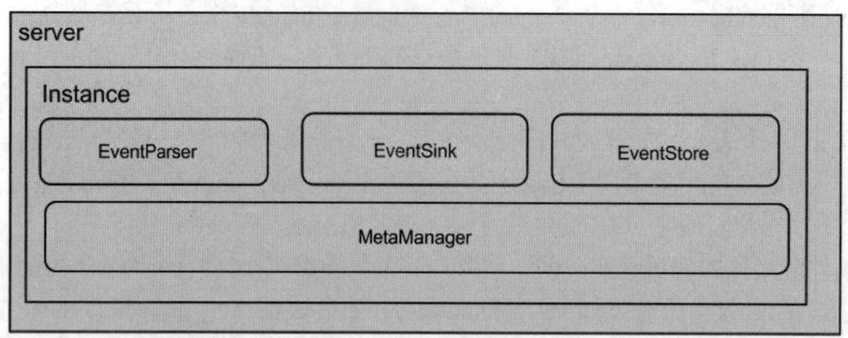

图 3.3　canal Server 架构

在图 3.3 中，server 代表一个 canal 运行实例，对应于一个 jvm。instance 对应一个数据队列（1 个 canal server 对应 1…*n* 个 instance）。instance 下的子模块：

（1）eventParser：数据源接入，模拟 slave 协议和 master 进行交互，协议解析。

（2）eventSink：Parser 和 Store 链接器，进行数据过滤，加工，分发的工作。

（3）eventStore：数据存储。

（4）metaManager：增量订阅和消费信息管理器。

1. canal 同步 MySQL 数据原理

canal 同步 MySQL 数据工作原理如图 3.4 所示。

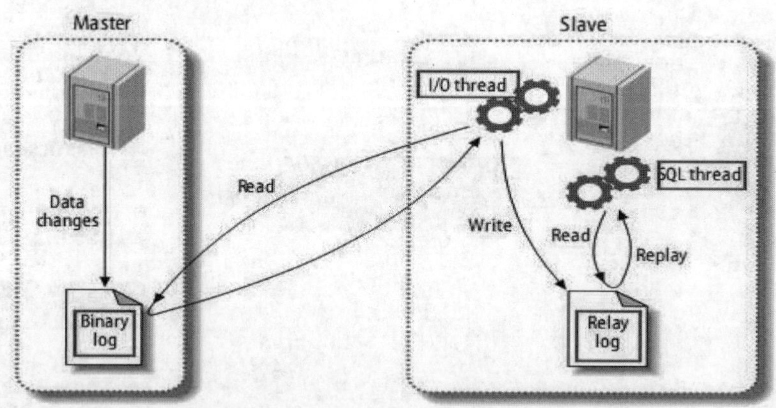

图 3.4　canal 同步 MySQL 原理

1）MySQL 主备复制原理

MySQL master 将数据变更写入二进制日志（binary log，其中记录叫作二进制日志事件 binary log events，可以通过 show binlog events 进行查看）。

MySQL slave 将 master 的 binary log events 复制到它的中继日志（relay log）。

注意

中继日志是从服务器 I/O 线程将主服务器的二进制日志读取过来，记录到从服务器本地文件，然后从服务器 SQL 线程会读取 relay-log 日志的内容并应用到从服务器，从而使从服务器和主服务器的数据保持一致。

MySQL slave 重放 relay log 中事件，将数据变更反映它自己的数据。

2）canal 工作原理

canal 模拟 MySQL slave 的交互协议，伪装自己为 MySQL slave，向 MySQL master 发送 dump 协议。

MySQL master 收到 dump 请求，开始推送 binary log 给 slave（即 canal）。

canal 解析 binary log 对象（原始为 byte 流）。

注意

mysql-binlog 是 MySQL 数据库的二进制日志，记录了所有的 DDL 和 DML（除了数据查询语句）语句信息。一般来说，开启二进制日志大概会有 1%的性能损耗。

2. 开启 MySQL binlog

对于自建 MySQL，需要先开启 binlog 写入功能，配置 binlog-format 为 ROW 模式。开启 MySQL binlog 日志步骤如下。

1）登录 mysql 查看 MySQL 是否开启 binlog 日志

```
[root@node2 ~]# mysql -u root -p123456
```

结果如图 3.5 所示。

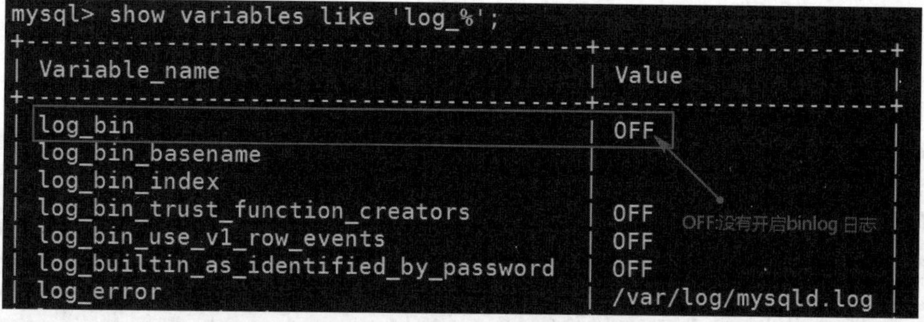

```
mysql> show variables like 'log_%';
+----------------------------------------+---------------------+
| Variable_name                          | Value               |
+----------------------------------------+---------------------+
| log_bin                                | OFF                 |
| log_bin_basename                       |                     |
| log_bin_index                          |                     |
| log_bin_trust_function_creators        | OFF                 |
| log_bin_use_v1_row_events              | OFF                 |
| log_builtin_as_identified_by_password  | OFF                 |
| log_error                              | /var/log/mysqld.log |
```


图 3.5　查看是否开启 binlog 日志

2）开启 MySQL binlog 日志

在/etc/my.cnf 文件中[mysqld]下写入以下内容。

```
[mysqld]
#随机指定一个不能和其他集群中机器重名的字符串，配置 MySQL replaction 需要定#义，不要和 canal 的 slaveId 重复
server-id=123

#配置 binlog 日志目录，配置后会自动开启 binlog 日志，并写入该目录
log-bin=/var/lib/mysql/mysql-bin
```

```
# 选择 ROW 模式
binlog-format=ROW
```

MySQL binlog-format 有 3 种模式：Row、Statement 和 Mixed。

（1）Row：不记录 SQL 语句上下文相关信息，仅保存哪条记录被修改。

优点：binlog 中可以不记录执行的 SQL 语句的上下文相关的信息，仅需要记录哪一条记录被修改成什么了。所以 row level 的日志内容会非常清楚地记录下每一行数据修改的细节。

缺点：所有执行的语句被记录到日志中时，都将以每行记录的修改来记录，这样可能会产生大量的日志内容，比如一条 update 语句，修改多条记录，则 binlog 中每一条修改都会有记录，这样造成 binlog 日志量会很大，特别是当执行 alter table 之类的语句时，由于表结构修改，每条记录都发生改变，那么该表每一条记录都会记录到日志中。

（2）Statement（默认）：每一条会修改数据的 sql 都会记录在 binlog 中。

这种模式下，slave 在复制时 sql 进程会解析成和原来 master 端执行过的相同 sql 来再次执行。

优点：不需要记录每一行的变化，减少了 binlog 日志量，节约了 I/O，提高性能。

缺点：由于只记录语句，所以，在 statement level 下已经发现了有不少情况会造成 MySQL 的复制出现问题，主要是修改数据使用了某些特定函数或者功能的时候会出现。例如：update 语句中含有 uuid()和 now()这种函数时，Statement 模式就会有问题（update t1 set xx = now() where xx = xx）。

（3）Mixed：混合模式。在 Mixed 模式下，MySQL 会根据执行的每一条具体的 sql 语句来区分对待记录的日志格式，也就是在 Statement 和 Row 之间选择一种。如果 sql 语句确实就是 update 或者 delete 等修改数据的语句，那么还是会记录所有行的变更。

3）重启 MySQL 服务重新查看 binlog 日志情况

```
[root@node2 ~]# service mysqld restart
[root@node2 ~]# mysql -u root -p123456
```

结果如图 3.6 所示。

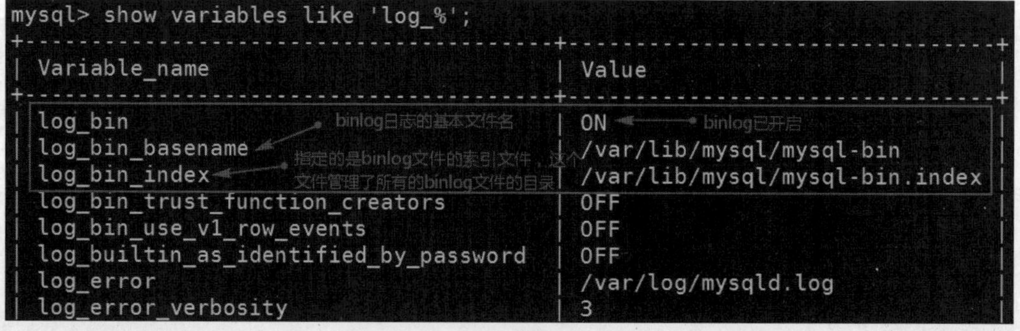

图 3.6　查看 binlog 日志情况

3. canal 配置及启动

这里所说的 canal 安装与配置，首先需要在 canal 中配置 canalServer 对应的 canal.properties，这个文件中主要配置 canal 对应的同步数据实例（canal Instance）位置信息及数据导出的模式，例如将某个 MySQL 中的数据同步到 Kafka 中，那么就可以创建一个“数据同步实例”，导出到 Kafka 就是一种模式。其次，需要配置 canal Instance 实例中的 instance.properties 文件，指定同步到 MySQL 的数据源及

管道信息，如图 3.7 所示。

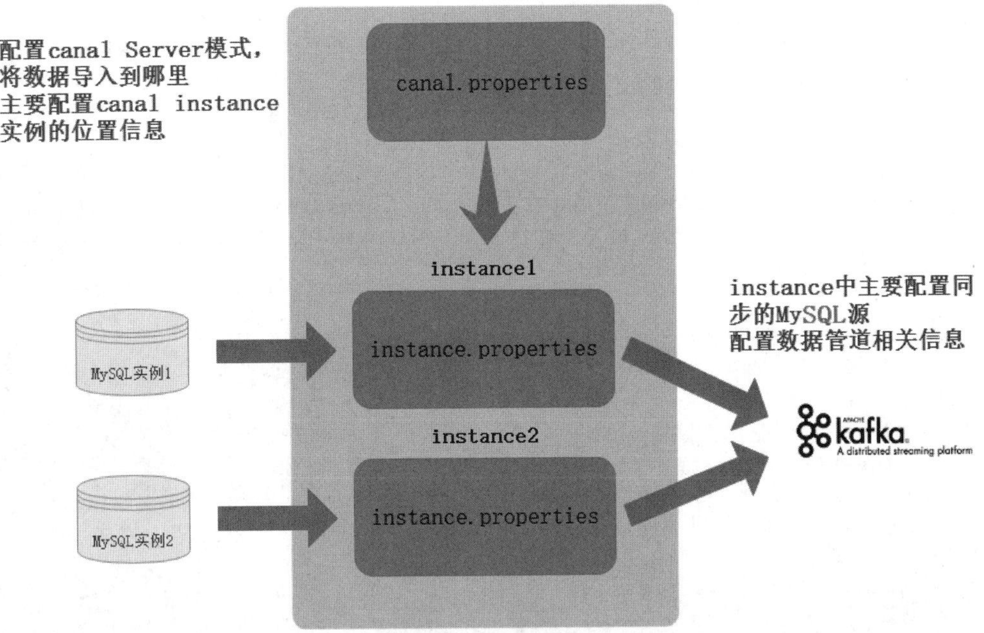

图 3.7　配置 canal

这里将 MySQL 数据同步到 Doris 中，只需要在 canal.properties 文件中配置 Doris destination 名称即可，canal 可以根据该 destination 名字找到对应的 Canal instance 实例的配置信息，对应的 instance 目录中，配置 instance.properties 指定同步 MySQL 的源及数据管道相关信息。

canal 详细安装步骤及配置如下。

1）下载 canal

Doris 使用 canal 建议使用 canal 1.1.5 及以上版本，canal 下载地址为 https://github.com/alibaba/canal/releases，这里选择 canal 1.1.6 版本下载。

2）上传解压

将下载好的 canal 安装包上传到 node3 节点上，解压。

```
#首先创建目录“/software/canal”
[root@node3 ~]# mkdir -p /software/canal
#将 canal 安装包解压到创建的 canal 目录中
[root@node3 ~]# tar -zxvf /software/canal.deployer-1.1.6.tar.gz -C /software/canal/
```

3）配置 canal.properties

canal 同步到消息队列时，需要配置$CANAL_HOME/conf 中 canal.properties 文件“canal.destinations”配置型，指定 destinations 信息，多个 destination 使用逗号隔开，启动 canal 后，canal 会根据配置的 destination 名字在$CANAL_HOME/conf/${destination}目录下找到对应的 instance.properties 实例配置，进一步找到同步的 MySQL 源信息，进行 CDC 数据同步。

如果是 Doris 同步 MySQL 数据，在 Doris 中启动 Doris 同步作业时需要指定对应的 destination 名称，所以这里不必单独再配置$CANAL_HOME/conf 中 canal.properties 文件指定 destination 名称。

4）配置 canal instance 实例信息

```
#在$CANAL_HOME/conf 中创建 doris 目录作为 instance 的根目录，该目录名需要与创建的 Doris job 中指定的 destination 名称保持一致
[root@node3 ~]# cd /software/canal/conf/
[root@node3 conf]# mkdir doris

#复制$CANAL_HOME/conf/example 目录中的 instance.properties 到创建的 doris 目录中
[root@node3 conf]# cd /software/canal/conf/
[root@node3 conf]# cp ./example/* ./doris/

#配置 instance.properties，只需要配置如下内容：
[root@node3 doris]# vim /software/canal/conf/doris/instance.properties

## canal instance serverId
canal.instance.mysql.slaveId = 1234
## mysql adress
canal.instance.master.address = node2:3306
## mysql username/password
canal.instance.dbUsername = canal
canal.instance.dbPassword = canal
```

5）配置 Doris instance 实例连接 MySQL 的权限

canal 的原理是模拟自己为 MySQL slave，所以这里一定需要作为 mysql slave 的相关权限，授权 canal 连接 MySQL 使其具有作为 MySQL slave 的权限。

```
mysql> CREATE USER canal IDENTIFIED BY 'canal';
mysql> GRANT SELECT, REPLICATION SLAVE, REPLICATION CLIENT ON *.* TO 'canal'@'%';
mysql> FLUSH PRIVILEGES;
mysql> show grants for 'canal' ;
```

6）启动 canal Server

进入$CANAL_HOME/canal/bin 目录中，执行 startup.sh 脚本启动 canal。

```
#启动 canal
[root@node3 ~]# cd /software/canal/bin/
[root@node3 bin]# ./startup.sh

#查看对应的 canal 进程
[root@node3 bin]# jps
...
18940 CanalLauncher
...
```

⚠注意

如果启动 canal 后没有对应的进程，可以在$CANAL_HOME/logs/${destination}/${destination}.log 中查看对应的报错信息。

3.2.3　Doris 同步 MySQL 数据案例

下面步骤演示使用 Binlog Load 来同步 MySQL 表数据，需要的 canal 已经配置完成，只需要经过 MySQL 中创建源表、Doris 中创建目标表、创建同步作业几个步骤即可完成数据同步。详细步骤如下。

（1）MySQL 中创建源表。

在 MySQL 中创建表 source_test 作为 Doris 同步 MySQL 数据的源表，MySQL 建表语句如下。

```
mysql> create database demo;
mysql> create table demo.source_test (id int(11),name varchar(255));
```

（2）Doris 中创建目标表。

在 Doris 端创建与 MySQL 端对应的目标表，Binlog Load 只能支持 Unique 类型的目标表，且必须激活目标表的 Batch Delete 功能（建表默认开启），Doris 目标表结构和 MySQL 源表结构字段顺序必须保持一致。

```
#node1 连接 Doris
[root@node1 bin]# ./mysql -u root -P 9030 -h 127.0.0.1

#建库及目标表
mysql> create database mysql_db
mysql> create table mysql_db.target_test (
    -> id int(11),
    -> name varchar(255)
    -> ) engine = olap
    -> unique key (id)
    -> distributed by hash(id) buckets 8;
```

（3）创建同步作业。

在 Doris 中创建同步作业的语法格式如下。

```
CREATE SYNC [db.]job_name
(
channel_desc,
column_mapping
...
)
binlog_desc
```

① job_name 是数据同步作业在当前数据库内的唯一标识，相同 job_name 的作业只能有一个在运行。

② channel_desc 用来定义 MySQL 源表到 Doris 目标表的映射关系。在设置此项时，如果存在多个映射关系，必须满足 MySQL 源表与 Doris 目标表是一一对应关系，其他的任何映射关系（如一对多关系），检查语法时都被视为不合法。

③ column_mapping 主要指 MySQL 源表和 Doris 目标表的列之间的映射关系，如果指定，写的列是目标表中的列，即：源表这些列导入目标表对应哪些列；如果不指定，FE 会默认源表和目标表的

列按顺序一一对应。但是依然建议显式地指定列的映射关系，这样当目标表的结构发生变化（比如增加一个 nullable 的列），数据同步作业依然可以进行。否则，当发生上述变动后，因为列映射关系不再一一对应，导入将报错。

④ binlog_desc 中的属性定义了对接远端 binlog 地址的一些必要信息，目前可支持的对接类型只有 canal 方式，所有的配置项前都需要加上 canal 前缀。有如下配置项：

- ☑ canal.server.ip：canal server 的地址。
- ☑ canal.server.port：canal server 的端口，默认是 11111。
- ☑ canal.destination：前文提到的 instance 的字符串标识。
- ☑ canal.batchSize：每批从 canal server 处获取的 batch 大小的最大值，默认 8192。
- ☑ canal.username：instance 的用户名。
- ☑ canal.password：instance 的密码。
- ☑ canal.debug：设置为 true 时，会将 batch 和每一行数据的详细信息都打印出来，会影响性能。

在 Doris 中创建同步作业，命令如下。

```
CREATE SYNC mysql_db.job
(
FROM demo.source_test INTO target_test
(id,name)
)
FROM BINLOG
(
"type" = "canal",
"canal.server.ip" = "node3",
"canal.server.port" = "11111",
"canal.destination" = "doris",
"canal.username" = "canal",
"canal.password" = "canal"
);
```

⚠注意

target_test 不能指定对应的库名，默认该目标表就是当前所在的库。

以上执行完成之后，可以通过执行如下命令，查看执行的 job 任务。

```
#查看执行的 job 任务，可以查看到对应提交的 job 状态为运行
mysql> show sync job;
...
 23067 | job     | CANAL | RUNNING   ...
...
```

向 MySQL 源表中插入如下数据，同时在 Doris 中查询对应的目标表，可以看到 MySQL 中的数据被监控到 Doris 目标表中。

```
#node2 节点中，向 MySQL 源表 demo.source_test 表中插入如下数据
mysql> insert into source_test values (1,"zs"),(2,"ls"),(3,"ww");
```

```
#node1 节点通过 MySQL 客户端查看同步结果，可以看到数据同步成功
mysql> select * from target_test;
+------+------+
| id   | name |
+------+------+
|    3 | ww   |
|    2 | ls   |
|    1 | zs   |
+------+------+

#node2 节点中，对 MySQL 源表删除数据
mysql> delete from source_test where id =1;
#node1 节点通过 MySQL 客户端查看同步结果，可以看到数据同步成功
mysql> select * from target_test;
+------+------+
| id   | name |
+------+------+
|    2 | ls   |
|    3 | ww   |
+------+------+
```

如果想要暂停、停止、重新执行同步任务的 job，可以执行如下命令。

```
#暂停同步任务，jobname 为提交的 job 名称
PAUSE SYNC JOB jobname;

#停止同步任务，jobname 为提交的 job 名称
STOP SYNC JOB jobname;

#重新执行同步任务，jobname 为提交的 job 名称
RESUME SYNC JOB jobname;
```

3.2.4 注意事项

下面配置属于数据同步作业的系统级别配置，主要通过修改 fe.conf 来调整配置值。

1. sync_commit_interval_second

默认为 10s，提交事务的最大时间间隔。若超过了这个时间 channel 中还有数据没有提交，consumer 会通知 channel 提交事务。

2. min_sync_commit_size

提交事务需满足的最小 event 数量。若 Fe 接收到的 event 数量小于它，会继续等待下一批数据直到时间超过了`sync_commit_interval_second`为止。默认值是 10000 个 event，如果想修改此配置，请确保此值小于 canal 端的`canal.instance.memory.buffer.size`配置（默认为 16384），否则在 ack 前 Fe 会尝试获取比 store 队列长度更多的 event，导致 store 队列阻塞至超时为止。

3. min_bytes_sync_commit

提交事务需满足的最小数据大小。若 Fe 接收到的数据大小小于它，会继续等待下一批数据直到

时间超过了 sync_commit_interval_second 为止。默认值是 15MB，如果想修改此配置，请确保此值小于 canal 端的 canal.instance.memory.buffer.size 和 canal.instance.memory.buffer.memunit 的乘积（默认16MB），否则在 ack 前 Fe 会尝试获取比 store 空间更大的数据，导致 store 队列阻塞至超时为止。

4．max_bytes_sync_commit

提交事务时的数据大小的最大值。若 Fe 接收到的数据大小大于它，会立即提交事务并发送已积累的数据。默认值是 64MB，如果想修改此配置，请确保此值大于 canal 端的 canal.instance.memory.buffer.size 和 canal.instance.memory.buffer.memunit 的乘积（默认 16MB）和 min_bytes_sync_commit。

5．max_sync_task_threads_num

默认 10 个，数据同步作业线程池中的最大线程数量。此线程池整个 FE 中只有一个，用于处理 FE 中所有数据同步作业向 BE 发送数据的任务 task，线程池的实现在 SyncTaskPool 类。

此外，还有以下注意事项：

（1）数据同步作业并不能禁止 alter table 的操作，当表结构发生了变化，如果列的映射无法匹配，可能导致作业发生错误暂停，建议通过在数据同步作业中显式指定列映射关系，或者通过增加可为空列或带默认值的列来减少这类问题。

（2）删除 Doris 目标表后，数据同步作业会被 EF 的定时调度停止。

（3）Doris 中多个数据同步作业不能配置相同的 ip:port+destination，主要是为了防止出现多个作业连接到同一个 instance 的情况。

（4）Doris 本身浮点类型的精度与 MySQL 不一样，所以数据同步时浮点类型的数据精度在 MySQL 端和 Doris 端不一样，可以选择用 Decimal 类型代替。

3.3 Broker Load

Doris 架构中除了有 BE 和 FE 进程，还可以部署 Broker 可选进程，主要用于支持 Doris 读写远端存储上的文件和目录，如 Apache HDFS、阿里云 OSS、亚马逊 S3 等。Broker Load 这种数据导入方式主要用于通过 Broker 服务进程读取远端存储（如 S3、HDFS）上的数据导入 Doris 表。

使用 Broker Load 最适合的场景就是原始数据在文件系统（HDFS，BOS，AFS）中的场景，数据量在几十到百 GB 级别。用户需要通过 MySQL 协议创建 Broker load 导入，并通过查看导入命令检查导入结果。

3.3.1 基本原理

使用 Broker Load 导入数据时，用户在提交导入任务后，FE 会生成对应的 Plan 并根据目前 BE 的个数和文件的大小，将 Plan 分给多个 BE 执行，每个 BE 执行一部分导入数据。BE 在执行的过程中会从 Broker 拉取数据，在对数据 transform 之后将数据导入系统。所有 BE 均完成导入，由 FE 最终决定导入是否成功。该过程如图 3.8 所示。

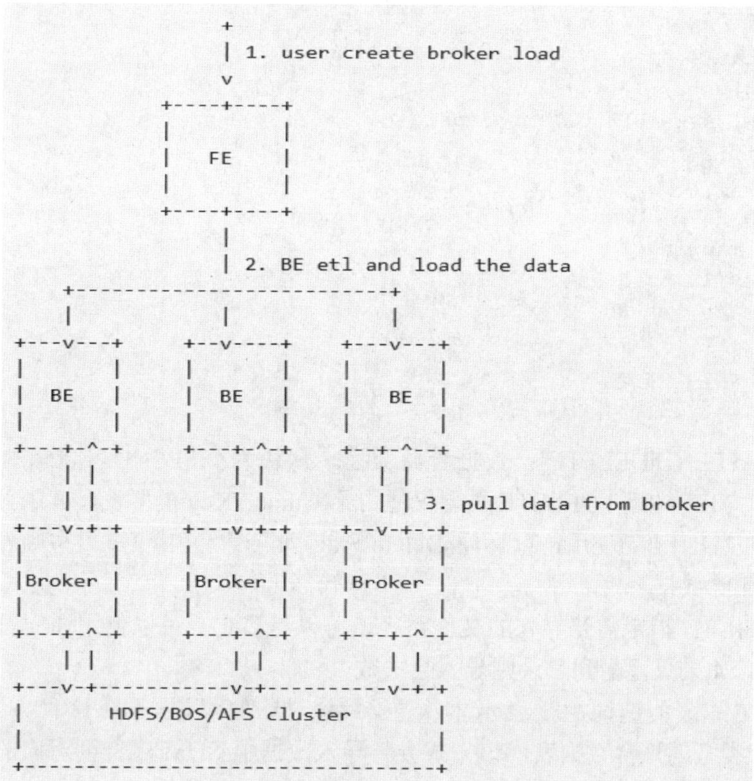

图 3.8　Broker Load 导入数据流程

3.3.2　Broker Load 语法

Broker Load 语法如下。

```
LOAD LABEL load_label
(
data_desc1[, data_desc2, ...]
)
WITH BROKER broker_name
[broker_properties]
[load_properties]
[COMMENT "comments"];
```

1. load_label

每个导入需要指定一个唯一的 label。后续可以通过这个 label 来查看作业进度，格式为 [database.]label_name。

2. data_desc1

用于描述一组需要导入的文件，说明如下。

```
[MERGE|APPEND|DELETE]
DATA INFILE("file_path1"[, file_path2, ...])
```

```
[NEGATIVE]
INTO TABLE `table_name`
[PARTITION (p1, p2, ...)]
[COLUMNS TERMINATED BY "column_separator"]
[FORMAT AS "file_type"]
[(column_list)]
[COLUMNS FROM PATH AS (c1, c2, ...)]
[SET (column_mapping)]
[PRECEDING FILTER predicate]
[WHERE predicate]
[DELETE ON expr]
[ORDER BY source_sequence]
[PROPERTIES ("key1"="value1", ...)]
```

☑ [MERGE|APPEND|DELETE]：数据合并类型，默认为 APPEND，表示本次导入是普通的追加写操作。MERGE 和 DELETE 类型仅适用于 Unique Key 模型表，其中 MERGE 类型需要配合[DELETE ON]语句使用，以标注 Delete Flag 列，而 DELETE 类型则表示本次导入的所有数据皆为删除数据。

☑ DATA INFILE：指定需要导入的文件路径，可以是多个，可以使用通配符。路径最终必须匹配到文件，如果只匹配到目录则导入会失败。

☑ NEGATIVE：该关键词用于表示本次导入为一批“负”导入。这种方式仅针对具有整型 SUM 聚合类型的聚合数据表。该方式会将导入数据中 SUM 聚合列对应的整型数值取反。主要用于冲抵之前导入错误的数据。

☑ PARTITION(p1, p2, ...)：可以指定仅导入表的某些分区。不在分区范围内的数据将被忽略。

☑ COLUMNS TERMINATED BY：指定列分隔符。仅在 CSV 格式下有效。仅能指定单字节分隔符。

☑ FORMAT AS：指定文件类型，支持 CSV、PARQUET 和 ORC 格式。默认为 CSV。

☑ column list：用于指定原始文件中的列顺序。如：(k1, k2, tmpk1)。

☑ COLUMNS FROM PATH AS：指定从导入文件路径中抽取的列。

☑ SET (column_mapping)：指定列的转换函数。

☑ PRECEDING FILTER predicate：前置过滤条件。数据首先根据 column list 和 COLUMNS FROM PATH AS 按顺序拼接成原始数据行。然后按照前置过滤条件进行过滤。

☑ WHERE predicate：根据条件对导入的数据进行过滤。

☑ DELETE ON expr：需配合 MEREGE 导入模式一起使用，仅针对 Unique Key 模型的表。用于指定导入数据中表示 Delete Flag 的列和计算关系。

☑ ORDER BY：仅针对 Unique Key 模型的表。用于指定导入数据中表示 Sequence Col 的列。主要用于导入时保证数据顺序。

☑ PROPERTIES ("key1"="value1", ...)：指定导入的 format 的一些参数。如导入的文件是 json 格式，则可以在这里指定 json_root、jsonpaths、fuzzy_parse 等参数。

3. WITH BROKER broker_name

指定需要使用的 Broker 服务名称。通常用户需要通过操作命令中的 WITH BROKER "broker_

name"子句来指定一个已经存在的 Broker Name。Broker Name 是用户在通过 ALTER SYSTEM ADD BROKER 命令添加 Broker 进程时指定的一个名称。一个名称通常对应一个或多个 Broker 进程。Doris 会根据名称选择可用的 Broker 进程。用户可以通过 SHOW BROKER 命令查看当前集群中已经存在的 Broker。

注意

Broker Name 只是一个用户自定义名称，不代表 Broker 的类型。在公有云 Doris 中，Broker 服务名称为 bos。

4. broker_properties

指定 broker 所需的信息。这些信息通常被用于使 Broker 能够访问远端存储系统，格式如下。

```
(
"key1" = "val1",
"key2" = "val2",
...
)
```

可配置如下：

- ☑ timeout：导入超时时间。默认为 4h。单位为 s。
- ☑ max_filter_ratio：最大容忍可过滤（数据不规范等原因）的数据比例。默认零容忍。取值范围为 0～1。
- ☑ exec_mem_limit：导入内存限制。默认为 2GB。单位为 B。
- ☑ strict_mode：是否对数据进行严格限制。默认为 false。严格模式开启后将过滤掉类型转换错误的数据。
- ☑ Timezone：指定某些受时区影响的函数的时区，如 strftime、alignment_timestamp、from_unixtime 等，具体请查阅时区文档：https://doris.apache.org/zh-CN/docs/dev/advanced/time-zone/。如果不指定，则使用"Asia/Shanghai"时区。
- ☑ load_parallelism：导入并发度，默认为 1。调大导入并发度会启动多个执行计划同时执行导入任务，加快导入速度。
- ☑ send_batch_parallelism：用于设置发送批处理数据的并行度，如果并行度的值超过 BE 配置中的 max_send_batch_parallelism_per_job（发送批处理数据的最大并行度，默认为 5），那么作为协调点的 BE 将使用 max_send_batch_parallelism_per_job 的值。
- ☑ load_to_single_tablet：布尔类型，为 true 表示支持一个任务只导入数据到对应分区的一个 tablet，默认值为 false，作业的任务数取决于整体并发度。该参数只允许在带有 random 分区的 olap 表导数时设置。
- ☑ comment：指定导入任务的备注信息，可选参数。

3.3.3 案例

1. 导入 HDFS 数据到 Doris 表

1）创建 Doris 表

```
create table broker_load_t1(
```

```
id int,
name string,
age int,
score double
)
ENGINE = olap
DUPLICATE KEY(id)
DISTRIBUTED BY HASH(`id`) BUCKETS 8;
```

2）准备 HDFS 数据

准备数据文件 file.txt，内容如下。

```
1,zs,18,92.20
2,ls,19,87.51
3,ww,20,34.12
4,ml,21,89.33
5,tq,22,79.44
```

启动 HDFS，将以上文件上传至 HDFS /input/目录下。

```
#启动 zookeeper
[root@node3 ~]# zkServer.sh start
[root@node4 ~]# zkServer.sh start
[root@node5 ~]# zkServer.sh start

#启动 HDFS
[root@node1 ~]# start-all.sh

#创建目录，上传文件
[root@node1 ~]# hdfs dfs -mkdir /input
[root@node1 ~]# hdfs dfs -put ./file.txt /input/
```

3）准备 Broker Load 语句

```
LOAD LABEL example_db.label1
(
DATA INFILE("hdfs://mycluster/input/file.txt")
INTO TABLE `broker_load_t1`
COLUMNS TERMINATED BY ","
)
WITH BROKER broker_name
(
"username"="root",
"password"="",
"dfs.nameservices"="mycluster",
"dfs.ha.namenodes.mycluster"="node1,node2",
"dfs.namenode.rpc-address.mycluster.node1"="node1:8020",
"dfs.namenode.rpc-address.mycluster.node2"="node2:8020",
"dfs.client.failover.proxy.provider"                                      =
"org.apache.hadoop.hdfs.server.namenode.ha.ConfiguredFailoverProxyProvider"
);
```

向表 broker_load_t1 中导入文件 file.txt，“broker_name”可以通过“show broker”来查看集群中的 Broker 对应的 name 组。“username”指定 HDFS 用户，“password”指定 HDFS 密码，没有 HDFS 密码填写空即可。

4）查看导入状态

使用如下命令查看导入任务的状态信息。

```
mysql> show load order by createtime desc limit 1\G;
*************************** 1. row ***************************
         JobId: 23151
         Label: label1
         State: FINISHED
      Progress: ETL:100%; LOAD:100%
          Type: BROKER
       EtlInfo: unselected.rows=0; dpp.abnorm.ALL=0; dpp.norm.ALL=5
      TaskInfo: cluster:N/A; timeout(s):14400; max_filter_ratio:0.0
      ErrorMsg: NULL
    CreateTime: 2023-03-04 21:09:54
  EtlStartTime: 2023-03-04 21:09:55
 EtlFinishTime: 2023-03-04 21:09:55
 LoadStartTime: 2023-03-04 21:09:55
LoadFinishTime: 2023-03-04 21:09:58
           URL: NULL
    JobDetails: {"Unfinished backends":{"b9e251c1ac6a4ed1-ae948b726c8e8fa4":[]},
"ScannedRows":5,"TaskNumber":1,"LoadBytes":130,"All backends":{"b
9e251c1ac6a4ed1-ae948b726c8e8fa4":[11002]},"FileNumber":1,"FileSize":70}
TransactionId: 9022
  ErrorTablets: {}
```

⚠注意

如果 load 过程中有错误信息，可以通过执行“show load order by createtime desc limit 1\G;”命令查看到对应的 Error 信息，或者浏览器输入展示出的 URL 来查看错误信息。

5）查看结果

```
#查询 doris broker_load_t1 表
mysql> select * from broker_load_t1;
+------+------+------+-------+
| id   | name | age  | score |
+------+------+------+-------+
|    5 | tq   |   22 | 79.44 |
|    3 | ww   |   20 | 34.12 |
|    4 | ml   |   21 | 89.33 |
|    1 | zs   |   18 |  92.2 |
|    2 | ls   |   19 | 87.51 |
+------+------+------+-------+
```

2. 通配符导入 HDFS 数据，并指定列顺序

创建 Doris 非分区表及分区表，使用 Binlog Load 读取 HDFS 中数据，使用通配符匹配数据加载到

对应分区，并指定列顺序。详细步骤如下。

1）创建 Doris 表

```
#创建broker_load_t2 分区表
create table broker_load_t2(
id int,
name string,
age int,
score double,
dt date
)
ENGINE = olap
DUPLICATE KEY(id)
PARTITION BY RANGE(dt)
(
PARTITION `p1` VALUES [("2023-01-01"),("2023-02-01")),
PARTITION `p2` VALUES [("2023-02-01"),("2023-03-01")),
PARTITION `p3` VALUES [("2023-03-01"),("2023-04-01"))
)
DISTRIBUTED BY HASH(`id`) BUCKETS 8;

#创建 broker_load_t3
create table broker_load_t3(
id int,
name string,
age int,
score double,
dt date
)
ENGINE = olap
DUPLICATE KEY(id)
DISTRIBUTED BY HASH(`id`) BUCKETS 8;
```

2）准备 HDFS 数据

准备多个数据文件，文件及内容如下。

file-10-1.txt：

```
1,zs,2023-01-01,18,92.20
2,ls,2023-01-01,19,87.51
```

file-10-2.txt：

```
3,ww,2023-01-10,20,34.12
4,ml,2023-01-10,21,89.33
5,tq,2023-01-02,22,79.44
```

file-20-1.txt：

```
1,zs,2023-01-01,18,92.20
2,ls,2023-03-01,19,87.51
```

file-20-2.txt：

```
3,ww,2023-02-10,20,34.12
4,ml,2023-03-10,21,89.33
5,tq,2023-03-02,22,79.44
```

将以上文件上传到 HDFS /input/目录下。

```
#直接使用通配符匹配 4 个文件，上传 HDFS
[root@node1 ~]# hdfs dfs -put ./file-* /input
```

3）准备 Broker Load 语句

```
LOAD LABEL example_db.label2
(
DATA INFILE("hdfs://mycluster/input/file-10*")
INTO TABLE `broker_load_t2`
PARTITION (p1)
COLUMNS TERMINATED BY ","
(id,name,dt,age_temp,score_temp)
SET (age = age_temp + 1,score = score_temp + 100)
,
DATA INFILE("hdfs://mycluster/input/file-20*")
INTO TABLE `broker_load_t3`
COLUMNS TERMINATED BY ","
(id,name,dt,age,score)
)
WITH BROKER broker_name
(
"username"="root",
"password"="",
"dfs.nameservices"="mycluster",
"dfs.ha.namenodes.mycluster"="node1,node2",
"dfs.namenode.rpc-address.mycluster.node1"="node1:8020",
"dfs.namenode.rpc-address.mycluster.node2"="node2:8020",
"dfs.client.failover.proxy.provider" = "org.apache.hadoop.hdfs.server.namenode.ha.
ConfiguredFailoverProxyProvider"
);
```

使用通配符匹配导入两批文件 file-10*和 file-20*。分别导入 broker_load_t1 和 broker_load_t2 两张表中。其中 broker_load_t1 指定导入分区 p1 中，并且将导入源文件中第二列和第三列的值+1 后导入。

特别注意：导入分区时，需要保证导入的数据都属于该分区，否则导入数据不成功。

4）查看导入状态

使用如下命令查看导入任务的状态信息。

```
mysql>  show load order by createtime desc limit 1\G;
*************************** 1. row ***************************
         JobId: 23452
         Label: label2
         State: FINISHED
```

```
      Progress: ETL:100%; LOAD:100%
          Type: BROKER
       EtlInfo: unselected.rows=0; dpp.abnorm.ALL=0; dpp.norm.ALL=10
      TaskInfo: cluster:N/A; timeout(s):14400; max_filter_ratio:0.0
      ErrorMsg: NULL
    CreateTime: 2023-03-04 22:21:43
  EtlStartTime: 2023-03-04 22:21:45
 EtlFinishTime: 2023-03-04 22:21:45
 LoadStartTime: 2023-03-04 22:21:45
LoadFinishTime: 2023-03-04 22:21:45
           URL: NULL
    JobDetails: {"Unfinished backends":{"de408ee5669d4f87-b71a5196c6b31fc8":[],
"c4965cc2f7bd4fd1-b94e530dc4d4432f":[]},"ScannedRows":10,"TaskNumber":2,
"LoadBytes":350,"All backends":{"de408ee5669d4f87-b71a5196c6b31fc8":[11004],
"c4965cc2f7bd4fd1-b94e530dc4d4432f":[11004]},"FileNumber":4,"FileSize":250}
TransactionId: 9030
  ErrorTablets: {}
1 row in set (0.01 sec)
```

5）查看结果

```
#查看 broker_loader_2 数据
mysql> select * from broker_load_t2;
+------+------+------+--------------------+------------+
| id   | name | age  | score              | dt         |
+------+------+------+--------------------+------------+
|    2 | ls   |   20 |             187.51 | 2023-01-01 |
|    1 | zs   |   19 |              192.2 | 2023-01-01 |
|    3 | ww   |   21 |             134.12 | 2023-01-10 |
|    5 | tq   |   23 |             179.44 | 2023-01-02 |
|    4 | ml   |   22 | 189.32999999999998 | 2023-01-10 |
+------+------+------+--------------------+------------+
注意：double 在计算过程中有精度问题。


#查看 broker_loader_3 数据
mysql> select * from broker_load_t3;
+------+------+------+-------+------------+
| id   | name | age  | score | dt         |
+------+------+------+-------+------------+
|    3 | ww   |   20 | 34.12 | 2023-02-10 |
|    5 | tq   |   22 | 79.44 | 2023-03-02 |
|    1 | zs   |   18 |  92.2 | 2023-01-01 |
|    4 | ml   |   21 | 89.33 | 2023-03-10 |
|    2 | ls   |   19 | 87.51 | 2023-03-01 |
+------+------+------+-------+------------+
```

3. 导入 HDFS csv 格式数据并提取文件路径中的分区字段

1）创建 Doris 表

```
#创建 broker_load_t4 表
```

```
create table broker_load_t4(
id int,
name string,
age int,
score double,
city string,
utc_date date
)
ENGINE = olap
DUPLICATE KEY(id)
DISTRIBUTED BY HASH(`id`) BUCKETS 8;
```

2）准备 HDFS 数据

准备多个数据文件，文件内容及对应上传到 HDFS 路径如下。

file1.csv：

```
1,zs,18,92.20
2,ls,19,87.51
3,ww,20,34.12
```

将 file1.csv 文件上传至 hdfs://mycluster/input/city=beijing/utc_date=2023-03-10/file1.csv。

file2.csv：

```
4,ml,21,89.33
5,tq,22,79.44
6,a1,23,89.13
```

将 file2.csv 文件上传至 hdfs://mycluster/input/city=beijing/utc_date=2023-03-11/file2.csv。

file3.csv：

```
7,a2,24,17.24
8,a3,25,83.34
```

将 file3.csv 文件上传至 hdfs://mycluster/input/city=tianjin/utc_date=2023-03-12/file3.csv。

file4.csv：

```
9,a4,26,15.23
10,a5,27,80.81
```

将 file4.csv 文件上传至 hdfs://mycluster/input/city=tianjin/utc_date=2023-03-13/file4.csv。

创建以上对应文件及 HDFS 路径，并上传。

```
#创建 HDFS 目录
[root@node1 ~]# hdfs dfs -mkdir -p /input/city=beijing/utc_date=2023-03-10/
[root@node1 ~]# hdfs dfs -mkdir -p /input/city=beijing/utc_date=2023-03-11/
[root@node1 ~]# hdfs dfs -mkdir -p /input/city=tianjin/utc_date=2023-03-12/
[root@node1 ~]# hdfs dfs -mkdir -p /input/city=tianjin/utc_date=2023-03-13/

#上传数据
[root@node1 ~]# hdfs dfs -put ./file1.csv /input/city=beijing/utc_date=2023-03-10/
[root@node1 ~]# hdfs dfs -put ./file2.csv /input/city=beijing/utc_date=2023-03-11/
```

```
[root@node1 ~]# hdfs dfs -put ./file3.csv /input/city=tianjin/utc_date=2023-03-12/
[root@node1 ~]# hdfs dfs -put ./file4.csv /input/city=tianjin/utc_date=2023-03-13/
```

3）准备 Broker Load 语句

```
LOAD LABEL example_db.label3
(
DATA INFILE("hdfs://mycluster/input/*/*/*")
INTO TABLE `broker_load_t4`
COLUMNS TERMINATED BY ","
FORMAT AS "csv"
(id, name, age, score)
COLUMNS FROM PATH AS (city, utc_date)
)
WITH BROKER broker_name
(
"username"="root",
"password"="",
"dfs.nameservices"="mycluster",
"dfs.ha.namenodes.mycluster"="node1,node2",
"dfs.namenode.rpc-address.mycluster.node1"="node1:8020",
"dfs.namenode.rpc-address.mycluster.node2"="node2:8020",
"dfs.client.failover.proxy.provider"                                      =
"org.apache.hadoop.hdfs.server.namenode.ha.ConfiguredFailoverProxyProvider"
);
```

⚠注意

文件格式支持 CSV、PARQUET 和 ORC 格式，匹配各类文件时默认通过文件后缀进行判断，csv 这里默认分隔符为制表符。

当创建 Doris 表时从路径中获取的列命令必须和路径“col=value”中 col 名称保持一致，否则导入 Doris 表时列中数据为 null。

4）查看导入状态

使用如下命令查看导入任务的状态信息。

```
mysql> show load order by createtime desc limit 1\G;
*************************** 1. row ***************************
         JobId: 24168
         Label: label3
         State: FINISHED
      Progress: ETL:100%; LOAD:100%
          Type: BROKER
       EtlInfo: unselected.rows=0; dpp.abnorm.ALL=0; dpp.norm.ALL=10
      TaskInfo: cluster:N/A; timeout(s):14400; max_filter_ratio:0.0
      ErrorMsg: NULL
    CreateTime: 2023-03-06 16:13:34
  EtlStartTime: 2023-03-06 16:13:38
 EtlFinishTime: 2023-03-06 16:13:38
 LoadStartTime: 2023-03-06 16:13:38
```

```
LoadFinishTime: 2023-03-06 16:13:38
           URL: NULL
    JobDetails: {"Unfinished backends":{"7ffe55ac57d44331-bef32ded10cc0ac7":[]},
"ScannedRows":10,"TaskNumber":1,"LoadBytes":470,"All backends":
{"7ffe55ac57d44331-bef32ded10cc0ac7":[11002]},"FileNumber":4,"FileSize":141}
TransactionId: 10017
  ErrorTablets: {}
1 row in set (0.02 sec)
```

5）查看结果

```
#查看 broker_loader_4 数据
mysql> select * from broker_load_t4;
+------+------+------+-------+---------+------------+
| id   | name | age  | score | city    | utc_date   |
+------+------+------+-------+---------+------------+
|    1 | zs   |   18 |  92.2 | beijing | 2023-03-10 |
|    5 | tq   |   22 | 79.44 | beijing | 2023-03-11 |
|    9 | a4   |   26 | 15.23 | tianjin | 2023-03-13 |
|    6 | a1   |   23 | 89.13 | beijing | 2023-03-11 |
|   10 | a5   |   27 | 80.81 | tianjin | 2023-03-13 |
|    2 | ls   |   19 | 87.51 | beijing | 2023-03-10 |
|    7 | a2   |   24 | 17.24 | tianjin | 2023-03-12 |
|    4 | ml   |   21 | 89.33 | beijing | 2023-03-11 |
|    8 | a3   |   25 | 83.34 | tianjin | 2023-03-12 |
|    3 | ww   |   20 | 34.12 | beijing | 2023-03-10 |
+------+------+------+-------+---------+------------+
```

4．导入 HDFS 数据时进行数据过滤

下面通过创建 Doris 表演示导入数据时进行数据过滤，满足条件数据会被导入 Doris 表中。

1）创建 Doris 表

```
#创建 broker_load_t5 表
create table broker_load_t5(
k1 int,
k2 int,
k3 int
)
ENGINE = olap
DUPLICATE KEY(k1)
DISTRIBUTED BY HASH(k1) BUCKETS 8;
```

2）准备 HDFS 数据

准备数据文件并上传到 HDSF。

file2.txt：

```
1,2,3
4,5,6
7,9,8
10,12,11
```

将 file2.txt 文件上传至 hdfs://mycluster/input/路径下。

```
#上传数据
[root@node1 ~]# hdfs dfs -put ./file2.txt /input/
```

3）准备 Broker Load 语句

```
LOAD LABEL example_db.label4
(
DATA INFILE("hdfs://mycluster/input/file2.txt")
INTO TABLE `broker_load_t5`
COLUMNS TERMINATED BY ","
(k1, k2, k3)
SET (
k2 = k2 + 1
)
PRECEDING FILTER k1 = 1
WHERE k1 <= k2
)
WITH BROKER broker_name
(
"username"="root",
"password"="",
"dfs.nameservices"="mycluster",
"dfs.ha.namenodes.mycluster"="node1,node2",
"dfs.namenode.rpc-address.mycluster.node1"="node1:8020",
"dfs.namenode.rpc-address.mycluster.node2"="node2:8020",
"dfs.client.failover.proxy.provider" = "org.apache.hadoop.hdfs.server.namenode.ha.
ConfiguredFailoverProxyProvider"
);
```

4）查看导入状态

使用如下命令查看导入任务的状态信息。

```
mysql> show load order by createtime desc limit 1\G;
*************************** 1. row ***************************
         JobId: 24168
         Label: label3
         State: FINISHED
      Progress: ETL:100%; LOAD:100%
          Type: BROKER
       EtlInfo: unselected.rows=0; dpp.abnorm.ALL=0; dpp.norm.ALL=10
      TaskInfo: cluster:N/A; timeout(s):14400; max_filter_ratio:0.0
      ErrorMsg: NULL
    CreateTime: 2023-03-06 16:13:34
  EtlStartTime: 2023-03-06 16:13:38
 EtlFinishTime: 2023-03-06 16:13:38
 LoadStartTime: 2023-03-06 16:13:38
LoadFinishTime: 2023-03-06 16:13:38
           URL: NULL
    JobDetails: {"Unfinished backends":{"7ffe55ac57d44331-bef32ded10cc0ac7":[]},
```

```
"ScannedRows":10,"TaskNumber":1,"LoadBytes":470,"All backends":
{"7ffe55ac57d44331-bef32ded10cc0ac7":[11002]},"FileNumber":4,"FileSize":141}
TransactionId: 10017
  ErrorTablets: {}
1 row in set (0.02 sec)
```

5）查看结果

```
#查看 broker_loader_5 数据
mysql> select * from broker_load_t5;
+------+------+------+
| k1   | k2   | k3   |
+------+------+------+
|    1 |    3 |    3 |
+------+------+------+
```

5. 导入 HDFS json 格式数据

下面通过创建 Doris 表演示 json 数据导入 Doris 表中。

1）创建 Doris 表

```
#创建 broker_load_t6 表
create table broker_load_t6(
id int,
name string,
age int
)
ENGINE = olap
DUPLICATE KEY(id)
DISTRIBUTED BY HASH(id) BUCKETS 8;
```

2）准备 HDFS 数据

准备数据文件并上传到 HDFS，文件 json_file.json 内容如下，注意，该文件内容不能换行。

```
{"data":  [{"id":  1,"name":  "zs","age":  18},{"id":  2,"name":  "ls","age":  19},
{"id":3,"name":  "ww","age":  20},{"id":  4,"name":  "ml","age":  21},{"id":  5,"name":
"tq","age":  22}]}
```

将 json_file.json 文件上传至 hdfs://mycluster/input/路径下。

```
#上传数据
[root@node1 ~]# hdfs dfs -put ./json_file.json /input/
```

3）准备 Broker Load 语句

```
LOAD LABEL example_db.label5
(
DATA INFILE("hdfs://mycluster/input/json_file.json")
INTO TABLE `broker_load_t6`
FORMAT AS "json"
PROPERTIES(
"strip_outer_array" = "true",
"json_root" = "$.data",
```

```
"jsonpaths" = "[\"$.id\", \"$.name\", \"$.age\"]"
)
)
WITH BROKER broker_name
(
"username"="root",
"password"="",
"dfs.nameservices"="mycluster",
"dfs.ha.namenodes.mycluster"="node1,node2",
"dfs.namenode.rpc-address.mycluster.node1"="node1:8020",
"dfs.namenode.rpc-address.mycluster.node2"="node2:8020",
"dfs.client.failover.proxy.provider" = "org.apache.hadoop.hdfs.server.namenode.ha.
ConfiguredFailoverProxyProvider"
);
```

⚠注意

"strip_outer_array" 参数为 true 代表 json 数据以数组开始。如果 json 数据格式为"{"xx":"xx","xx":"xx"...}"格式，那么可以将该参数设置为 false。

如果 json 数据格式为"[{"xx":"xx",...},{"xx":"xx",...}]"格式数据，也需要将"strip_outer_array"设置为 true，json_root 可以使用默认值空：""。

jsonpaths 中指定的$.字段必须使用引号引用起来，否则不能解析数据。

4）查看导入状态

使用如下命令查看导入任务的状态信息。

```
mysql> show load order by createtime desc limit 1\G;
*************************** 1. row ***************************
         JobId: 24435
         Label: label5
         State: FINISHED
      Progress: ETL:100%; LOAD:100%
          Type: BROKER
       EtlInfo: unselected.rows=0; dpp.abnorm.ALL=0; dpp.norm.ALL=5
      TaskInfo: cluster:N/A; timeout(s):14400; max_filter_ratio:0.0
      ErrorMsg: NULL
    CreateTime: 2023-03-06 21:08:35
  EtlStartTime: 2023-03-06 21:08:37
 EtlFinishTime: 2023-03-06 21:08:37
 LoadStartTime: 2023-03-06 21:08:37
LoadFinishTime: 2023-03-06 21:08:37
           URL: NULL
    JobDetails: {"Unfinished backends":{"c0b89366f57a451e-a5bee20ea918e672":[]},
"ScannedRows":5,"TaskNumber":1,"LoadBytes":85,"All backends":
{"c0b89366f57a451e-a5bee20ea918e672":[11001]},"FileNumber":1,"FileSize":177}
TransactionId: 10060
  ErrorTablets: {}
1 row in set (0.02 sec)
```

5）查看结果

```
#查看 broker_loader_t6 数据
mysql> select * from broker_load_t6;
+------+------+------+
| id   | name | age  |
+------+------+------+
|    1 | zs   |   18 |
|    4 | ml   |   21 |
|    5 | tq   |   22 |
|    2 | ls   |   19 |
|    3 | ww   |   20 |
+------+------+------+
```

3.3.4　注意事项

在导入数据中，需要注意以下问题。

（1）数据导入后，可以通过“show load”命令查看导入的任务。

（2）已提交且尚未结束的导入任务可以通过 CANCEL LOAD 命令取消。取消后，已写入的数据也会回滚，不会生效。

```
#取消任务举例：
CANCEL LOAD FROM demo WHERE LABEL = "broker_load_2022_03_23";
```

（3）Broker Load 的默认超时时间为 4 小时，从任务提交开始算起，如果在超时时间内没有完成，则任务会失败。

（4）关于数据量和任务数限制。Broker Load 适合在一个导入任务中导入 100GB 以内的数据。虽然理论上在一个导入任务中导入的数据量没有上限。但是提交过大的导入会导致运行时间较长，并且失败后重试的代价也会增加。同时受限于集群规模，限制了导入的最大数据量为 ComputeNode 节点数*3GB。以保证系统资源的合理利用。如果有大数据量需要导入，建议分成多个导入任务提交。Doris 会限制集群内同时运行的导入任务数量，通常在 3～10 个不等。之后提交的导入作业会排队等待。队列最大长度为 100。之后的提交会直接拒绝。注意排队时间也被计算到了作业总时间中。如果超时，则作业会被取消。所以建议通过监控作业运行状态来合理控制作业提交频率。

关于 Broker Load 更多注意事项可以参考官网：https://doris.apache.org/zh-CN/docs/dev/data-operate/import/import-way/broker-load-manual。

3.4　HDFS Load

HDFS Load 主要是将 HDFS 中的数据导入 Doris 中，HDFS Load 创建导入语句，导入方式和 Broker Load 基本相同，只需要将 WITH BROKER broker_name 语句替换成 With HDFS 即可。下面演示 HDFS Load 使用方式。

1. 创建 Doris 表

```
create table hdfs_load_t(
id int,
name string,
age int,
score double
)
ENGINE = olap
DUPLICATE KEY(id)
DISTRIBUTED BY HASH(`id`) BUCKETS 8;
```

2. 准备 HDFS 数据

准备数据文件 file.txt，内容如下。

```
1,zs,18,92.20
2,ls,19,87.51
3,ww,20,34.12
4,ml,21,89.33
5,tq,22,79.44
```

启动 HDFS，将以上文件上传至 HDFS /input/目录下，该文件与 Broker Load 案例 1 中的文件一样。

```
#创建目录，上传文件
[root@node1 ~]# hdfs dfs -mkdir /input
[root@node1 ~]# hdfs dfs -put ./file.txt /input/
```

3. 准备 HDFS Load 语句

如果之前使用过某个 label，可以通过如下命令清理对应库中历史 label。

```
#清理 example_db 中，Label 为 label1 的导入作业
clean label label1 from example_db;

#清理 example_db 中所有历史 Label
clean label from example_db;
```

编写 HDFS Load 语句，与 Broker Load 稍有不同的一点是指定 HDFS 用户参数为 hdfs_user。

```
LOAD LABEL example_db.label1
(
DATA INFILE("hdfs://mycluster/input/file.txt")
INTO TABLE `hdfs_load_t`
COLUMNS TERMINATED BY ","
)
WITH HDFS
(
"hdfs_user"="root",
"fs.defaultFS"="hdfs://mycluster",
"dfs.ha.namenodes.mycluster"="node1,node2",
"dfs.namenode.rpc-address.mycluster.node1"="node1:8020",
"dfs.namenode.rpc-address.mycluster.node2"="node2:8020",
```

```
"dfs.client.failover.proxy.provider" = "org.apache.hadoop.hdfs.server.namenode.ha.
ConfiguredFailoverProxyProvider"
);
```

向表 hdfs_load_t 中导入文件 file.txt。“username”指定 HDFS 用户，“password”指定 HDFS 密码，没有 HDFS 密码填写空即可。

4. 查看导入状态

使用如下命令查看导入任务的状态信息。

```
mysql> c
*************************** 1. row ***************************
         JobId: 42148
         Label: label1
         State: FINISHED
      Progress: ETL:100%; LOAD:100%
          Type: BROKER
       EtlInfo: unselected.rows=0; dpp.abnorm.ALL=0; dpp.norm.ALL=5
      TaskInfo: cluster:N/A; timeout(s):14400; max_filter_ratio:0.0
      ErrorMsg: NULL
    CreateTime: 2023-03-13 14:55:18
  EtlStartTime: 2023-03-13 14:55:21
 EtlFinishTime: 2023-03-13 14:55:21
 LoadStartTime: 2023-03-13 14:55:21
LoadFinishTime: 2023-03-13 14:55:22
           URL: NULL
    JobDetails: {"Unfinished backends":{"bbd718354cf7474d-93546d15f8530e9c":[]},
"ScannedRows":5,"TaskNumber":1,"LoadBytes":130,"All backends":
{"bbd718354cf7474d-93546d15f8530e9c":[11002]},"FileNumber":1,"FileSize":70}
TransactionId: 27031
  ErrorTablets: {}
1 row in set (0.01 sec)
```

注意

如果 load 过程中有错误信息，可以通过执行“show load order by createtime desc limit 1\G;”命令查看到对应的 Error 信息，或者通过浏览器输入展示出的 URL 来查看错误信息。

5. 查看结果

```
#查询 doris hdfs_load_t 表
mysql> select * from hdfs_load_t;
+------+------+------+-------+
| id   | name | age  | score |
+------+------+------+-------+
|    1 | zs   |   18 |  92.2 |
|    4 | ml   |   21 | 89.33 |
|    3 | ww   |   20 | 34.12 |
|    2 | ls   |   19 | 87.51 |
|    5 | tq   |   22 | 79.44 |
+------+------+------+-------+
```

HDFS Load 有以下注意事项。

（1）HDFS Load 与 Broker Load 一样，并且底层就是转换成 Broker Load 进行导入数据。

（2）除了有 HDFS Load，还有 S3 Load，两者都是将外部存储数据导入 Doris 中。使用方式参考官网：https://doris.apache.org/zh-CN/docs/dev/data-operate/import/import-scenes/external-storage-load、https://doris.apache.org/zh-CN/docs/dev/data-operate/import/import-way/s3-load-manual。

3.5 Spark Load

Spark Load 通过外部的 Spark 资源实现对导入数据的预处理，提高 Doris 大数据量的导入性能并且节省 Doris 集群的计算资源。Spark Load 最适合的场景就是原始数据在文件系统（HDFS）中，数据量在几十 GB 到 TB 级别，主要用于初次迁移，大数据量导入 Doris 的场景。

Spark Load 是利用了 Spark 集群的资源对要导入的数据的进行了排序，Doris BE 直接写入文件，这样能大大降低 Doris 集群的资源使用，对于历史海量数据迁移降低 Doris 集群资源使用及负载有很好的效果。

小数据量还是建议使用 Stream Load 或者 Broker Load。如果大数据量导入 Doris，用户在没有 Spark 集群这种资源的情况下，又想方便、快速的完成外部存储历史数据的迁移，可以使用 Broker Load，因为 Doris 表里的数据是有序的，所以 Broker Load 在导入数据时要利用 Doris 集群资源对数据进行排序，对 Doris 的集群资源占用比较大。如果有 Spark 计算资源建议使用 Spark Load。

3.5.1 基本原理

Spark Load 是一种异步导入方式，用户需要通过 MySQL 协议创建 Spark 类型导入任务，并通过 SHOW LOAD 查看导入结果。当用户通过 MySQL 客户端提交 Spark 类型导入任务时，FE 记录元数据并返回用户提交成功，Spark Load 任务的执行主要分为以下 5 个阶段，如图 3.9 所示。

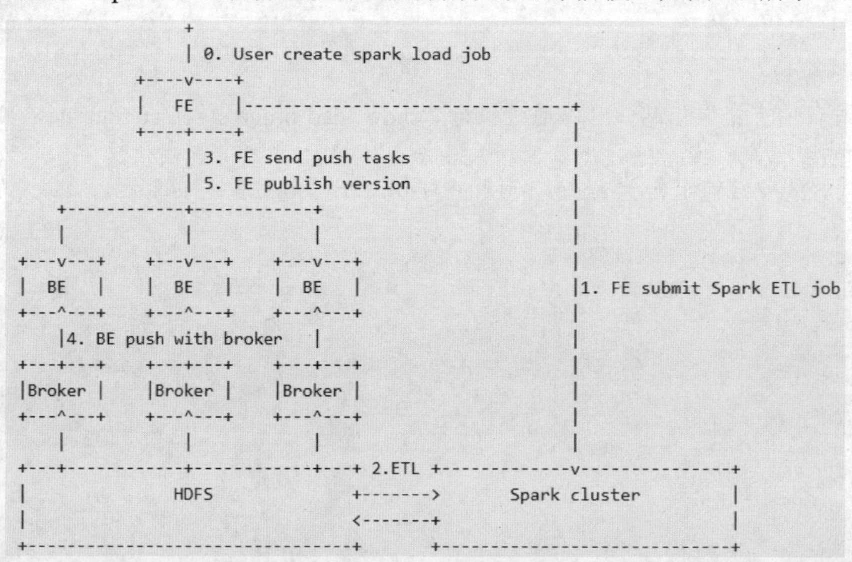

图 3.9　Spark 导入数据流程

（1）FE 调度提交 ETL 任务到 Spark 集群执行。

（2）Spark 集群执行 ETL，完成对导入数据的预处理。包括全局字典构建（BITMAP 类型）、分区、排序、聚合等。

（3）ETL 任务完成后，FE 获取预处理过的每个分片的数据路径，并调度相关的 BE 执行 Push 任务。

（4）BE 通过 Broker 读取数据，转化为 Doris 底层存储格式。

（5）FE 调度生效版本，完成导入任务。

3.5.2　Spark 集群搭建

Doris 中 Spark Load 需要借助 Spark 进行数据 ETL，Spark 任务可以基于 Standalone 提交运行也可以基于 Yarn 提交运行，两种不同资源调度框架配置不同，下面分别进行搭建配置。Spark 版本建议使用 2.4.5 或以上的 Spark2 官方版本。经过测试不能使用 Spark3.x 以上版本，与目前 Doris 版本不兼容。

1. Spark Standalone 集群搭建

这里我们选择 Spark2.3.1 版本进行搭建 Spark Standalone 集群，Standalone 集群中有 Master 和 Worker，Standalone 集群搭建节点划分如表 3.1 所示。

表 3.1　集群节点

节点 IP	节 点 名 称	Master	Worker	客　户　端
192.168.179.4	node1	★		★
192.168.179.5	node2		★	★
192.168.179.6	node3		★	★

以上 node2、node3 计算节点，建议给内存多一些，否则在后续执行 Spark Load 任务时 executor 内存可能不足。详细的搭建步骤如下：

1）下载 Spark 安装包

这里在 Spark 官网中下载 Spark 安装包，安装包下载地址：https://archive.apache.org/dist/spark/spark-2.3.1/spark-2.3.1-bin-hadoop2.7.tgz。

2）上传、解压、修改名称

这里将下载好的安装包上传至 node1 节点的“/software”路径，进行解压，修改名称。

```
#解压
[root@node1 ~]# tar -zxvf spark-2.3.1-bin-hadoop2.7.tgz  -C /software/

#修改名称
[root@node1 software]# mv spark-2.3.1-bin-hadoop2.7 spark-2.3.1
```

3）配置 conf 文件

```
#进入 conf 路径
[root@node1 ~]# cd /software/spark-2.3.1/conf/

#改名
[root@node1 conf]# cp spark-env.sh.template spark-env.sh
```

```
[root@node1 conf]# cp workers.template workers

#配置 spark-env.sh，在该文件中写入如下配置内容
export SPARK_MASTER_HOST=node1
export SPARK_MASTER_PORT=7077
export SPARK_WORKER_CORES=3
export SPARK_WORKER_MEMORY=3g

#配置 Workers，在 Workers 文件中写入 Worker 节点信息
node2
node3
```

将以上配置好的 Spark 解压包发送到 node2、node3 节点上。

```
[root@node1 ~]# cd /software/
[root@node1 software]# scp -r ./spark-2.3.1 node2:/software/
[root@node1 software]# scp -r ./spark-2.3.1 node3:/software/
```

4）启动集群

在 node1 节点上进入$SPARK_HOME/sbin 目录中执行如下命令启动集群。

```
#启动集群
[root@node1 ~]# cd /software/spark-2.3.1/sbin/
[root@node1 sbin]# ./start-all.sh
```

5）访问 WebUI

Spark 集群启动完成之后，可以在浏览器中输入 http://node1:8080 来查看 Spark WebUI，如图 3.10 所示。

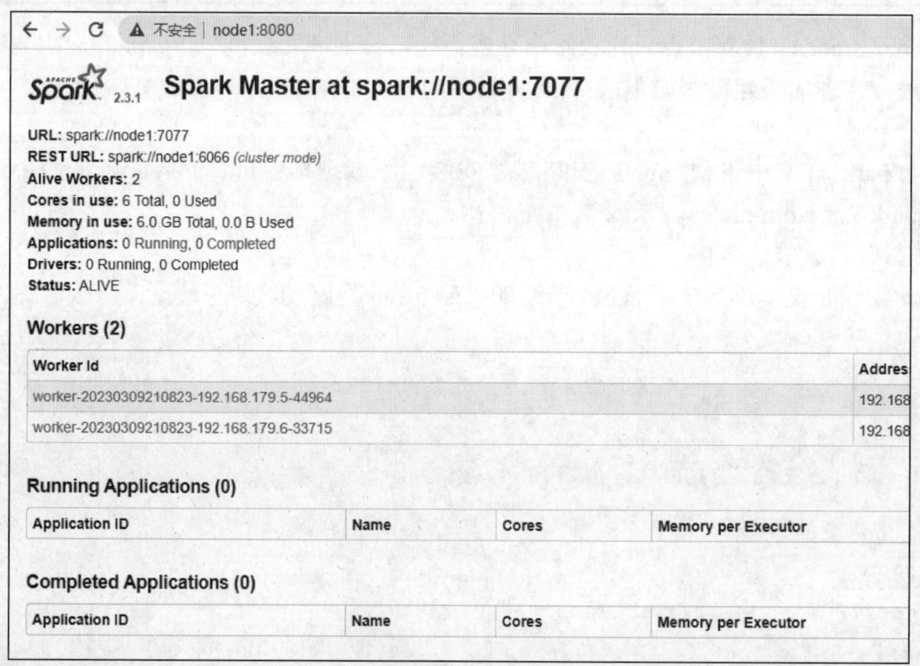

图 3.10　Spark WebUI

在浏览器中输入地址出现以上页面，并且对应的 Worker 状态为 Alive，说明 Spark Standalone 集群搭建成功。

6）Spark Pi 任务提交测试

这里在客户端提交 Spark Pi 任务来进行任务测试，node1～node3 任意一台节点都可以当作客户端，这里选择 node3 节点为客户端进行 Spark 任务提交，操作如下。

```
#提交 Spark Pi 任务
[root@node3 ~]# cd /software/spark-2.3.1/bin/
[root@node3 bin]# ./spark-submit --master spark://node1:7077 --class org.apache.
spark.examples.SparkPi ../examples/jars/spark-examples_2.11-2.3.1.jar
...
Pi is roughly 3.1410557052785264
...
```

2. Spark On Yarn 配置

Spark On Yarn 配置只需要在提交 Spark 任务的客户端$SPARK_HOME/conf/spark-env.sh 中配置“export HADOOP_CONF_DIR=$HADOOP_HOME/etc/hadoop”，然后再启动 Yarn，基于各个客户端提交 Spark 即可。

1）配置 spark-env.sh 文件

在 node1～node3 各个节点都配置$SPARK_HOME/conf/spark-env.sh。

```
...
export HADOOP_CONF_DIR=$HADOOP_HOME/etc/hadoop
...
```

2）启动 HDFS 及 Yarn

Doris 中 8030 端口为 FE 与 FE 之间、客户端与 FE 之间通信的端口，该端口与 Yarn 中 ResourceManager 调度端口冲突。Doris 中 8040 端口为 BE 和 BE 之间的通信端口，该端口与 Yarn 中 NodeManager 调度端口冲突，所以启动 HDFS Yarn 之前需要修改 HDFS 集群中 yarn-site.xml 文件，配置 ResourceManager 和 NodeManager 调度端口，这里将默认的 8030 改为 18030，8040 改为 18040。

```
#node1～node5 节点配置$HADOOP_HOME/etc/hadoop/yarn-site.xml
...
<-- 配置 ResourceManager 对应的节点和端口 -->
<property>
   <name>yarn.resourcemanager.scheduler.address.rm1</name>
   <value>node1:18030</value>
</property>
<property>
   <name>yarn.resourcemanager.scheduler.address.rm2</name>
   <value>node2:18030</value>
</property>
<!-- 配置 NodeManager 对应的端口，DataNode 同节点即为 NodeManager -->
<property>
   <name>yarn.nodemanager.localizer.address</name>
   <value>0.0.0.0:18040</value>
</property>
...
```

以上配置完成后，重新执行 start-all.sh 命令启动 HDFS 及 Yarn。

```
#启动 zookeeper
[root@node3 ~]# zkServer.sh start
[root@node4 ~]# zkServer.sh start
[root@node5 ~]# zkServer.sh start

#启动 HDFS 和 Yarn
[root@node1 ~]# start-all.sh
```

在 node1～node3 任意一台节点提交任务测试。

```
[root@node1 ~]# cd /software/spark-2.3.1/bin/
[root@node1  bin]#  ./spark-submit  --master  yarn  --deploy-mode  client  --class
org.apache.spark.examples.SparkPi ../examples/jars/spark-examples_2.11-2.3.1.jar
...
Pi is roughly 3.146835734178671
...
```

3.5.3 Doris 配置 Spark 与 Yarn

1. Doris 配置 Spark

FE 底层通过执行 spark-submit 的命令去提交 Spark 任务，因此需要为 FE 配置 Spark 客户端。

配置 SPARK_HOME 环境变量。将 Spark 客户端放在 FE（FE 节点为 node1～node3）同一台机器上的目录下，并在 FE 的配置文件配置 spark_home_default_dir 项指向此目录，此配置项默认为 FE 根目录下的 lib/spark2x 路径，此项不可为空。

```
#node1～node3 FE 节点上，配置 fe.conf
vim /software/doris-1.2.1/apache-doris-fe/conf/fe.conf
...
enable_spark_load = ture
spark_home_default_dir = /software/spark-2.3.1
...
```

配置 Spark 依赖包。将 Spark 客户端下的 jars 文件夹内所有 jar 包归档打包成一个 zip 文件，并在 FE 的配置文件配置 spark_resource_path 项指向此 zip 文件，若此配置项为空，则 FE 会尝试寻找 FE 根目录下的 lib/spark2x/jars/spark-2x.zip 文件，若没有找到则会报文件不存在的错误。操作如下。

```
#node1～node3 各个节点安装 zip
yum -y install zip

#node1～node3 各个节点上将$SPARK_HOME/jars/下所有 jar 包打成 zip 包
cd /software/spark-2.3.1/jars && zip spark-2x.zip ./*

#配置 node1～node3 节点 fe.conf
vim /software/doris-1.2.1/apache-doris-fe/conf/fe.conf
...
spark_resource_path = /software/spark-2.3.1/jars/spark-2x.zip
...
```

修改 spark-dpp 包名。当提交 Spark Load 任务时，除了以上 spark-2x.zip 依赖上传到指定的远端仓库，FE 还会上传 DPP 的依赖包至远端仓库，Spark 进行数据预处理时需要依赖 DPP 此包，该包位于 FE 节点的/software/doris-1.2.1/apache-doris-fe/spark-dpp 路径下，默认名称为 spark-dpp-1.0-SNAPSHOT-jar-with-dependencies.jar，在提交 Spark Load 任务后，Doris 默认在/software/doris-1.2.1/apache-doris-fe/spark-dpp 路径下找名称为“spark-dpp-1.0.0-jar-with-dependencies.jar”的依赖包，所以这里需要在所有 FE 节点上进行改名，操作如下。

```
#在所有的 FE 节点中修改 spark-dpp-1.0-SNAPSHOT-jar-with-dependencies.jar 名称为 spark-dpp-1.0.0-jar-with-dependencies.jar
cd /software/doris-1.2.1/apache-doris-fe/spark-dpp/
mv spark-dpp-1.0-SNAPSHOT-jar-with-dependencies.jar spark-dpp-1.0.0-jar-with-dependencies.jar
```

2. Doris 配置 Yarn

Spark Load 底层的 Spark 任务可以基于 Yarn 运行，FE 底层通过执行 Yarn 命令去获取正在运行的 application 的状态以及杀死 application，因此需要为 FE 配置 Yarn 客户端，建议使用 2.5.2 或以上的 Hadoop2 官方版本。经测试使用 Hadoop3 也没有问题。

将下载好的 Yarn 客户端放在 FE 同一台机器的目录下，并在 FE 配置文件配置 yarn_client_path 项指向 Yarn 的二进制可执行文件，默认为 FE 根目录下的 lib/yarn-client/hadoop/bin/yarn 路径。

```
#在 node1-node3 各个节点配置 fe.conf
vim /software/doris-1.2.1/apache-doris-fe/conf/fe.conf
...
yarn_client_path = /software/hadoop-3.3.3/bin/yarn
...
```

当 FE 通过 Yarn 客户端去获取 application 的状态或者杀死 application 时，默认会在 FE 根目录下的 lib/yarn-config 路径下生成执行 Yarn 命令所需的配置文件，此路径可通过在 FE 配置文件配置 yarn_config_dir 项修改，目前生成的配置文件包括 core-site.xml 和 yarn-site.xml。

```
#在 node1-node3 各个节点配置 fe.conf
vim /software/doris-1.2.1/apache-doris-fe/conf/fe.conf
...
yarn_config_dir = /software/hadoop-3.3.3/etc/hadoop
...
```

此外还需要在 Hadoop 各个节点中的/software/hadoop-3.3.3/libexec/hadoop-config.sh 文件中配置 JAVA_HOME，否则基于 Yarn 运行 Spark Load 任务时报错。

```
#在 node1～node5 节点上配置
vim /software/hadoop-3.3.3/libexec/hadoop-config.sh
...
export JAVA_HOME=/usr/java/jdk1.8.0_181-amd64/
...
```

3.5.4 Doris 创建 Spark Resource

1. 创建 Spark Resource

Spark 作为一种外部计算资源在 Doris 中用来完成 ETL 工作，因此我们引入 resource management 来管理 Doris 使用的这些外部资源。在 Doris 中提交 Spark Load 任务之前需要创建执行 ETL 任务的 Spark Resource，创建 Spark Resource 的语法如下。

```
-- create spark resource
CREATE EXTERNAL RESOURCE resource_name
PROPERTIES
(
type = spark,
spark_conf_key = spark_conf_value,
working_dir = path,
broker = broker_name,
broker.property_key = property_value
)

-- drop spark resource
DROP RESOURCE resource_name

-- show resources
SHOW RESOURCES
SHOW PROC "/resources"
```

（1）resource_name 为 Doris 中配置的 Spark 资源名。

（2）PROPERTIES 是 Spark 资源相关参数，具体 Properties 参数如下：

☑ type：资源类型，必填，目前仅支持 Spark。

☑ spark.master：必填，目前支持 yarn，spark://host:port。

☑ spark.submit.deployMode：Spark 程序的部署模式，必填，支持 cluster、client 两种。

☑ spark.hadoop.yarn.resourcemanager.address：master 为 yarn 时必填。

☑ spark.hadoop.fs.defaultFS：master 为 yarn 时必填。

（3）working_dir：ETL 使用的目录。Spark 作为 ETL 资源使用时必填。例如：hdfs://host:port/tmp/doris。当提交 Spark Load 任务时，会将归档好的依赖文件上传至远端仓库，默认仓库路径挂在 working_dir/{cluster_id}目录下。

（4）broker：broker 名字。Spark 作为 ETL 资源使用时必填。需要使用 ALTER SYSTEM ADD BROKER 命令提前完成配置，可以通过 SHOW BROKER 命令来查询。

（5）broker.property_key：broker 读取 ETL 生成的中间文件时需要指定的认证信息等。

这里我们创建 Spark Resource，Spark Resource 可以指定成 Spark Standalone Client 模式、Cluster 模式，也可以指定成 Yarn Client、Yarn Cluster 模式。下面以 Yarn Cluster 模式对 Spark Resource 进行演示。

```
-- Spark Standalone Client 模式（注意，目前测试 Standalone Client 和 Cluster 有问题，不能
```

```
获取执行任务对应的 appid 导致后续不能向 Doris 加载数据）
CREATE EXTERNAL RESOURCE "spark0"
PROPERTIES
(
"type" = "spark",
"spark.master" = "spark://node1:7077",
"spark.submit.deployMode" = "client",
"working_dir" = "hdfs://node1:8020/tmp/doris-standalone",
"broker" = "broker_name"
);

-- Yarn Cluster 模式
CREATE EXTERNAL RESOURCE "spark1"
PROPERTIES
(
"type" = "spark",
"spark.master" = "yarn",
"spark.submit.deployMode" = "cluster",
"spark.executor.memory" = "1g",
"spark.hadoop.yarn.resourcemanager.address" = "node1:8032",
"spark.hadoop.fs.defaultFS" = "hdfs://node1:8020",
"working_dir" = "hdfs://node1:8020/tmp/doris-yarn",
"broker" = "broker_name"
);
```

⚠注意

以上 Standalone 和 Yarn 都支持 client 和 cluster 模式部署，只需要将 deployMode 修改成对应模式即可。

经过后期测试 Spark Standalone 模式执行 Spark Load 任务时存在问题，所以后续基于 Yarn 进行 Spark Load 任务提交，使用 spark1 resource 演示。

以上使用到 HDFS 路径时，不支持 HDFS HA 写法，需要手动指定 Active NameNode 节点信息。

Resource 资源不属于任意一个库，通过 MySQL 客户端可以直接创建。

当 Spark Resource 创建完成之后，可以通过以下命令查看和删除 Resources。

```
#查看 Resources
mysql> show resources;
+--------+--------------+------------------------+--------------------------------------+
| Name   | ResourceType | Item                   | Value                                |
+--------+--------------+------------------------+--------------------------------------+
| spark0 | spark        | spark.master           | spark://node1:8088                   |
| spark0 | spark        | spark.submit.deployMode | client                              |
| spark0 | spark        | working_dir            | hdfs://mycluster/tmp/doris-standalone |
| spark0 | spark        | broker                 | broker_name                          |
+--------+--------------+------------------------+--------------------------------------+

#删除 Resources
mysql> drop resource spark0;
Query OK, 0 rows affected (0.03 sec)
```

重新创建以上 spark0,spark1 resource 资源，方便后续 Spark Load 使用。

2. 分配资源权限

普通账户只能看到自己有 USAGE_PRIV 使用权限的资源，root 和 admin 账户可以看到所有的资源。资源权限通过 GRANT REVOKE 来管理，目前仅支持 USAGE_PRIV 使用权限。可以将 USAGE_PRIV 权限赋予某个用户，操作如下。

```
-- 授予 spark0 资源的使用权限给用户 user0
GRANT USAGE_PRIV ON RESOURCE "spark0" TO "user0"@"%";

-- 授予所有资源的使用权限给用户 user0
GRANT USAGE_PRIV ON RESOURCE * TO "user0"@"%";

-- 撤销用户 user0 的 spark0 资源使用权限
REVOKE USAGE_PRIV ON RESOURCE "spark0" FROM "user0"@"%";
```

这里我们使用的用户为 root，所以不必再进行资源权限赋权。

3.5.5 Spark Load 语法和结果

1. 语法

Spark Load 的语法如下，可以通过 help spark load 查看语法帮助。

```
LOAD LABEL db_name.label_name
(data_desc, ...)
WITH RESOURCE resource_name
(
"spark.executor.memory" = "1g",
"spark.shuffle.compress" = "true"
)
[resource_properties]
[PROPERTIES (key1=value1, ... )]


* data_desc:
DATA INFILE ('file_path', ...)
[NEGATIVE]
INTO TABLE tbl_name
[PARTITION (p1, p2)]
[COLUMNS TERMINATED BY separator ]
[(col1, ...)]
[COLUMNS FROM PATH AS (col2, ...)]
[SET (k1=f1(xx), k2=f2(xx))]
[WHERE predicate]

DATA FROM TABLE hive_external_tbl
[NEGATIVE]
INTO TABLE tbl_name
[PARTITION (p1, p2)]
```

```
[SET (k1=f1(xx), k2=f2(xx))]
[WHERE predicate]
```

以上 Spark Load 参数与 Broker Load 一致，这里不再重复介绍。当用户有临时性的需求，比如增加任务使用的资源而修改 Spark configs，可以在这里设置。

```
WITH RESOURCE resource_name
(
"spark.executor.memory" = "1g",
"spark.shuffle.compress" = "true"
)
```

注意

设置仅对本次任务生效，并不影响 Doris 集群中已有的配置。

2．返回结果

Spark Load 导入方式同 Broker load 一样都是异步的，所以用户必须记录创建导入的 Label，并且在查看导入命令中使用 Label 来查看导入结果。查看导入命令在所有导入方式中是通用的，具体语法可执行 HELP SHOW LOAD 查看，示例如下。

```
mysql> show load order by createtime desc limit 1\G
*************************** 1. row ***************************
JobId: 76391
Label: label1
State: FINISHED
Progress: ETL:100%; LOAD:100%
Type: SPARK
EtlInfo: unselected.rows=4; dpp.abnorm.ALL=15; dpp.norm.ALL=28133376
TaskInfo: cluster:cluster0; timeout(s):10800; max_filter_ratio:5.0E-5
ErrorMsg: N/A
CreateTime: 2019-07-27 11:46:42
EtlStartTime: 2019-07-27 11:46:44
EtlFinishTime: 2019-07-27 11:49:44
LoadStartTime: 2019-07-27 11:49:44
LoadFinishTime: 2019-07-27 11:50:16
URL: http://1.1.1.1:8089/proxy/application_1586619723848_0035/
JobDetails:
{"ScannedRows":28133395,"TaskNumber":1,"FileNumber":1,"FileSize":200000}
```

返回的结果解释同 Broker Load，这里不再介绍。

3.5.6　Spark Load 导入 HDFS 数据

下面以导入 HDFS 中数据到 Doris 表为例，介绍 Spark Load 的使用，这里使用“spark1”Spark Resource。

1．准备 HDFS 数据

准备 spark_load_data.csv 数据文件，内容如下。

```
spark_load_data.csv:
1,zs,18,100
2,ls,19,101
3,ww,20,102
4,ml,21,103
5,tq,22,104
```

将以上数据文件上传到 hdfs://mycluster/input/目录下。

```
[root@node1 ~]# hdfs dfs -put ./spark_load_data.csv  /input/
```

2．创建 Doris 表

```
create table spark_load_t1(
id int,
name varchar(255),
age int,
score double
)
ENGINE = olap
DUPLICATE KEY(id)
DISTRIBUTED BY HASH(`id`) BUCKETS 8;
```

⚠注意

Spark Load 还不支持 Doris 表字段是 String 类型的导入，如果你的表字段有 String 类型的请改成 varchar 类型，不然会导入失败，提示 type:ETL_QUALITY_UNSATISFIED; msg:quality not good enough to cancel。

3．创建 Spark Load 导入任务

```
LOAD LABEL example_db.label1
(
DATA INFILE("hdfs://node1:8020/input/spark_load_data.csv")
INTO TABLE spark_load_t1
COLUMNS TERMINATED BY ","
FORMAT AS "csv"
(id,name,age,score_tmp)
SET
(
score = score_tmp + age
)
)
WITH RESOURCE 'spark1'
(
"spark.driver.memory" = "512M",
"spark.executor.cores" = "1",
"spark.executor.memory" = "512M",
"spark.shuffle.compress" = "true"
)
PROPERTIES
(
```

```
"timeout" = "3600"
);
```

注意

加载的 HDFS 中的文件，不支持 HA 写法，需要指定 Active NameNode 节点信息。

当 Spark Load 作业状态不为 CANCELLED 或 FINISHED 时，可以被用户手动取消。取消时需要指定待取消导入任务的 Label。取消导入命令语法可执行 HELP CANCEL LOAD 查看。

如果想要清除对应完成的 label，可以执行 “clean label from example_db;” 命令即可。

4. 查看导入任务状态

以上任务提交之后，可以在 Yarn WebUI 中查看提交的任务执行情况，如图 3.11 所示。

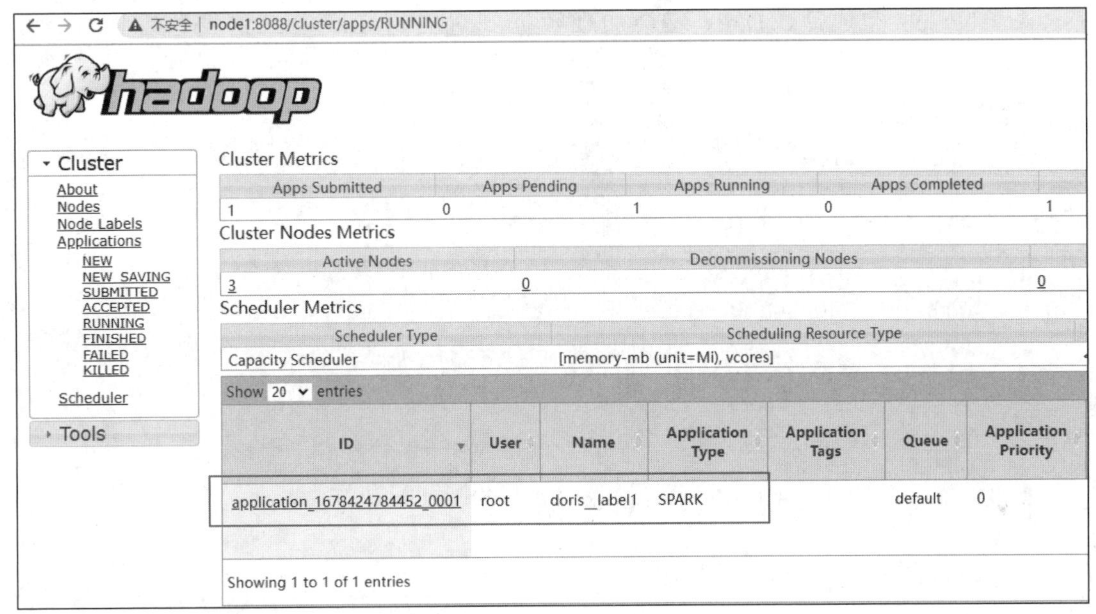

图 3.11　Yarn WebUI

也可以在 FE 节点 “/software/doris-1.2.1/apache-doris-fe/log/spark_launcher_log” 中查看执行日志，FE 节点不是一定在 node1-node3 哪台节点执行 Spark ETL 任务，执行任务的节点上才有以上日志路径，该日志默认保存 3 天。

在 node1 MySQL 客户端也可以执行命令查看 Spark Load 导入情况，命令如下。

```
mysql> show load order by createtime desc limit 1\G;
*************************** 1. row ***************************
         JobId: 37038
         Label: label1
         State: FINISHED
      Progress: ETL:100%; LOAD:100%
          Type: SPARK
       EtlInfo: unselected.rows=0; dpp.abnorm.ALL=0; dpp.norm.ALL=5
      TaskInfo: cluster:spark1; timeout(s):3600; max_filter_ratio:0.0
      ErrorMsg: NULL
```

```
    CreateTime: 2023-03-10 16:11:44
  EtlStartTime: 2023-03-10 16:12:16
 EtlFinishTime: 2023-03-10 16:12:59
 LoadStartTime: 2023-03-10 16:12:59
LoadFinishTime: 2023-03-10 16:13:09
           URL: http://node1:8088/proxy/application_1678424784452_0001/
    JobDetails: {"Unfinished backends":{"0-0":[]},"ScannedRows":5,"TaskNumber":1,
"LoadBytes":0,"All backends":{"0-0":[-1]},"FileNumber":1,"FileSize":60}
TransactionId: 24027
  ErrorTablets: {}
1 row in set (0.01 sec)
```

当 Yarn 中任务执行完成之后，通过以上命令查询 Spark Load 执行情况是否还在执行，主要是因为当 Spark ETL job 完成后，Doris 还会加载数据到对应的 BE 中，完成之后状态会改变成 FINISHED。

5. 查看 Doris 表结果

```
mysql> select * from spark_load_t1;
+------+------+-----+-------+
| id   | name | age  | score |
+------+------+-----+-------+
|    2 | ls   |   19 |   120 |
|    3 | ww   |   20 |   122 |
|    5 | tq   |   22 |   126 |
|    4 | ml   |   21 |   124 |
|    1 | zs   |   18 |   118 |
+------+------+-----+-------+
```

3.5.7 使用 Spark Load 导入 Hive 数据

1. Spark Load 导入 Hive 非分区表数据

1）数据准备

在 node3hive 客户端，准备向 Hive 表加载的数据。

hive_data1.txt：

```
1,zs,18,100
2,ls,19,101
3,ww,20,102
4,ml,21,103
5,tq,22,104
```

2）加载数据

启动 Hive，在 Hive 客户端创建 Hive 表并加载数据。

```
#配置 Hive 服务端$HIVE_HOME/conf/hive-site.xml
<property>
<name>hive.metastore.schema.verification</name>
<value>false</value>
</property>
```

```
注意：此配置项为关闭 metastore 版本验证，避免在 doris 中读取 hive 外表时报错。

#在 node1 节点启动 hive metastore
[root@node1 ~]# hive --service metastore &

#在 node3 节点进入 hive 客户端建表并加载数据
create table hive_tbl (id int,name string,age int,score int) row format delimited
fields terminated by ',';

load data local inpath '/root/hive_data1.txt' into table hive_tbl;

#查看 hive 表中的数据
hive> select * from hive_tbl;
1  zs     18     100
2  ls     19     101
3  ww     20     102
4  ml     21     103
5  tq     22     104
```

3）在 Doris 中创建 Hive 外部表

使用 Spark Load 将 Hive 非分区表中的数据导入 Doris 中时，需要先在 Doris 中创建 Hive 外部表，然后通过 Spark Load 加载这张外部表数据到 Doris 某张表中。

```
#在 Doris 中创建 Hive 外表
CREATE EXTERNAL TABLE example_db.hive_doris_tbl
(
id INT,
name varchar(255),
age INT,
score INT
)
ENGINE=hive
Properties
(
"dfs.nameservices"="mycluster",
"dfs.ha.namenodes.mycluster"="node1,node2",
"dfs.namenode.rpc-address.mycluster.node1"="node1:8020",
"dfs.namenode.rpc-address.mycluster.node2"="node2:8020",
"dfs.client.failover.proxy.provider.mycluster" = "org.apache.hadoop.hdfs.server.
namenode.ha.ConfiguredFailoverProxyProvider",
"database" = "default",
"table" = "hive_tbl",
"hive.metastore.uris" = "thrift://node1:9083"
);
```

⚠注意

在 Doris 中创建 Hive 外表不会将数据存储到 Doris 中，查询 Hive 外表数据时会读取 HDFS 中对应 Hive 路径中的数据来展示，向 Hive 表中插入数据时，doris 中查询 Hive 外表也能看到新增数据。

如果 Hive 表中是分区表，Doris 创建 Hive 表将分区列看成普通列即可。

以上 Hive 外表结果如下。

```
mysql> select * from hive_doris_tbl;
+------+------+-----+-------+
| id   | name | age | score |
+------+------+-----+-------+
|    1 | zs   |  18 |   100 |
|    2 | ls   |  19 |   101 |
|    3 | ww   |  20 |   102 |
|    4 | ml   |  21 |   103 |
|    5 | tq   |  22 |   104 |
+------+------+-----+-------+
```

4）创建 Doris 表

```
#创建 Doris 表
create table spark_load_t2(
id int,
name varchar(255),
age int,
score double
)
ENGINE = olap
DUPLICATE KEY(id)
DISTRIBUTED BY HASH(`id`) BUCKETS 8;
```

5）创建 Spark Load 导入任务

创建 Spark Load 任务后，底层 Spark Load 转换成 Spark 任务进行数据导入处理时，需要连接 Hive，所以需要保证在 Spark node1-node3 节点客户端中$SPARK_HOME/conf/目录下有 hive-site.xml 配置文件，以便找到 Hive。另外，连接 Hive 时还需要 MySQL 连接依赖包，所以需要在 Yarn NodeManager 各个节点保证$HADOOP_HOME/share/hadoop/yarn/lib 路径下有 mysql-connector-java-5.1.47.jar 依赖包。

```
#把 Hive 客户端 hive-site.xml 分发到 Spark 客户端（node1-node3）节点$SPARK_HOME/conf 目录下
[root@node3 ~]# scp /software/hive-3.1.3/conf/hive-site.xml  node1:/software/
spark-2.3.1/conf/
[root@node3 ~]# scp /software/hive-3.1.3/conf/hive-site.xml  node2:/software/
spark-2.3.1/conf/
[root@node3 ~]# cp /software/hive-3.1.3/conf/hive-site.xml  /software/spark-2.3.1/
conf/

#将 mysql-connector-java-5.1.47.jar 依赖分发到 NodeManager 各个节点$HADOOP_HOME/share/
hadoop/yarn/lib 路径中
[root@node3 ~]# cp /software/hive-3.1.3/lib/mysql-connector-java-5.1.47.jar
/software/hadoop-3.3.3/share/hadoop/yarn/lib/
[root@node3 ~]# scp /software/hive-3.1.3/lib/mysql-connector-java-5.1.47.jar
node4:/software/hadoop-3.3.3/share/hadoop/yarn/lib/
[root@node3 ~]# scp /software/hive-3.1.3/lib/mysql-connector-java-5.1.47.jar
 node5:/software/hadoop-3.3.3/share/hadoop/yarn/lib/
```

编写 Spark Load 任务，命令如下。

```
LOAD LABEL example_db.label2
(
DATA FROM TABLE hive_doris_tbl
INTO TABLE spark_load_t2
)
WITH RESOURCE 'spark1'
(
"spark.executor.memory" = "1g",
"spark.shuffle.compress" = "true"
)
PROPERTIES
(
"timeout" = "3600"
);
```

6）Spark Load 任务查看

登录 Yarn WebUI 查看对应任务执行情况，如图 3.12 所示。

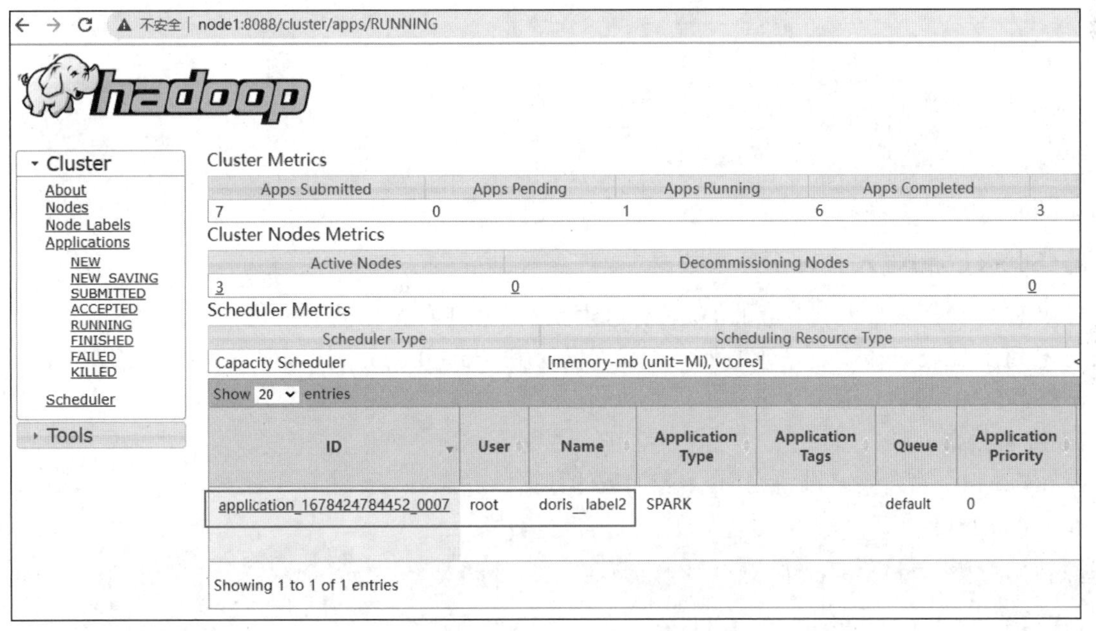

图 3.12　Yarn WebUI

执行命令查看 Spark Load 任务执行情况。

```
mysql> show load order by createtime desc limit 1\G;
*************************** 1. row ***************************
         JobId: 37128
         Label: label2
         State: FINISHED
      Progress: ETL:100%; LOAD:100%
          Type: SPARK
```

```
       EtlInfo: unselected.rows=0; dpp.abnorm.ALL=0; dpp.norm.ALL=0
      TaskInfo: cluster:spark1; timeout(s):3600; max_filter_ratio:0.0
      ErrorMsg: NULL
    CreateTime: 2023-03-10 18:13:19
  EtlStartTime: 2023-03-10 18:13:34
 EtlFinishTime: 2023-03-10 18:15:27
 LoadStartTime: 2023-03-10 18:15:27
LoadFinishTime: 2023-03-10 18:15:30
           URL: http://node1:8088/proxy/application_1678424784452_0007/
    JobDetails: {"Unfinished backends":{"0-0":[]},"ScannedRows":0,"TaskNumber":1,
"LoadBytes":0,"All backends":{"0-0":[-1]},"FileNumber":0,"FileSize":0}
TransactionId: 24081
  ErrorTablets: {}
1 row in set (0.00 sec)
```

7）查看 Doris 结果

```
mysql> select * from spark_load_t2;
+------+------+------+-------+
| id   | name | age  | score |
+------+------+------+-------+
|    5 | tq   |   22 |   104 |
|    4 | ml   |   21 |   103 |
|    1 | zs   |   18 |   100 |
|    3 | ww   |   20 |   102 |
|    2 | ls   |   19 |   101 |
+------+------+------+-------+
```

2. Spark Load 导入 Hive 分区表数据

导入 Hive 分区表数据到对应的 Doris 分区表就不能在 Doris 中创建 Hive 外表这种方式导入，因为 Hive 分区列在 Hive 外表中就是普通列，所以这里使用 Spark Load 直接读取 Hive 分区表在 HDFS 中的路径，将数据加载到 Doris 分区表中。

1）准备数据

在 node3 hive 客户端，准备向 Hive 表加载的数据。

hive_data2.txt:

```
1,zs,18,100,2023-03-01
2,ls,19,200,2023-03-01
3,ww,20,300,2023-03-02
4,ml,21,400,2023-03-02
5,tq,22,500,2023-03-02
```

2）加载数据

创建 Hive 分区表并加载数据。

```
#在 node3 节点进入 Hive 客户端建表并加载数据
create table hive_tbl2 (id int, name string,age int,score int) partitioned by (dt
string) row format delimited fields terminated by ','
```

```
load data local inpath '/root/hive_data2.txt' into table hive_tbl2;

#查看 Hive 表中的数据
hive> select * from hive_tbl2;
OK
1  zs     18     100    2023-03-01
2  ls     19     200    2023-03-01
3  ww     20     300    2023-03-02
4  ml     21     400    2023-03-02
5  tq     22     500    2023-03-02

hive> show partitions hive_tbl2;
OK
dt=2023-03-01
dt=2023-03-02
```

当 hive_tbl2 表创建完成后，可以在 HDFS 中看到其存储路径格式，如图 3.13 所示。

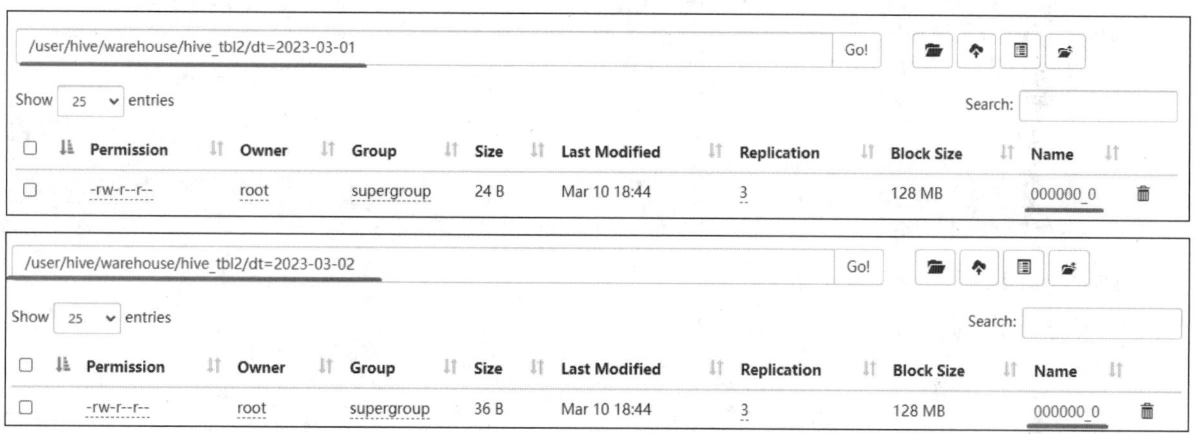

图 3.13　hive_tbl2 存储路径格式

3）创建 Doris 分区表

```
create table spark_load_t3(
dt date,
id int,
name varchar(255),
age int,
score double
)
ENGINE = olap
DUPLICATE KEY(dt,id)
PARTITION BY RANGE(`dt`)
(
PARTITION `p1` VALUES [("2023-03-01"),("2023-03-02")),
PARTITION `p2` VALUES [("2023-03-02"),("2023-03-03"))
)
DISTRIBUTED BY HASH(`id`) BUCKETS 8;
```

4）创建 Spark Load 导入任务

创建 Spark Load 任务后，底层 Spark Load 转换成 Spark 任务进行数据导入处理时，需要连接 Hive，所以需要保证在 Spark node1-node3 节点客户端中$SPARK_HOME/conf/目录下有 hive-site.xml 配置文件，以便找到 Hive。另外，连接 Hive 时还需要 MySQL 连接依赖包，所以需要在 Yarn NodeManager 各个节点保证$HADOOP_HOME/share/hadoop/yarn/lib 路径下有 mysql-connector-java-5.1.47.jar 依赖包。

```
#把 Hive 客户端 hive-site.xml 分发到 Spark 客户端（node1-node3）节点$SPARK_HOME/conf 目录下
[root@node3 ~]# scp /software/hive-3.1.3/conf/hive-site.xml  node1:/software/
spark-2.3.1/conf/
[root@node3 ~]# scp /software/hive-3.1.3/conf/hive-site.xml  node2:/software/
spark-2.3.1/conf/
[root@node3 ~]# cp /software/hive-3.1.3/conf/hive-site.xml /software/spark-2.3.1/
conf/

#将 mysql-connector-java-5.1.47.jar 依赖分发到 NodeManager 各个节点$HADOOP_HOME/share/
hadoop/yarn/lib 路径中
[root@node3 ~]# cp /software/hive-3.1.3/lib/mysql-connector-java-5.1.47.jar
/software/hadoop-3.3.3/share/hadoop/yarn/lib/
[root@node3 ~]# scp /software/hive-3.1.3/lib/mysql-connector-java-5.1.47.jar
node4:/software/hadoop-3.3.3/share/hadoop/yarn/lib/
[root@node3 ~]# scp /software/hive-3.1.3/lib/mysql-connector-java-5.1.47.jar
node5:/software/hadoop-3.3.3/share/hadoop/yarn/lib/
```

编写 Spark Load 任务，命令如下。

```
LOAD LABEL example_db.label3
(
DATA INFILE("hdfs://node1:8020/user/hive/warehouse/hive_tbl2/dt=2023-03-02/*")
INTO TABLE spark_load_t3
COLUMNS TERMINATED BY ","
FORMAT AS "csv"
(id,name,age,score)
COLUMNS FROM PATH AS (dt)
SET
(
dt=dt,
id=id,
name=name,
age=age
)
)
WITH RESOURCE 'spark1'
(
"spark.executor.memory" = "1g",
"spark.shuffle.compress" = "true"
)
PROPERTIES
(
```

```
"timeout" = "3600"
);
```

注意

以上 HDFS 路径不支持 HA 模式，需要手动指定 Active NameNode 节点。

读取 HDFS 文件路径中的分区路径需要写出来，不能使用*代表，这与 Broker Load 不同。

目前版本测试存在问题：当 Data INFILE 中指定多个路径时有时会出现只导入第一个路径数据的情况。

5）Spark Load 任务查看

执行命令查看 Spark Load 任务执行情况。

```
mysql> show load order by createtime desc limit 1\G;
*************************** 1. row ***************************
         JobId: 39432
         Label: label3
         State: FINISHED
      Progress: ETL:100%; LOAD:100%
          Type: SPARK
       EtlInfo: unselected.rows=0; dpp.abnorm.ALL=0; dpp.norm.ALL=3
      TaskInfo: cluster:spark1; timeout(s):3600; max_filter_ratio:0.0
      ErrorMsg: NULL
    CreateTime: 2023-03-10 20:11:19
  EtlStartTime: 2023-03-10 20:11:36
 EtlFinishTime: 2023-03-10 20:12:21
 LoadStartTime: 2023-03-10 20:12:21
LoadFinishTime: 2023-03-10 20:12:22
           URL: http://node1:8088/proxy/application_1678443952851_0026/
    JobDetails: {"Unfinished backends":{"0-0":[]},"ScannedRows":3,"TaskNumber":1,
"LoadBytes":0,"All backends":{"0-0":[-1]},"FileNumber":2,"FileSize":60}
TransactionId: 25529
  ErrorTablets: {}
1 row in set (0.02 sec)
```

6）查看 Doris 结果

执行 select * from spark_load_t3;，查看结果。

```
mysql> select * from spark_load_t3;
+------------+------+------+------+-------+
| dt         | id   | name | age  | score |
+------------+------+------+------+-------+
| 2023-03-02 |    3 | ww   |   20 |   300 |
| 2023-03-02 |    4 | ml   |   21 |   400 |
| 2023-03-02 |    5 | tq   |   22 |   500 |
+------------+------+------+------+-------+
```

3.5.8　注意事项

现在 Spark Load 还不支持 Doris 表字段是 String 类型的导入，如果你的表字段有 String 类型的请

改成 varchar 类型，不然会导入失败，提示 type:ETL_QUALITY_UNSATISFIED; msg:quality not good enough to cancel。

使用 Spark Load 时如果没有在 Spark 客户端的 spark-env.sh 配置 HADOOP_CONF_DIR 环境变量，会报 When running with master 'yarn' either HADOOP_CONF_DIR or YARN_CONF_DIR must be set in the environment. 错误。

使用 Spark Load 时 spark_home_default_dir 配置项没有指定 Spark 客户端根目录。提交 Spark job 时用到 spark-submit 命令，如果 spark_home_default_dir 设置错误，会报 Cannot run program "xxx/bin/spark-submit": error=2, No such file or directory 错误。

使用 Spark load 时 spark_resource_path 配置项没有指向打包好的 zip 文件。如果 spark_resource_path 没有设置正确，会报 File xxx/jars/spark-2x.zip does not exist 错误。

使用 Spark Load 时 yarn_client_path 配置项没有指定 Yarn 的可执行文件。如果 yarn_client_path 没有设置正确，会报 yarn client does not exist in path: xxx/yarn-client/hadoop/bin/yarn 错误。

使用 Spark Load 时没有在 Yarn 客户端的 hadoop-config.sh 配置 JAVA_HOME 环境变量。如果 JAVA_HOME 环境变量没有设置，会报 yarn application kill failed. app id: xxx, load job id: xxx, msg: which: no xxx/lib/yarn-client/hadoop/bin/yarn in ((null)) Error: JAVA_HOME is not set and could not be found 错误。

关于 FE 配置，下面配置属于 Spark Load 的系统级别配置，也就是作用于所有 Spark Load 导入任务的配置。主要通过修改 fe.conf 来调整配置值。

- ☑ enable_spark_load：开启 Spark Load 和创建 resource 功能。默认为 false，关闭此功能。
- ☑ spark_load_default_timeout_second：任务默认超时时间为 259200 秒（3 天）。
- ☑ spark_home_default_dir：Spark 客户端路径（fe/lib/spark2x）。
- ☑ spark_resource_path：打包好的 Spark 依赖文件路径（默认为空）。
- ☑ spark_launcher_log_dir：Spark 客户端的提交日志存放的目录（fe/log/spark_launcher_log）。
- ☑ yarn_client_path：Yarn 二进制可执行文件路径（fe/lib/yarn-client/hadoop/bin/yarn）。
- ☑ yarn_config_dir：Yarn 配置文件生成路径（fe/lib/yarn-config）。

（1）关于 Spark Load 支持 Kerberos 认证配置参考官网：https://doris.apache.org/zh-CN/docs/dev/data-operate/import/import-way/spark-load-manual

（2）使用 Spark Load 导入文件数据时，必须指定 format，否则 Spark Load 执行后会报错“spark etl job run failed java.lang.NullPointerException”。

3.6 Routine Load

例行导入（Routine Load）功能，支持用户提交一个常驻的导入任务，通过不断的从指定的数据源读取数据，将数据导入 Doris 中。目前 Routine Load 仅支持从 Kafka 中导入数据。

如图 3.14 所示，Client 向 FE 提交一个 Routine Load 作业。FE 通过 JobScheduler 将一个导入作业拆分成若干个 Task。每个 Task 负责导入指定的一部分数据。Task 被 TaskScheduler 分配到指定的 BE 上执行。

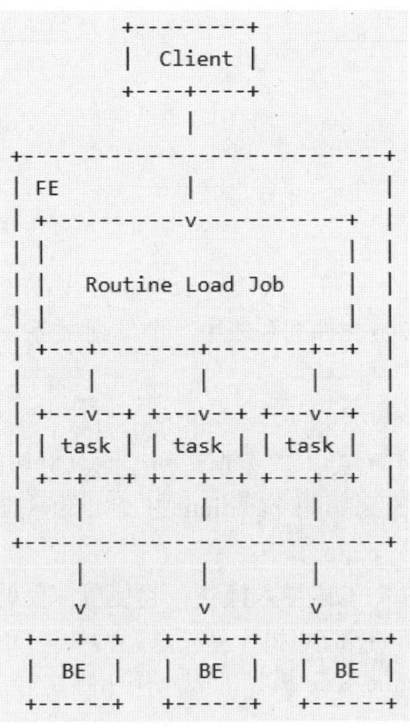

图 3.14　提交作业流程

在 BE 上，一个 Task 被视为一个普通的导入任务，通过 Stream Load 的导入机制进行导入。导入完成后，向 FE 汇报。FE 中的 JobScheduler 根据汇报结果，继续生成后续新的 Task，或者对失败的 Task 进行重试。

整个 Routine Load 作业通过不断地产生新的 Task，来完成数据不间断的导入。

3.6.1　Routine Load 语法

Routine Load 语法如下：

```
CREATE ROUTINE LOAD [db.]job_name ON tbl_name
[merge_type]
[load_properties]
[job_properties]
FROM data_source [data_source_properties]
[COMMENT "comment"]
```

（1）[db.]job_name：导入作业的名称，在同一个 database 内，相同名称只能有一个 job 在运行。

（2）tbl_name：指定需要导入的表的名称。

（3）merge_type：数据合并类型。默认为 APPEND，表示导入的数据都是普通的追加写操作。MERGE 和 DELETE 类型仅适用于 Unique Key 模型表。其中 MERGE 类型需要配合[DELETE ON]语句使用，以标注 Delete Flag 列。而 DELETE 类型则表示导入的所有数据皆为删除数据。

（4）load_properties：用于描述导入数据。组成如下：

```
[column_separator],
[columns_mapping],
[preceding_filter],
[where_predicates],
[partitions],
[DELETE ON],
[ORDER BY]
```

- ☑ column_separator：指定列分隔符，默认为\t，例如：COLUMNS TERMINATED BY ","。
- ☑ columns_mapping：用于指定文件列和表中列的映射关系，以及各种列转换等。例如：(k1, k2, tmpk1, k3 = tmpk1 + 1)。
- ☑ preceding_filter：过滤原始数据。
- ☑ where_predicates：根据条件对导入的数据进行过滤。例如：WHERE k1>100 and k2 = 1000。
- ☑ partitions：指定导入目的表到哪些 partition 中。如果不指定，则会自动导入对应的 partition 中。例如：PARTITION(p1, p2, p3)。
- ☑ DELETE ON：需配合 MEREGE 导入模式一起使用，仅针对 Unique Key 模型的表。用于指定导入数据中表示 Delete Flag 的列和计算关系。例如：DELETE ON v3 >100。
- ☑ ORDER BY：仅针对 Unique Key 模型的表。用于指定导入数据中表示 Sequence Col 的列。主要用于导入时保证数据顺序。

（5）job_properties：用于指定例行导入作业的通用参数。示例如下：

```
PROPERTIES (
"key1" = "val1",
"key2" = "val2"
)
```

支持的参数如下：

- ☑ desired_concurrent_number：期望的并发度。一个例行导入作业会被分成多个子任务执行。这个参数指定一个作业最多有多少任务可以同时执行。必须大于 0。默认为 3。这个并发度并不是实际的并发度，实际的并发度，会通过集群的节点数、负载情况，以及数据源的情况综合考虑。
- ☑ max_batch_interval/max_batch_rows/max_batch_size：这三个参数分别表示：
  - ➢ max_batch_interval：每个子任务最大执行时间，单位是 s。范围为 5～60。默认为 10。
  - ➢ max_batch_rows：每个子任务最多读取的行数。必须大于等于 200000。默认是 200000。
  - ➢ max_batch_size：每个子任务最多读取的字节数。单位是 B，范围是 100MB～1GB。默认是 100MB。

这三个参数，用于控制一个子任务的执行时间和处理量。当任意一个达到阈值，则任务结束。使用举例：

```
"max_batch_interval" = "20",
"max_batch_rows" = "300000",
"max_batch_size" = "209715200"
```

- ☑ max_error_number：采样窗口内，允许的最大错误行数。必须大于等于 0。默认是 0，即不允

许有错误行。采样窗口为 max_batch_rows * 10。即如果在采样窗口内，错误行数大于 max_error_number，则会导致例行作业被暂停，需要人工介入检查数据质量问题。注意：被 where 条件过滤掉的行不算错误行。

- ☑ strict_mode：严格模式，参考 3.6.2 节严格模式。
- ☑ timezone：指定导入作业所使用的时区。默认为使用 Session 的 timezone 参数。该参数会影响所有导入涉及的和时区有关的函数结果。
- ☑ format：指定导入数据格式，默认是 csv，支持 json 格式。
- ☑ jsonpaths：当导入数据格式为 json 时，可以通过 jsonpaths 指定抽取 Json 数据中的字段。
- ☑ strip_outer_array：当导入数据格式为 json 时，strip_outer_array 为 true 表示 Json 数据以数组的形式展现，数据中的每一个元素将被视为一行数据。默认值是 false。
- ☑ json_root：当导入数据格式为 json 时，可以通过 json_root 指定 Json 数据的根节点。Doris 将通过 json_root 抽取根节点的元素进行解析。默认为空。
- ☑ send_batch_parallelism：整型，用于设置发送批处理数据的并行度，如果并行度的值超过 BE 配置中的 max_send_batch_parallelism_per_job，那么作为协调点的 BE 将使用 max_send_batch_parallelism_per_job 的值。
- ☑ load_to_single_tablet：布尔类型，为 true 表示支持一个任务只导入数据到对应分区的一个 tablet，默认值为 false，该参数只允许在对带有 random 分区的 olap 表导入数据时设置。

（6）FROM data_source [data_source_properties]：数据源的类型。当前支持：

```
FROM KAFKA
(
"key1" = "val1",
"key2" = "val2"
)
```

以上配置参数支持如下属性：

- ☑ kafka_broker_list：Kafka 的 broker 连接信息。格式为 ip:host。多个 broker 之间以逗号分隔。
- ☑ kafka_topic：指定要订阅的 Kafka 的 topic。
- ☑ kafka_partitions/kafka_offsets：指定需要订阅的 Kafka partition，以及对应的每个 partition 的起始 offset。如果指定时间，则会从大于等于该时间的最近一个 offset 处开始消费。

offset 可以指定从大于等于 0 的具体 offset，或者：

- ➢ OFFSET_BEGINNING：从有数据的位置开始订阅。
- ➢ OFFSET_END：从末尾开始订阅。

时间格式，如："2021-05-22 11:00:00"。

如果没有指定，则默认从 OFFSET_END 开始订阅 topic 下的所有 partition。使用举例如下。

```
"kafka_partitions" = "0,1,2,3",
"kafka_offsets" = "101,0,OFFSET_BEGINNING,OFFSET_END"
```

或者

```
"kafka_partitions" = "0,1,2",
"kafka_offsets" = "2021-05-22 11:00:00,2021-05-22 11:00:00,2021-05-22 11:00:00"
```

注意

时间格式不能和 OFFSET 格式混用。

☑ property：指定自定义 Kafka 参数。功能等同于 Kafka shell 中 "--property" 参数。

（7）comment：例行导入任务的注释信息。

3.6.2 严格模式

严格模式的意思是，对于导入过程中的列类型转换进行严格过滤。严格过滤的策略如下：

对于列类型转换来说，如果开启严格模式，则错误的数据将被过滤。这里的错误数据是指：原始数据并不为 NULL，而在进行列类型转换后结果为 NULL 的这一类数据。这里所指的列类型转换，并不包括用函数计算得出的 NULL 值。

对于导入的某列类型包含范围限制的，如果原始数据能正常通过类型转换，但无法通过范围限制的，严格模式对其也不产生影响。例如：如果类型是 Decimal(1,0)，原始数据为 10，则属于可以通过类型转换但不在列声明的范围内。这种数据严格模式对其不产生影响。

以列类型为 TinyInt 来举例，如表 3.2 所示。

表 3.2　TinyInt 类型

原始数据类型	原始数据举例	转换为 TinyInt 后的值	严 格 模 式	结　　果
空值	\N	NULL	开启或关闭	NULL
非空值	“abc”or 2000	NULL	开启	非法值（被过滤）
非空值	“abc”	NULL	关闭	NULL
非空值	1	1	开启或关闭	正确导入

表 3.2 中的列允许导入空值。abc 及 2000 在转换为 TinyInt（最大 2^7-1）后，会因类型或精度问题变为 NULL。在严格模式开启的情况下，这类数据将会被过滤。而如果是关闭状态，则会导入 NULL。

以列类型为 Decimal(1,0)举例（Decimal 整数位 1 位，小数位 0 位），如表 3.3 所示。

表 3.3　Decimal 类型

原始数据类型	原始数据举例	转换为 TinyInt 后的值	严 格 模 式	结　　果
空值	\N	null	开启或关闭	NULL
非空值	aaa	NULL	开启	非法值（被过滤）
非空值	aaa	NULL	关闭	NULL
非空值	1 or 10	1 or 10	开启或关闭	正确导入

表 3.3 中的列允许导入空值。abc 在转换为 Decimal 后，会因类型问题变为 NULL。在严格模式开启的情况下，这类数据将会被过滤。而如果是关闭状态，则会导入 NULL。10 虽然是一个超过范围的值，但是因为其类型符合 Decimal 的要求，所以严格模式对其不产生影响。10 最后会在其他导入处理流程中被过滤。但不会被严格模式过滤。

3.6.3　案例

目前 Routine Load 仅支持从 Kafka 中导入数据到 Doris 中，在将 Kafka 数据导入 Doris 中有如下限制。

（1）支持的 Kafka 可以是无认证的 Kafka 或者是 SSL 方式认证的 Kafka。

（2）Kafka 版本要求最好大于 0.10.0.0（含）以上，如果低于该版本的 Kafka 需要修改 be 的配置，将 kafka_broker_version_fallback 的值设置为要兼容的旧版本，或者在创建 routine load 时直接设置 property.broker.version.fallback 的值为要兼容的旧版本，使用旧版本的代价是 routine load 的部分新特性可能无法使用，如根据时间设置 Kafka 分区的 offset。

（3）Kafka 中消息格式为 csv,json 文本格式，csv 每一个 message 为一行，且行尾不包含换行符。

1．导入 Kafka 数据到 Doris

1）创建 Doris 表

```
create table routine_load_t1(
id int,
name string,
age int,
score double
)
ENGINE = olap
DUPLICATE KEY(id)
DISTRIBUTED BY HASH(`id`) BUCKETS 8;
```

2）创建 Kafka topic

登录 Kafka，在 Kafka 中创建“my-topic1”topic，命令如下。

```
#创建 my-topic1 topic
[root@node1 ~]# kafka-topics.sh --create --bootstrap-server node1:9092,node2:9092,
node3:9092 --topic my-topic1  --partitions 3 --replication-factor 3

#查看创建的 topic
[root@node1 ~]# kafka-topics.sh  --list --bootstrap-server node1:9092,node2:9092,
node3:9092
__consumer_offsets
my-topic1
```

3）创建 Routine Load

创建 Routine Load 将 Kafka 中的数据加载到 Doris routine_load_t1 表中。

```
CREATE ROUTINE LOAD example_db.test1 ON routine_load_t1
COLUMNS TERMINATED BY ",",
COLUMNS(id, name, age, score)
PROPERTIES
(
"desired_concurrent_number"="3",
"max_batch_interval" = "20",
```

```
"max_batch_rows" = "300000",
"max_batch_size" = "209715200",
"strict_mode" = "false"
)
FROM KAFKA
(
"kafka_broker_list" = "node1:9092,node2:9092,node3:9092",
"kafka_topic" = "my-topic1",
"property.group.id" = "mygroup-1",
"property.client.id" = "client-1",
"property.kafka_default_offsets" = "OFFSET_BEGINNING"
);
```

4）查看提交的 Routine Load

```
mysql> show routine load for example_db.test1\G;
*************************** 1. row ***************************
                  Id: 25048
                Name: test1
          CreateTime: 2023-03-07 19:33:36
           PauseTime: NULL
             EndTime: NULL
              DbName: default_cluster:example_db
           TableName: routine_load_t1
               State: RUNNING
      DataSourceType: KAFKA
      CurrentTaskNum: 3
       JobProperties: ... ...
```

以上可以看到 state 为 running，代表当前 Routine Load 任务正常。如果任务异常可以通过“stop routine load for example_db.test1;”命令将任务停止后，重新再创建。

5）测试验证

```
#向 Kafka my-topic1 中输入如下数据
[root@node1 ~]# kafka-console-producer.sh --bootstrap-server node1:9092,node2:9092,
node3:9092 --topic my-topic1
>1,zs,18,100
>2,ls,19,200
>3,ww,xxx,300
>4,ml,21,400
>5,tq,22,500

#查询 Doris 表数据
mysql> select * from routine_load_t1;
+------+------+------+-------+
| id   | name | age  | score |
+------+------+------+-------+
|    1 | zs   |   18 |   100 |
|    2 | ls   |   19 |   200 |
|    5 | tq   |   22 |   500 |
```

```
|    3 | ww    | NULL |    300 |
|    4 | ml    |   21 |    400 |
+------+------+------+-------+
```

注意

第三条数据插入表中后，对应的 age 为 NULL，这是因为数据类型不正确自动转换成 NULL。

2. 严格模式导入 Kafka 数据到 Doris

停止以上 example_db.test1 名称的 Routine Load。

```
#停止名称为 example_db.test1 的 Routine Load
mysql> stop routine load for example_db.test1;
```

删除 Doris 表 routine_load_t1，并重新创建该表。

```
#删除表
mysql> drop table routine_load_t1;

#重新创建该表
create table routine_load_t1(
id int,
name string,
age int,
score double
)
ENGINE = olap
DUPLICATE KEY(id)
DISTRIBUTED BY HASH(`id`) BUCKETS 8;
```

以严格模式重新创建该 Routine Load，只需要在 Properties 中指定"strict_mode" = "true"参数即可，执行新的 Routine Load。

```
CREATE ROUTINE LOAD example_db.test1 ON routine_load_t1
COLUMNS TERMINATED BY ",",
COLUMNS(id, name, age, score)
PROPERTIES
(
"desired_concurrent_number"="3",
"max_batch_interval" = "20",
"max_batch_rows" = "300000",
"max_batch_size" = "209715200",
"strict_mode" = "true",
"max_error_number" = "10"
)
FROM KAFKA
(
"kafka_broker_list" = "node1:9092,node2:9092,node3:9092",
"kafka_topic" = "my-topic1",
"property.group.id" = "mygroup-1",
"property.client.id" = "client-1",
```

```
"property.kafka_default_offsets" = "OFFSET_BEGINNING"
);
```

⚠注意

以上"max_error_number" = "10"代表在采样窗口（max_batch_rows * 10）中允许错误的行数为10，如果超过该错误行数，Load 任务会被 PAUSE 暂停。

编写好以上 Routine Load 之后执行，继续在 Kafka Producer 中输入以下数据，并查询 Doris 对应的表。

```
#向 kafka my-topic1 中继续输入如下数据
6,a1,23,10
7,a2,xx,11
8,a3,25,12
xx,a4,26,13
10,a5,27,14

#查询表 my-topic1 中的数据结果如下
mysql> select * from routine_load_t1;
+------+------+------+-------+
| id   | name | age  | score |
+------+------+------+-------+
|    1 | zs   |   18 |   100 |
|    5 | tq   |   22 |   500 |
|    6 | a1   |   23 |    10 |
|   10 | a5   |   27 |    14 |
|    4 | ml   |   21 |   400 |
|    8 | a3   |   25 |    12 |
|    2 | ls   |   19 |   200 |
+------+------+------+-------+
```

可以看到开启严格模式后，不符合列格式转换的数据都被过滤掉。

3．将 Kafka 的 json 格式数据导入 Doris

Kafka 中的 json 数据为简单的{"xx":"xx","xx":"xx"...}格式，示例如下，将 json 数据导入 Doris。

1）创建 Doris 表

```
create table routine_load_t2(
id int,
name string,
age int,
score double
)
ENGINE = olap
DUPLICATE KEY(id)
DISTRIBUTED BY HASH(`id`) BUCKETS 8;
```

2）创建 Kafka topic

登录 Kafka，在 Kafka 中创建 “my-topic2” topic，命令如下。

```
#创建 my-topic2 topic
[root@node1 ~]# kafka-topics.sh --create --bootstrap-server node1:9092,node2:9092,
node3:9092 --topic my-topic2  --partitions 3 --replication-factor 3

#查看创建的 topic
[root@node1 ~]# kafka-topics.sh  --list --bootstrap-server node1:9092,node2:9092,
node3:9092
__consumer_offsets
my-topic1
my-topic2
```

3）创建 Routine Load

创建 Routine Load 将 Kafka 中的 json 格式数据加载到 Doris routine_load_t2 表中。

```
CREATE ROUTINE LOAD example_db.test_json_label_1 ON routine_load_t2
COLUMNS(id,name,age,score)
PROPERTIES
(
"desired_concurrent_number"="3",
"max_batch_interval" = "20",
"max_batch_rows" = "300000",
"max_batch_size" = "209715200",
"strict_mode" = "false",
"format" = "json"
)
FROM KAFKA
(
"kafka_broker_list" = "node1:9092,node2:9092,node3:9092",
"kafka_topic" = "my-topic2",
"kafka_partitions" = "0,1,2",
"kafka_offsets" = "0,0,0"
);
```

4）查看提交的 Routine Load

```
mysql> show routine load for example_db.test_json_label_1\G;
*************************** 1. row ***************************
                  Id: 25048
                Name: test1
          CreateTime: 2023-03-07 19:33:36
           PauseTime: NULL
             EndTime: NULL
              DbName: default_cluster:example_db
           TableName: routine_load_t1
               State: RUNNING
      DataSourceType: KAFKA
      CurrentTaskNum: 3
       JobProperties: ... ...
```

以上可以看到 state 为 running，代表当前 Routine Load 任务正常。如果任务异常可以通过“stop routine load for example_db.test1;”命令将任务停止后，重新再创建。

5）测试验证

```
#向 Kafka my-topic2 中输入如下数据
[root@node1 ~]# kafka-console-producer.sh --bootstrap-server node1:9092,node2:9092,
node3:9092 --topic my-topic2
>{"id":1,"name":"zs","age":18,"score":100}
>{"id":2,"name":"ls","age":19,"score":200}
>{"id":3,"name":"ww","age":20,"score":300}
>{"id":4,"name":"ml","age":21,"score":400}
>{"id":5,"name":"tq","age":22,"score":500}

#查询 Doris 表数据
mysql> select * from routine_load_t2;
+------+------+------+-------+
| id   | name | age  | score |
+------+------+------+-------+
|    5 | tq   |   22 |   500 |
|    3 | ww   |   20 |   300 |
|    2 | ls   |   19 |   200 |
|    4 | ml   |   21 |   400 |
|    1 | zs   |   18 |   100 |
+------+------+------+-------+
```

4. Kafka json 数组格式数据导入 Doris

这里演示 Kafka 中 json 格式数据为 json 数组，格式为[{"xx":"xx","xx":"xx"...},{...}..]。

1）创建 Doris 表

```
create table routine_load_t3(
id int,
name string,
age int,
score double
)
ENGINE = olap
DUPLICATE KEY(id)
DISTRIBUTED BY HASH(`id`) BUCKETS 8;
```

2）创建 Kafka topic

登录 Kafka，在 Kafka 中创建“my-topic3”topic，命令如下。

```
#创建 my-topic2 topic
[root@node1 ~]# kafka-topics.sh --create --bootstrap-server node1:9092,node2:9092,
node3:9092 --topic my-topic3  --partitions 3 --replication-factor 3

#查看创建的 topic
[root@node1 ~]# kafka-topics.sh  --list --bootstrap-server node1:9092,node2:9092,
node3:9092
__consumer_offsets
my-topic1
```

```
my-topic2
my-topic3
```

3）创建 Routine Load

创建 Routine Load 将 Kafka 中的 json 数组格式数据加载到 Doris routine_load_t3 表中。

```
CREATE ROUTINE LOAD example_db.test_json_label_2 ON routine_load_t3
COLUMNS(id,name,age,score)
PROPERTIES
(
"desired_concurrent_number"="3",
"max_batch_interval" = "20",
"max_batch_rows" = "300000",
"max_batch_size" = "209715200",
"strict_mode" = "false",
"format" = "json",
"jsonpaths"="[\"$.id\",\"$.name\",\"$.age\",\"$.score\"]",
"strip_outer_array" = "true"
)
FROM KAFKA
(
"kafka_broker_list" = "node1:9092,node2:9092,node3:9092",
"kafka_topic" = "my-topic3",
"kafka_partitions" = "0,1,2",
"kafka_offsets" = "0,0,0"
);
```

4）查看提交的 Routine Load

```
mysql> show routine load for example_db.test_json_label_2\G;
*************************** 1. row ***************************
                  Id: 25302
                Name: test_json_label_2
          CreateTime: 2023-03-07 20:36:08
           PauseTime: NULL
             EndTime: NULL
              DbName: default_cluster:example_db
           TableName: routine_load_t3
               State: RUNNING
      DataSourceType: KAFKA
      CurrentTaskNum: 3
       JobProperties: ... ...
```

以上可以看到 state 为 running，代表当前 Routine Load 任务正常。如果任务异常可以通过“stop routine load for example_db.test1;”命令将任务停止后，重新再创建。

5）测试验证

```
#向 Kafka my-topic3 中输入如下数据
[root@node1 ~]# kafka-console-producer.sh --bootstrap-server node1:9092,node2:9092,
node3:9092 --topic my-topic3
>[{"id":1,"name":"zs","age":18,"score":100},{"id":2,"name":"ls","age":19,"score":
```

```
200}]

#查询 Doris 表数据
mysql> select * from routine_load_t3;
+------+------+------+-------+
| id   | name | age  | score |
+------+------+------+-------+
|    1 | zs   |   18 |   100 |
|    2 | ls   |   19 |   200 |
+------+------+------+-------+
```

3.6.4 注意事项

在进行例行导入时，需注意以下事项。

（1）查看作业状态的具体命令和示例可以通过 HELP SHOW ROUTINE LOAD;命令查看。

（2）用户可以通过 STOP/PAUSE/RESUME 三个命令来控制作业的停止，暂停和重启。可以通过 HELP STOP ROUTINE LOAD; HELP PAUSE ROUTINE LOAD;以及 HELP RESUME ROUTINE LOAD;三个命令查看帮助和示例。

（3）FE 会自动定期清理 STOP 状态的 ROUTINE LOAD，而 PAUSE 状态的则可以再次被恢复启用。

（4）当用户在创建例行导入声明的 kafka_topic 在 Kafka 集群中不存在时，有如下说明。

如果用户 Kafka 集群的 Broker 设置了 auto.create.topics.enable = true，则 kafka_topic 会先被自动创建，自动创建的 partition 个数是由用户方的 Kafka 集群中的 Broker 配置 num.partitions 决定的。例行作业会正常地不断读取该 topic 的数据。

如果用户 Kafka 集群的 Broker 设置了 auto.create.topics.enable = false，则 topic 不会被自动创建，例行作业会在没有读取任何数据之前就被暂停，状态为 PAUSED。

（5）其他配置参数。

☑ max_routine_load_task_concurrent_num：FE 配置项，默认为 5，可以运行时修改。该参数限制了一个例行导入作业最大的子任务并发数。建议维持默认值。设置过大，可能导致同时并发的任务数过多，占用集群资源。

☑ max_routine_load_task_num_per_be：FE 配置项，默认为 5，可以运行时修改。该参数限制了每个 BE 节点最多并发执行的子任务个数。建议维持默认值。如果设置过大，可能导致并发任务数过多，占用集群资源。

☑ max_routine_load_job_num：FE 配置项，默认为 100，可以运行时修改。该参数限制的是例行导入作业的总数，包括 NEED_SCHEDULED、RUNNING、PAUSE 这些状态。超过后，不能再提交新的作业。

☑ max_consumer_num_per_group：BE 配置项，默认为 3。该参数表示一个子任务中最多生成几个 consumer 进行数据消费。对于 Kafka 数据源，一个 consumer 可能消费一个或多个 kafka partition。假设一个任务需要消费 6 个 kafka partition，则会生成 3 个 consumer，每个 consumer 消费 2 个 partition。如果只有 2 个 partition，则只会生成 2 个 consumer，每个 consumer 消费 1 个 partition。

☑ max_tolerable_backend_down_num：FE 配置项，默认值是 0。在满足某些条件下，Doris 可将 PAUSED 的任务重新调度，即变成 RUNNING。该参数为 0 代表只有所有 BE 节点是 alive 状态才允许重新调度。

☑ period_of_auto_resume_min：FE 配置项，默认是 5 分钟。Doris 重新调度，只会在 5 分钟这个周期内，最多尝试 3 次。如果 3 次都失败则锁定当前任务，后续不再进行调度。但可通过人为干预，进行手动恢复。

（6）同步 SSL Kafka 数据。Doris 访问 Kerberos 认证的 Kafka 集群参考官网：https://doris.apache.org/zh-CN/docs/dev/data-operate/import/import-way/routine-load-manual/。

3.7　Stream Load

Stream Load 是一个同步的导入方式，用户通过发送 HTTP 协议发送请求将本地文件或数据流导入 Doris 中。Stream Load 同步执行导入并返回导入结果。用户可直接通过请求的返回值判断本次导入是否成功。

Stream Load 主要适用于导入本地文件，或通过程序导入数据流中的数据，建议的导入数据量在 1GB 到 10GB 之间。由于 Stream Load 是一种同步的导入方式，所以用户如果希望用同步方式获取导入结果，也可以使用这种导入。

目前 Stream Load 支持数据格式有 CSV，JSON，1.2 版本后支持 Parquet、orc 格式。

3.7.1　基本原理

图 3.15 展示了 Stream Load 的主要流程，省略了一些导入细节。

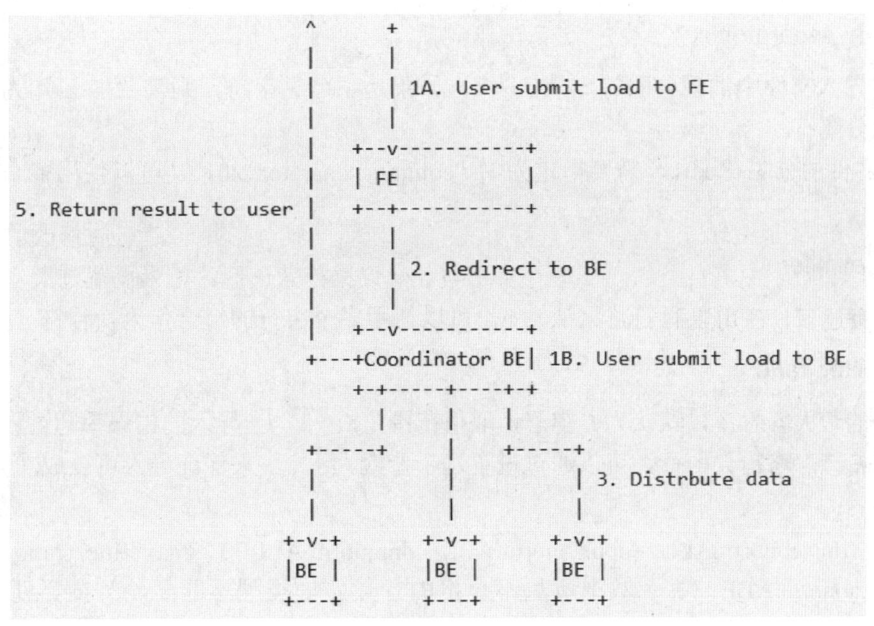

图 3.15　Stream Load 主要流程

Stream Load 中，Doris 会选定一个 BE 节点作为 Coordinator 节点。该节点负责接收数据并分发数据到其他数据节点。

用户通过 HTTP 协议提交导入命令。如果提交到 FE，则 FE 会通过 HTTP redirect 指令将请求转发给某一个 BE。用户也可以直接提交导入命令给某一指定 BE。导入的最终结果由 Coordinator BE 返回给用户。

3.7.2 语法与结果

Stream Load 通过 HTTP 协议提交和传输数据，常用方式使用 curl 命令进行提交导入，命令如下。

```
curl --location-trusted -u user:passwd [-H ""...] -T data.file -XPUT http://fe_host:
http_port/api/{db}/{table}/_stream_load
```

以上命令中 user:passwd 指的是登录 Doris 的用户名和密码；-H 代表的是 Header，Header 中可以指定导入任务参数；-T 指定的是导入数据文件，需要指定到对应的数据文件名称；-XPUT 指定 FE 节点和端口以及导入的数据库和表信息。

Stream Load 由于使用的是 HTTP 协议，所以所有导入任务有关的参数均设置在 Header 中，-H 格式为：-H "key1:value1"，支持的常见属性如下。

1．label

导入任务的标识。每个导入任务，都有一个在单 database 内部唯一的 label。label 是用户在导入命令中自定义的名称。通过这个 label，用户可以查看对应导入任务的执行情况。

label 的另一个作用，是防止用户重复导入相同的数据。强烈推荐用户同一批次数据使用相同的 label。这样同一批次数据的重复请求只会被接受一次，保证了 At-Most-Once。

当 label 对应的导入作业状态为 CANCELLED 时，该 label 可以再次被使用。

2．column_separator

用于指定导入文件中的列分隔符，默认为\t。如果是不可见字符，则需要加\x 作为前缀，使用十六进制来表示分隔符。

如 hive 文件的分隔符\x01，需要指定为-H "column_separator:\x01"。可以使用多个字符的组合作为列分隔符。

3．line_delimiter

用于指定导入文件中的换行符，默认为\n。可以使用多个字符的组合作为换行符。

4．max_filter_ratio

导入任务的最大容忍率，默认为 0 容忍，取值范围是 0～1。当导入的错误率超过该值，则导入失败。如果用户希望忽略错误的行，可以通过设置这个参数大于 0，来保证导入可以成功。

计算公式为：

$$(dpp.abnorm.ALL / (dpp.abnorm.ALL + dpp.norm.ALL)) > max\_filter\_ratio$$

（1）dpp.abnorm.ALL：表示数据质量不合格的行数。如类型不匹配、列数不匹配、长度不匹配等。

（2）dpp.norm.ALL：指的是导入过程中正确数据的条数。可以通过 SHOW LOAD 命令查询导入任务的正确数据量。

原始文件的行数 =dpp.abnorm.ALL + dpp.norm.ALL

5．where

导入任务指定的过滤条件。Stream Load 支持对原始数据指定 where 语句进行过滤。被过滤的数据将不会被导入，也不会参与 filter ratio 的计算，但会被计入 num_rows_unselected。

6．Partitions

待导入表的 Partition 信息，如果待导入数据不属于指定的 Partition 则不会被导入，这些数据将计入 dpp.abnorm.ALL。

7．columns

待导入数据的函数变换配置，目前 Stream Load 支持的函数变换方法包含列的顺序变化以及表达式变换，其中表达式变换的方法与查询语句的一致。

列顺序变换例子如下。

原始数据有三列(src_c1,src_c2,src_c3)，目前 Doris 表也有三列（dst_c1,dst_c2,dst_c3）。

如果原始表的 src_c1 列对应目标表 dst_c1 列，原始表的 src_c2 列对应目标表 dst_c2 列，原始表的 src_c3 列对应目标表 dst_c3 列，则写法如下：

```
columns: dst_c1, dst_c2, dst_c3
```

如果原始表的 src_c1 列对应目标表 dst_c2 列，原始表的 src_c2 列对应目标表 dst_c3 列，原始表的 src_c3 列对应目标表 dst_c1 列，则写法如下：

```
columns: dst_c2, dst_c3, dst_c1
```

表达式变换例子如下。

原始文件有两列，目标表也有两列（c1,c2）但是原始文件的两列均需要经过函数变换才能对应目标表的两列，则写法如下：

```
columns: tmp_c1, tmp_c2, c1 = year(tmp_c1), c2 = month(tmp_c2)
```

其中 tmp_*是一个占位符，代表的是原始文件中的两个原始列。

8．format

指定导入数据格式，支持 CSV、JSON，默认是 CSV。Doris 1.2 版本后支持 csv_with_names（支持 CSV 文件行首过滤）、csv_with_names_and_types（支持 CSV 文件前两行过滤）。

9．exec_mem_limit

导入内存限制。默认为 2GB，单位为 B。

10．strict_mode

Stream Load 导入可以开启 strict mode 模式。开启方式为在 HEADER 中声明 strict_mode=true。默认的 strict mode 为关闭。

11．merge_type

数据的合并类型，一共支持三种类型，即 APPEND、DELETE、MERGE。其中，APPEND 是默认值，表示这批数据全部需要追加到现有数据中，DELETE 表示删除与这批数据 Key 相同的所有行，MERGE 语义需要与 DELETE 条件联合使用，表示满足 DELETE 条件的数据按照 DELETE 语义处理，其余的按照 APPEND 语义处理。

12．two_phase_commit

Stream Load 导入可以开启两阶段事务提交模式：在 Stream Load 过程中，数据写入完成即会返回信息给用户，此时数据不可见，事务状态为 PRECOMMITTED，用户手动触发 commit 操作之后，数据才可见。示例如下。

（1）发起 Stream Load 预提交操作。

```
curl  --location-trusted  -u  user:passwd  -H  "two_phase_commit:true"  -T  test.txt
http://fe_host:http_port/api/{db}/{table}/_stream_load

{
"TxnId": 18036,
"Label": "55c8ffc9-1c40-4d51-b75e-f2265b3602ef",
"TwoPhaseCommit": "true",
"Status": "Success",
"Message": "OK",
"NumberTotalRows": 100,
"NumberLoadedRows": 100,
"NumberFilteredRows": 0,
"NumberUnselectedRows": 0,
"LoadBytes": 1031,
"LoadTimeMs": 77,
"BeginTxnTimeMs": 1,
"StreamLoadPutTimeMs": 1,
"ReadDataTimeMs": 0,
"WriteDataTimeMs": 58,
"CommitAndPublishTimeMs": 0
}
```

（2）对事务触发 commit 操作。

```
curl -X PUT --location-trusted -u user:passwd -H "txn_id:18036" -H "txn_operation:
commit" http://fe_host:http_port/api/{db}/{table}/_stream_load_2pc

{
"status": "Success",
"msg": "transaction [18036] commit successfully."
}
```

⚠注意

请求发往 FE 或 BE 均可。commit 的时候可以省略 url 中的{table}。

（3）对事务触发 abort 操作。

```
curl -X PUT --location-trusted -u user:passwd -H "txn_id:18037" -H "txn_operation:
abort" http://fe_host:http_port/api/{db}/{table}/_stream_load_2pc

{
"status": "Success",
"msg": "transaction [18037] abort successfully."
}
```

注意

请求发往 FE 或 BE 均可；abort 的时候可以省略 url 中的{table}。

由于 Stream Load 是一种同步的导入方式，所以导入的结果会通过创建导入的返回值直接返回给用户，返回结果示例如下。

```
{
"TxnId": 1003,
"Label": "b6f3bc78-0d2c-45d9-9e4c-faa0a0149bee",
"Status": "Success",
"ExistingJobStatus": "FINISHED", // optional
"Message": "OK",
"NumberTotalRows": 1000000,
"NumberLoadedRows": 1000000,
"NumberFilteredRows": 1,
"NumberUnselectedRows": 0,
"LoadBytes": 40888898,
"LoadTimeMs": 2144,
"BeginTxnTimeMs": 1,
"StreamLoadPutTimeMs": 2,
"ReadDataTimeMs": 325,
"WriteDataTimeMs": 1933,
"CommitAndPublishTimeMs": 106,
"ErrorURL": "http://192.168.1.1:8042/api/_load_error_log?file=__shard_0/error_log_
insert_stmt_db18266d4d9b4ee5-abb00ddd64bdf005_db18266d4d9b4ee5_abb00ddd64bdf005"
}
```

以上结果参数解释如下：

☑ TxnId：导入的事务 ID。用户可不感知。

☑ Label：导入的 Label。由用户指定或系统自动生成。

☑ Status：导入完成状态。其中"Success"表示导入成功。"Publish Timeout"也表示导入已经完成，只是数据可能会延迟可见，无须重试。"Label Already Exists"表示 Label 重复，需更换 Label。"Fail"表示导入失败。

☑ ExistingJobStatus：已存在的 Label 对应的导入作业的状态。

这个字段只有在当 Status 为"Label Already Exists"时才会显示。用户可以通过这个状态，知晓已存在 Label 对应的导入作业的状态。"RUNNING"表示作业还在执行，"FINISHED"表示作业成功。

☑ Message：导入错误信息。

- ☑ NumberTotalRows：导入总处理的行数。
- ☑ NumberLoadedRows：成功导入的行数。
- ☑ NumberFilteredRows：数据质量不合格的行数。
- ☑ NumberUnselectedRows：被 where 条件过滤的行数。
- ☑ LoadBytes：导入的字节数。
- ☑ LoadTimeMs：导入完成时间。单位为 ms。
- ☑ BeginTxnTimeMs：向 Fe 请求开始一个事务所花费的时间，单位为 ms。
- ☑ StreamLoadPutTimeMs：向 Fe 请求获取导入数据执行计划所花费的时间，单位为 ms。
- ☑ ReadDataTimeMs：读取数据所花费的时间，单位为 ms。
- ☑ WriteDataTimeMs：执行写入数据操作所花费的时间，单位为 ms。
- ☑ CommitAndPublishTimeMs：向 Fe 请求提交并且发布事务所花费的时间，单位为 ms。
- ☑ ErrorURL：如果有数据质量问题，可通过访问这个 URL 查看具体错误行。

⚠注意

由于 Stream Load 是同步的导入方式，所以并不会在 Doris 系统中记录导入信息，用户无法异步的通过查看导入命令看到 Stream Load。使用时需监听创建导入请求的返回值获取导入结果。

3.7.3 开启 Steam Load 记录

后续执行 Stream Load 导入任务后，我们会在 Doris 集群中会查询对应 Stream Load 任务的情况，默认 BE 是不记录 Stream Load 记录，如果想要在 Doris 集群中通过 MySQL 语法来查询对应的 Stream Load 记录情况，需要在 BE 节点上配置 enable_stream_load_record 参数为 true，该参数设置为 true 会让 BE 节点记录对应的 Stream Load 信息。配置步骤如下。

（1）停止 Doris 集群。

```
#停止 Doris 集群
[root@node1 ~]# cd /software/doris-1.2.1/
[root@node1 doris-1.2.1]# sh stop_doris.sh
```

（2）在 node3-node5 BE 节点上配置 be.conf。

```
#node3 节点配置 be.conf
[root@node3 ~]# vim /software/doris-1.2.1/apache-doris-be/conf/be.conf
...
enable_stream_load_record = true
...

#node4 节点配置 be.conf
[root@node4 ~]# vim /software/doris-1.2.1/apache-doris-be/conf/be.conf
...
enable_stream_load_record = true
...


#node5 节点配置 be.conf
```

```
[root@node5 ~]# vim /software/doris-1.2.1/apache-doris-be/conf/be.conf
...
enable_stream_load_record = true
...
```

（3）重新启动 Doris 集群。

```
#启动 Doris 集群
[root@node1 ~]# cd /software/doris-1.2.1/
[root@node1 doris-1.2.1]# sh start_doris.sh
```

3.7.4　案例

下面以导入 Linux 节点本地磁盘数据到 Doris 为例，演示 Stream Load 使用方式。

1．准备数据

在 node1 节点中创建/root/csv-data/test.csv 数据文件，内容如下：

```
1,zs,18,100
2,ls,19,200
3,ww,20,300
4,ml,21,400
5,tq,22,500
```

2．创建 Doris 表

```
create table stream_load_t1(
id int,
name string,
age int,
score double
)
ENGINE = olap
DUPLICATE KEY(id)
DISTRIBUTED BY HASH(`id`) BUCKETS 8;
```

3．创建 Stream Load 导入任务

```
[root@node1 ~]# curl --location-trusted -u root:123456 -T /root/csv-data/test.csv
-H "label:test-label"  -H  "column_separator:," http://node1:8030/api/example_db/
stream_load_t1/_stream_load
{
    "TxnId": 15016,
    "Label": "test-label",
    "TwoPhaseCommit": "false",
    "Status": "Success",
    "Message": "OK",
    "NumberTotalRows": 5,
    "NumberLoadedRows": 5,
    "NumberFilteredRows": 0,
    "NumberUnselectedRows": 0,
    "LoadBytes": 60,
```

```
    "LoadTimeMs": 223,
    "BeginTxnTimeMs": 2,
    "StreamLoadPutTimeMs": 7,
    "ReadDataTimeMs": 0,
    "WriteDataTimeMs": 125,
    "CommitAndPublishTimeMs": 86
}
```

⚠注意

当前 Doris 内部保留 30 分钟内最近成功的 label，重启集群后，30 分钟前的 label 会被删除。

用户无法手动取消 Stream Load，Stream Load 在超时或者导入错误后会被系统自动取消，取消后，已写入的数据也会回滚，不会生效。

4．查看任务

Stream Load 任务执行后，可以查看对应导入的任务，命令如下，通过该命令可以观察 Stream Load 对应的 Label 已经存在哪些，目的不是观察任务是否成功，因为 Stream Load 本身是同步执行导入并返回导入结果。

```
mysql> show stream load order by starttime desc limit 1\G;
*************************** 1. row ***************************
         Label: test-label
            Db: example_db
         Table: stream_load_t1
          User: root
      ClientIp: 192.168.179.4
        Status: Success
       Message: OK
           Url: N/A
     TotalRows: 5
    LoadedRows: 5
  FilteredRows: 0
UnselectedRows: 0
     LoadBytes: 60
     StartTime: 2023-03-08 15:30:41.209
    FinishTime: 2023-03-08 15:30:41.432
1 row in set (0.03 sec)
```

5．查询 Doris 表结果

```
mysql> select * from stream_load_t1;
+------+------+------+-------+
| id   | name | age  | score |
+------+------+------+-------+
|    5 | tq   |   22 |   500 |
|    1 | zs   |   18 |   100 |
|    3 | ww   |   20 |   300 |
|    4 | ml   |   21 |   400 |
|    2 | ls   |   19 |   200 |
+------+------+------+-------+
```

3.7.5　注意事项

使用 Stream Load 时，需要注意以下事项：

（1）开启 BE 上的 Stream Load 记录后，查询不到记录。这是因为拉取速度慢造成的，可以尝试调整下面的参数。

- ☑ 调大 BE 配置 stream_load_record_batch_size，这个配置表示每次从 BE 上最多拉取多少条 Stream Load 的记录数，默认值为 50 条，可以调大到 500 条。
- ☑ 调小 FE 的配置 fetch_stream_load_record_interval_second，这个配置表示获取 Stream Load 记录间隔，默认每 120 秒拉取一次，可以调整到 60 秒。
- ☑ 如果要保存更多的 Stream Load 记录（不建议，占用 FE 更多的资源）可以将 FE 的配置 max_stream_load_record_size 调大，默认是 5000 条。

（2）用户无法手动取消 Stream Load，Stream Load 在超时或者导入错误后会被系统自动取消。

（3）通过 MySQL 客户端执行 help stream load 命令可以查询 Steam Load 更多使用帮助。

（4）关于 FE 配置参数。

stream_load_default_timeout_second：导入任务的超时时间（以秒为单位），导入任务在设定的 timeout 时间内未完成则会被系统取消，变成 CANCELLED。默认的 timeout 时间为 600s。如果导入的源文件无法在规定时间内完成导入，用户可以在 stream load 请求中设置单独的超时时间。或者调整 FE 的参数 stream_load_default_timeout_second 来设置全局的默认超时时间。

（5）关于 BE 配置参数。

streaming_load_max_mb：Stream load 的最大导入大小，默认为 10GB，单位是 MB。如果用户的原始文件超过这个值，则需要调整 BE 的参数 streaming_load_max_mb。

（6）关于 Stream Load 的更多使用方式，参考官网：https://doris.apache.org/zh-CN/docs/dev/sql-manual/sql-reference/Data-Manipulation-Statements/Load/STREAM-LOAD/。

3.8　通过外部表同步数据到 Doris

Doris 可以创建外部表。创建完成后，可以通过 SELECT 语句直接查询外部表的数据，也可以通过 INSERT INTO SELECT 的方式导入外部表的数据。

Doris 外部表目前支持的数据源包括 MySQL、Oracle、PostgreSQL、SQLServer、HIVE、ICEBERG、HUDI、ElasticSearch，主要通过 ENGINE 类型来标识是哪种类型的外部表。具体使用方式可以参考官网：https://doris.apache.org/zh-CN/docs/dev/sql-manual/sql-reference/Data-Definition-Statements/Create/CREATE-EXTERNAL-TABLE/。

特别需要注意的一点是 Doris 中官方提供的安装包中默认不支持 MySQL 外表，主要原因是底层依赖库不兼容问题，如果想要支持 MySQL 外表需要手动进行编译 Doris 时加入“WITH_MYSQL=1”选项。如果想要通过 Doris 读取 MySQL 中的数据，官方建议使用 JDBC 方式来读取，具体可以参见 7.4 节部分。

这里以在 Doris 中创建 Hive 外表方式来演示 Doris 通过外部表同步数据到 Doris 操作。

（1）启动 HDFS 集群和 Hive，创建 Hive 表并加载数据。

```
#node3～node5 启动 zookeeper
[root@node3 ~]# zkServer.sh start
[root@node4 ~]# zkServer.sh start
[root@node5 ~]# zkServer.sh start

#node1 启动 HDFS
[root@node1 ~]# start-all.sh

#node1 Hive 服务端启动 metastore，node3 节点启动 Hive 客户端并设置本地模式
[root@node1 ~]# hive --service metastore &
[root@node3 ~]# hive
hive> set hive.exec.mode.local.auto=true;

#创建 Hive 表并插入数据
hive> create table persons (id int,name string,age int,score int) row format
delimited fields terminated by '\t';
hive> insert into persons values (1,'zs',18,100),(2,'ls',19,200),(3,'ww',20,300);

#查询表 persons 数据
hive> select * from persons;
OK
1  zs     18     100
2  ls     19     200
3  ww     20     300
```

（2）在 Doris 中创建 Hive 外部表。

```
CREATE EXTERNAL TABLE example_db.hive_doris_tbl2
(
id INT,
name varchar(255),
age INT,
score INT
)
ENGINE=hive
Properties
(
"dfs.nameservices"="mycluster",
"dfs.ha.namenodes.mycluster"="node1,node2",
"dfs.namenode.rpc-address.mycluster.node1"="node1:8020",
"dfs.namenode.rpc-address.mycluster.node2"="node2:8020",
"dfs.client.failover.proxy.provider.mycluster" = "org.apache.hadoop.hdfs.server.
namenode.ha.ConfiguredFailoverProxyProvider",
"database" = "default",
"table" = "persons",
"hive.metastore.uris" = "thrift://node1:9083"
);
```

（3）查询 Doris MySQL 外部表数据。

```
mysql> select * from hive_doris_tbl2;
+------+------+------+-------+
| id   | name | age  | score |
+------+------+------+-------+
|    1 | zs   |   18 |   100 |
|    2 | ls   |   19 |   200 |
|    3 | ww   |   20 |   300 |
+------+------+------+-------+
```

（4）在 Doris 中创建新的表，并通过 insert into 方式同步 Hive 外表数据。

```
#Doris 创建新表
create table doris_tbl(
id int,
name string,
age int
)
ENGINE = olap
DUPLICATE KEY(id)
DISTRIBUTED BY HASH(`id`) BUCKETS 8;

#通过 insert  into 方式同步 Hive 外表数据
mysql> insert into doris_tbl select id ,name ,age from hive_doris_tbl2 limit 100;


#查询 Doris 新表数据
mysql> select * from doris_tbl;
+------+------+------+
| id   | name | age  |
+------+------+------+
|    2 | ls   |   19 |
|    3 | ww   |   20 |
|    1 | zs   |   18 |
+------+------+------+
```

3.9　总　　结

Doris 中的所有导入操作都有原子性保证，即一个导入作业中的数据要么全部成功，要么全部失败，不会出现仅部分数据导入成功的情况。

每一个导入作业都会有一个 Label。这个 Label 是在一个数据库（Database）下唯一的，用于唯一标识一个导入作业。Label 可以由用户指定，部分导入功能也会由系统自动生成。

Label 是用于保证对应的导入作业，仅能成功导入一次。一个被成功导入的 Label，再次使用时，会被拒绝并报错 Label already used。通过这个机制，可以在 Doris 侧做到 At-Most-Once 语义。如果结合上游系统的 At-Least-Once 语义，则可以实现导入数据的 Exactly-Once 语义。

Insert Into 可以导入用户 values 制定的数据也可以导入外部表同步数据到 Doris 表。

Binlog Load 只能导入 MySQL 数据库 binlog 数据，目前不支持 DDL 语句。

Borker Load 主要用于导入远端存储数据到 Doris 中，如 HDFS、阿里云 OSS、亚马逊 S3。

HDFS Load 主要用于将 HDFS 中的数据导入 Doris 中，类似的还有 S3 Load。

Spark Load 与 Broker Load 类似，通过外部的 Spark 资源实现数据导入，提高 Doris 大数据量的导入性能并且节省 Doris 集群的计算资源。

Routine Load 支持用户提交一个常驻的导入任务，不断地从指定的数据源读取数据导入 Doris 中，目前仅支持 Kafka。

Stream Load 通过发送 HTTP 协议发送请求将本地文件或数据流导入 Doris 中，主要用于导入本地文件。

MySQL、Oracle、PostgreSQL、SQLServer、HIVE、ICEBERG、HUDI、ElasticSearch 可以通过创建 Doris 外部表的方式导入 Doris 中。

第 4 章

Doris 数据导出及数据管理

Doris 中数据可通过 Export、Select…into outfile、MySQL dump 3 种方式导出，用户可以根据自己的需求导出数据。此外，Doris 还支持 BACKUP 方式将数据以文件形式通过 Broker 备份到远端存储系统中，之后可以通过 RESTORE 命令恢复到 Doris 集群中。同时 Doris 支持通过 RECOVER 命令对误删除的数据进行恢复。下面分别介绍 Doris 中数据的导出及数据管理。

4.1　Export 导出

Export 是 Doris 提供的一种将数据导出的功能，使用该功能可以将用户指定的表或分区的数据，以文本的格式，通过 Broker 进程导出到远端存储上，如 HDFS、对象存储（支持 S3 协议）等。

4.1.1　导出原理

用户提交一个 Export 作业后，Doris 会统计这个作业涉及的所有 Tablet，然后对这些 Tablet 进行分组，每组生成一个特殊的查询计划，该查询计划会读取所包含的 Tablet 上的数据，然后通过 Broker 将数据写到远端存储指定的路径中，也可以通过 S3 协议直接导出到支持 S3 协议的远端存储上。

总体的调度流程和步骤如图 4.1 所示。

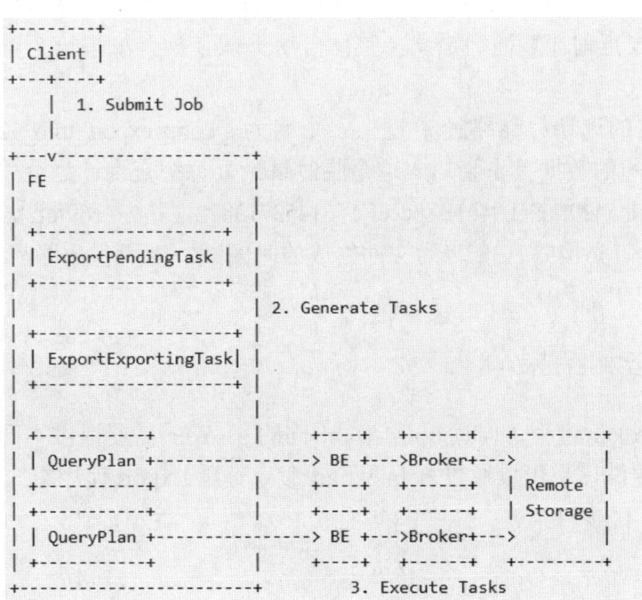

图 4.1　调度流程和步骤

（1）用户提交一个 Export 作业到 FE。

（2）FE 的 Export 调度器会通过下面两个阶段来执行一个 Export 作业。

☑ PENDING：FE 生成 ExportPendingTask，向 BE 发送 snapshot 命令，对所有涉及的 Tablet 做一个快照，并生成多个查询计划。

☑ EXPORTING：FE 生成 ExportExportingTask，开始执行查询计划。

1．查询计划拆分

Export 作业会生成多个查询计划，每个查询计划负责扫描一部分 Tablet。每个查询计划扫描的 Tablet 个数由 FE 配置参数 export_tablet_num_per_task 指定，默认为 5。即假设一共 100 个 Tablet，则会生成 20 个查询计划。用户也可以在提交作业时，通过作业属性 tablet_num_per_task 指定这个数值。

一个作业的多个查询计划顺序执行，一个 Export 作业有多少查询计划需要执行，取决于总共有多少 Tablet，以及一个查询计划最多可以分配多少个 Tablet。因为多个查询计划是串行执行的，所以如果让一个查询计划处理更多的分片，则可以减少作业的执行时间。但如果查询计划出错（比如调用 Broker 的 RPC 失败，远端存储出现抖动等），过多的 Tablet 会导致一个查询计划的重试成本变高。所以需要合理安排查询计划的个数以及每个查询计划所需要扫描的分片数，在执行时间和执行成功率之间做出平衡。一般建议一个查询计划扫描的数据量范围为 3～5GB（一个表的 Tablet 大小以及个数可以通过 SHOW TABLETS FROM tbl_name;语句查看）。

通常一个 Export 作业的查询计划只有扫描、导出两部分，不涉及需要太多内存的计算逻辑。所以通常 2GB 的默认内存限制可以满足需求。但在某些场景下，比如一个查询计划在同一个 BE 上需要扫描的 Tablet 过多，或者 Tablet 的数据版本过多时，可能会导致内存不足。此时需要通过这个参数设置更大的内存，如 4GB、8GB 等。

2．查询计划执行

一个查询计划扫描多个分片，将读取的数据以行的形式组织，每 1024 行为一个 batch，调用 Broker 写入远端存储上。查询计划遇到错误会整体自动重试 3 次，如果一个查询计划重试 3 次依然失败，则整个作业失败。

Doris 会首先在指定的远端存储路径中建立一个名为__doris_export_tmp_12345 的临时目录（其中 12345 为作业 ID）。导出的数据首先会写入这个临时目录，每个查询计划会生成一个文件，文件名示例：export-data-c69fcf2b6db5420f-a96b94c1ff8bccef-1561453713822，其中 c69fcf2b6db5420f-a96b94c1ff8bccef 为查询计划的 query ID，1561453713822 为文件生成的时间戳。当所有数据都导出后，Doris 会将这些文件 rename 到用户指定的路径中。

4.1.2 Export 语法和结果

Export 需要借助 Broker 进程访问远端存储，不同的 Broker 需要提供不同的参数，这里以导出到 HDFS 为例介绍 Export 语法，也可以通过 help export 命令查看 Export 使用方式。

```
EXPORT TABLE db1.tbl1
PARTITION (p1,p2)
[WHERE [expr]]
TO "hdfs://host/path/to/export/"
```

```
PROPERTIES
(
"label" = "mylabel",
"column_separator"=",",
"columns" = "col1,col2",
"exec_mem_limit"="2147483648",
"timeout" = "3600"
)
WITH BROKER "brokername"
(
"username" = "user",
"password" = "passwd"
);
```

以上导出参数的解释如下。

☑ label：本次导出作业的标识。后续可以使用这个标识查看作业状态，也可以不指定，会自动生成一个 label。

☑ column_separator：列分隔符。默认为\t。支持不可见字符，如'\x07'。

☑ columns：要导出的列，使用英文状态下逗号隔开。如果不设置该参数，默认导出表的所有列。

☑ line_delimiter：行分隔符。默认为\n。支持不可见字符，如'\x07'。

☑ exec_mem_limit：表示 Export 作业中，一个查询计划在单个 BE 上的内存使用限制。默认为 2147483648B（即 2GB）。

☑ timeout：作业超时时间。默认为 7200s（即 2h）。

☑ tablet_num_per_task：每个查询计划分配的最大分片数。默认为 5。

提交作业后，可以通过 SHOW EXPORT 命令查询导出作业的状态。SHOW EXPORT 用法如下。

```
SHOW EXPORT
[FROM db_name]
[
WHERE
[ID = your_job_id]
[STATE = ["PENDING"|"EXPORTING"|"FINISHED"|"CANCELLED"]]
[LABEL = your_label]
]
[ORDER BY ...]
[LIMIT limit];
```

SHOW EXPORT 解释如下。

☑ 如果不指定 db_name，使用当前默认的 db。

☑ 如果指定了 STATE，则匹配 EXPORT 状态。

☑ 可以使用 ORDER BY 对任意列组合进行排序。

☑ 如果指定了 LIMIT，则显示 limit 条匹配记录；否则，全部显示。

执行 SHOW EXPORT 后，返回结果如下。

```
mysql> show EXPORT\G;
*************************** 1. row ***************************
```

```
JobId: 14008
State: FINISHED
Progress: 100%
TaskInfo: {"partitions":["*"],"exec mem limit":2147483648,"column separator":",",
"line delimiter":"\n","tablet num":1,"broker":"hdfs","coord num":1,"db":"default_
cluster:db1","tbl":"tbl3"}
Path: hdfs://host/path/to/export/
CreateTime: 2019-06-25 17:08:24
StartTime: 2019-06-25 17:08:28
FinishTime: 2019-06-25 17:08:34
Timeout: 3600
ErrorMsg: NULL
1 row in set (0.01 sec)
```

以上结果返回各个参数的解释如下。

☑ JobId：作业的唯一 ID。

☑ State：作业状态。其中 PENDING 是作业待调度。EXPORTING 是数据导出中。FINISHED 是作业成功。CANCELLED 是作业失败。

☑ Progress：作业进度。该进度以查询计划为单位。假设一共 10 个查询计划，当前已完成 3 个，则进度为 30%。

☑ TaskInfo：以 Json 格式展示的作业信息。其中 db 是数据库名。tbl 是表名。partitions 是指定导出的分区，*表示所有分区。exec mem limit 是查询计划内存使用限制，单位为 B。column separator 是导出文件的列分隔符。line delimiter 是导出文件的行分隔符。tablet num 是涉及的总 Tablet 数量。broker 是使用的 broker 的名称。coord num 是查询计划的个数。

☑ Path：远端存储上的导出路径。

☑ CreateTime/StartTime/FinishTime：作业的创建时间、开始调度时间和结束时间。

☑ Timeout：作业超时时间。单位是 s。该时间从 CreateTime 开始计算。

☑ ErrorMsg：如果作业出现错误，这里会显示错误原因。

4.1.3 Doris 数据导出到 HDFS 案例

1. 创建 Doris 表并插入数据

```
#创建 Doris 表
CREATE TABLE IF NOT EXISTS example_db.export_tbl
(
`user_id` LARGEINT NOT NULL COMMENT "用户 id",
`date` DATE NOT NULL COMMENT "数据灌入日期时间",
`timestamp` DATETIME NOT NULL COMMENT "数据灌入时间，精确到秒",
`city` VARCHAR(20) COMMENT "用户所在城市",
`age` SMALLINT COMMENT "用户年龄",
`sex` TINYINT COMMENT "用户性别",
`last_visit_date` DATETIME REPLACE DEFAULT "1970-01-01 00:00:00" COMMENT "用户最后
一次访问时间",
`cost` BIGINT SUM DEFAULT "0" COMMENT "用户总消费",
```

```
`max_dwell_time` INT MAX DEFAULT "0" COMMENT "用户最大停留时间",
`min_dwell_time` INT MIN DEFAULT "99999" COMMENT "用户最小停留时间"
)
ENGINE=OLAP
AGGREGATE KEY(`user_id`, `date`, `timestamp`, `city`, `age`, `sex`)
PARTITION BY RANGE(`date`)
(
PARTITION `p1` VALUES [("2017-10-01"),("2017-10-02")),
PARTITION `p2` VALUES [("2017-10-02"),("2017-10-03")),
PARTITION `p3` VALUES [("2017-10-03"),("2017-10-04"))
)
DISTRIBUTED BY HASH(`user_id`) BUCKETS 1
PROPERTIES (
"replication_allocation" = "tag.location.default: 1"
);

#插入数据
insert into example_db.export_tbl values
(10000,"2017-10-01","2017-10-01 08:00:05","北京",20,0,"2017-10-01 06:00:00",20,10,10),
(10000,"2017-10-01","2017-10-01 09:00:05","北京",20,0,"2017-10-01 07:00:00",15,2,2),
(10001,"2017-10-01","2017-10-01 18:12:10","北京",30,1,"2017-10-01 17:05:45",2,22,22),
(10002,"2017-10-02","2017-10-02 13:10:00","上海",20,1,"2017-10-02 12:59:12",200,5,5),
(10003,"2017-10-02","2017-10-02 13:15:00","广州",32,0,"2017-10-02 11:20:00",30,11,11),
(10004,"2017-10-01","2017-10-01 12:12:48","深圳",35,0,"2017-10-01 10:00:15",100,3,3),
(10004,"2017-10-03","2017-10-03 12:38:20","深圳",35,0,"2017-10-03 10:20:22",11,6,6);
```

2．创建 Export，数据导出到 HDFS

```
EXPORT TABLE example_db.export_tbl
PARTITION (p1,p2,p3)
TO "hdfs://mycluster/export/"
PROPERTIES
(
"column_separator"=",",
"columns" = "user_id,date,timestamp,city,age,sex,last_visit_date,cost,max_dwell_time,
min_dwell_time",
"exec_mem_limit"="2147483648",
"timeout" = "3600"
)
WITH BROKER "broker_name"
(
"username" = "root",
"password" = "",
"dfs.nameservices"="mycluster",
"dfs.ha.namenodes.mycluster"="node1,node2",
"dfs.namenode.rpc-address.mycluster.node1"="node1:8020",
"dfs.namenode.rpc-address.mycluster.node2"="node2:8020",
"dfs.client.failover.proxy.provider" = "org.apache.hadoop.hdfs.server.namenode.ha.
ConfiguredFailoverProxyProvider"
);
```

⚠注意

任务导出后，目前不支持取消导出。

3．查看任务

```
mysql> show export \G;
*************************** 1. row ***************************
     JobId: 42452
     Label: export_08629eeb-f48e-4f52-a03e-0af81410272a
     State: EXPORTING
  Progress: 0%
  TaskInfo: {"partitions":["p1","p2","p3"],"exec mem limit":2147483648,"column
separator":",","line delimiter":"\n","columns":"user_id,date,times
tamp,city,age,sex,last_visit_date,cost,max_dwell_time,min_dwell_time","tablet
num":3,"broker":"broker_name","coord num":1,"db":"default_cluster:example_db",
"tbl":"export_tbl"}      Path: hdfs://mycluster/export/
CreateTime: 2023-03-13 18:14:25
 StartTime: 2023-03-13 18:14:28
FinishTime: NULL
   Timeout: 3600
  ErrorMsg: NULL
15 rows in set (0.02 sec)
```

4．查看导出结果

登录 HDFS，查看导出结果，如图 4.2 所示。

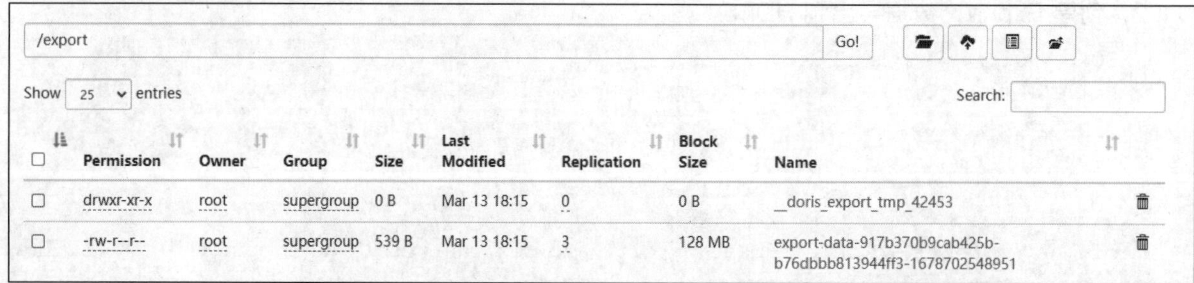

（a）HDFS

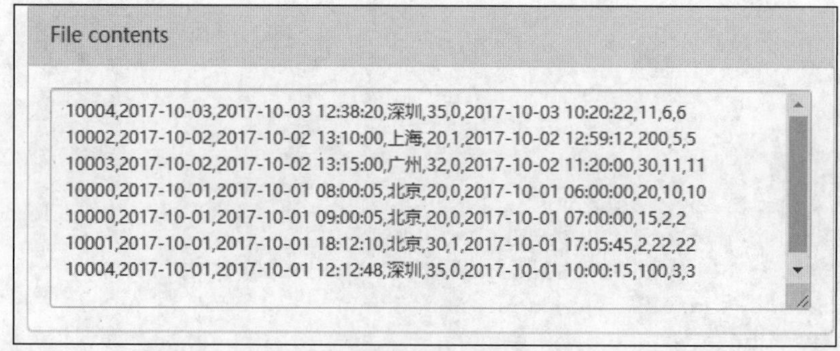

（b）导出内容

图 4.2　从 HDFS 导出的结果

4.1.4　注意事项

（1）FE 配置可以通过配置 fe.conf 实现：

- ☑ export_checker_interval_second：Export 作业调度器的调度间隔，默认为 5s。设置该参数需重启 FE。
- ☑ export_running_job_num_limit：正在运行的 Export 作业数量限制。如果超过，则作业将等待并处于 PENDING 状态。默认为 5，可以在运行时调整。
- ☑ export_task_default_timeout_second：Export 作业默认超时时间。默认为 2h。可以在运行时调整。
- ☑ export_tablet_num_per_task：一个查询计划负责的最大分片数。默认为 5。
- ☑ label：用户手动指定的 Export 任务 label，如果不指定会自动生成一个 label。

（2）不建议一次性导出大量数据。一个 Export 作业的导出数据量最大在几十 GB。过大的导出会导致更多的垃圾文件和更高的重试成本。

（3）如果表数据量过大，建议按照分区导出。

（4）在 Export 作业运行过程中，如果 FE 发生重启或切换主节点，则 Export 作业会失败，需要用户重新提交。

（5）如果 Export 作业运行失败，在远端存储中产生的__doris_export_tmp_xxx 临时目录，以及已经生成的文件不会被删除，需要用户手动删除。

（6）如果 Export 作业运行成功，在远端存储中产生的__doris_export_tmp_xxx 目录，以及根据远端存储的文件系统语义可能会被保留，也可能会被清除。比如对象存储（支持 S3 协议）中，通过 rename 操作将一个目录中的最后一个文件移走后，该目录也会被删除。如果该目录没有被清除，用户可以手动清除。

（7）当 Export 运行完成后（成功或失败），FE 发生重启或切换主节点，则 SHOW EXPORT 展示的作业的部分信息会丢失，无法查看。

（8）Export 作业只会导出 Base 表的数据，不会导出 Rollup Index 的数据。

（9）Export 作业会扫描数据，占用 I/O 资源，可能会影响系统的查询延迟。

4.2　Select...into outfile 导出

Select...into outfile 用于将 Doris 查询结果导出为文件，其原理是通过 Borker 进程，使用 S3 或者 HDFS 协议将 Doris 查询结果导出到远端存储，如 HDFS、S3、COS（腾讯云）上。

4.2.1　Select...into outfile 语法和结果

Select ... into outfile 使用语法如下。

```
query_stmt
INTO OUTFILE "file_path"
[format_as]
[properties]
```

以上命令中的参数解释如下。

（1）file_path：指向文件存储的路径以及文件前缀。如`hdfs://path/to/my_file_`。最终的文件名将由`my_file_`、文件序号以及文件格式后缀组成。其中文件序号由 0 开始，数量为文件被分割的数量，示例如下。

```
my_file_abcdefg_0.csv
my_file_abcdefg_1.csv
my_file_abcdegf_2.csv
```

（2）format_as：指定导出格式，如 FORMAT AS CSV。支持 CSV、PARQUET、CSV_WITH_NAMES、CSV_WITH_NAMES_AND_TYPES、ORC，默认为 CSV。PARQUET、CSV_WITH_NAMES、CSV_WITH_NAMES_AND_TYPES、ORC 在 1.2 版本开始支持。

（3）properties：导出配置项，Broker 相关属性需加前缀 `broker.`，常用属性如下。

☑ column_separator：列分隔符。<version since="1.2.0">支持多字节分隔符，如"\\x01", "abc" </version>。

☑ line_delimiter：行分隔符。<version since="1.2.0">支持多字节分隔符，如"\\x01", "abc" </version>。

☑ max_file_size：单个文件大小限制，如果结果超过这个值，文件将被切割成多个文件。

☑ success_file_name：Select ... into outfile 命令是一个同步命令，因此有可能在执行过程中任务连接断开了，从而无法获知导出的数据是否正常结束，或是否完整。此时可以将 success_file_name 参数配置成 SUCCESS，要求任务成功后在目录下生成一个成功文件标识。用户可以通过这个文件判断导出是否正常结束。

☑ broker.name：broker 名称。

☑ fs.defaultFS：namenode 地址和端口。

☑ hadoop.username：HDFS 用户名。

☑ dfs.nameservices：nameservice 名称，与 hdfs-site.xml 保持一致。

☑ dfs.ha.namenodes.[nameservice ID]：namenode 的 ID 列表，与 hdfs-site.xml 保持一致。

☑ dfs.namenode.rpc-address.[nameservice ID].[name node ID]：namenode 的 RPC 地址，数量与 namenode 数量相同，与 hdfs-site.xml 保持一致。

☑ dfs.client.failover.proxy.provider.[nameservice ID]：HDFS 客户端连接活跃 namenode 的 java 类，通常是"org.apache.hadoop.hdfs.server.namenode.ha.ConfiguredFailoverProxyProvider"。

Select ...into outfile 导出命令为同步命令，命令返回，即表示操作结束，同时会返回一行结果来展示导出的执行结果。如果正常导出并返回，则结果如下。

```
mysql> select * from tbl1 limit 10 into outfile "file:///home/work/path/result_";
```

```
+------------+-----------+----------+--------------------------------------------+
| FileNumber | TotalRows | FileSize | URL |
+------------+-----------+----------+--------------------------------------------+
| 1 | 2 | 8 | file:///192.168.1.10/home/work/path/result_{fragment_instance_id}_ |
+------------+-----------+----------+--------------------------------------------+
1 row in set (0.05 sec)
```

（1）FileNumber：最终生成的文件个数。

（2）TotalRows：结果集行数。

（3）FileSize：导出文件总大小。单位为 B。

（4）URL：如果是导出到本地磁盘，则这里显示具体导出到哪个 Compute Node。

4.2.2　Doris 数据导出到 HDFS 案例

下面演示通过 Select... into outfile 将 Doris 中的数据导出到 HDFS 中。

1. 在 Doris 中创建表并插入数据

这里复用 Export 中创建的表 export_tbl。

2. Doris 数据导出到 HDFS

```
SELECT * FROM example_db.export_tbl
INTO OUTFILE "hdfs://mycluster/to/result_"
FORMAT AS CSV
PROPERTIES
(
"broker.name" = "broker_name",
"column_separator" = ",",
"line_delimiter" = "\n",
"broker.dfs.nameservices"="mycluster",
"broker.dfs.ha.namenodes.mycluster"="node1,node2",
"broker.dfs.namenode.rpc-address.mycluster.node1"="node1:8020",
"broker.dfs.namenode.rpc-address.mycluster.node2"="node2:8020",
"broker.dfs.client.failover.proxy.provider" = "org.apache.hadoop.hdfs.server.
namenode.ha.ConfiguredFailoverProxyProvider"
);
```

以上命令为同步命令，执行完成后可以看到如下结果。

```
+------------+-----------+----------+--------------------------------------------------------------------+
| FileNumber | TotalRows | FileSize | URL                                                                |
+------------+-----------+----------+--------------------------------------------------------------------+
|          1 |         7 |      539 | hdfs://mycluster/to/result_10a358978e2e4cd3-99a7c160314bdb0c_ |
+------------+-----------+----------+--------------------------------------------------------------------+
```

3. 查看结果

查看 HDFS 中的结果，如图 4.3 所示。

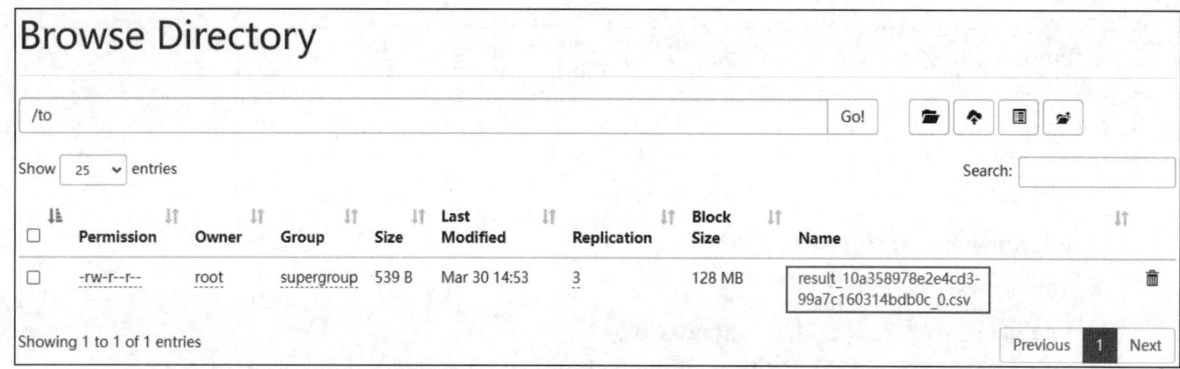

（a）HDFS

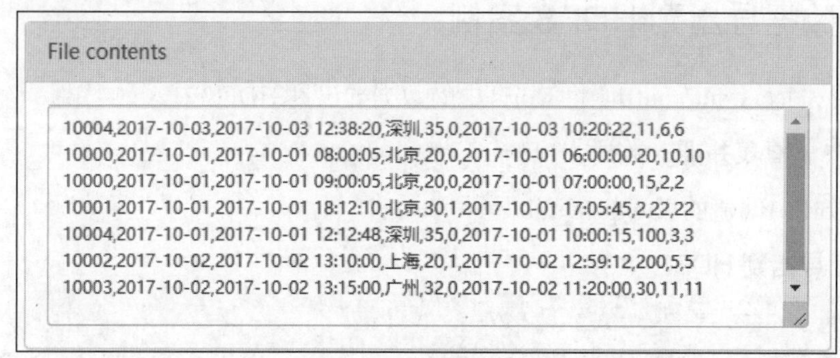

（b）导出内容

图 4.3　查询结果

4.2.3　Doris 数据导出到本地案例

1．配置 fe.conf

将 Doris 表数据通过 Select...into outfile 方式导出到本地文件时需要先在各个 FE 节点的 fe.conf 文件中加入 enable_outfile_to_local=true，并重新启动 Doris 集群。

下面在 node1～node5 各个 FE 节点上配置 fe.conf 文件。

```
#node1～node5 节点配置 fe.conf 文件，加入配置
vim /software/doris-1.2.1/apache-doris-fe/conf/fe.conf
enable_outfile_to_local=true
```

2．Doris 数据导出到本地

与导出到 HDFS 不同的是，导出到本地的目录需要预先创建路径，然后执行导出数据命令。这里说的本地是指 BE 节点，指定对应导出命令时不一定是在哪个 BE 节点进行导出，所以这里我们在所有 BE 节点创建导出路径。

```
#创建/home/work/path 路径
[root@node1 ~]# mkdir -p /home/work/path
```

这里同样对 Doris 表 export_tbl 进行导出。将表中数据导出到 BE 节点的/home/work/path/目录下。

```
#在 Doris MySQL 客户端执行如下命令
select * from export_tbl limit 100
INTO OUTFILE "file:///home/work/path/result_";
```

以上命令执行完成之后，可以看到同步执行的结果。

```
mysql> select * from export_tbl limit 100  INTO OUTFILE "file:///home/work/path/result_";
+------------+-----------+----------+--------------------------------------------------------------------------------+
| FileNumber | TotalRows | FileSize | URL                                                                            |
+------------+-----------+----------+--------------------------------------------------------------------------------+
|          1 |         7 |      539 | file:///192.168.179.8/home/work/path/result_352e3bea53c9481d-925d163b9f868982_ |
+------------+-----------+----------+--------------------------------------------------------------------------------+
```

3. 查看结果

通过同步结果可以看到本地导出语句执行的节点为 node5 节点，所以这里在 node5 节点上查看对应的导出结果。

```
[root@node5 ~]# cat /home/work/path/result_352e3bea53c9481d-925d163b9f868982_0.csv
10000    2017-10-01    2017-10-01 08:00:05 北京    20    0    2017-10-01 06:00:00
  20    10    10
10000    2017-10-01    2017-10-01 09:00:05 北京    20    0    2017-10-01 07:00:00
  15    2    2
10001    2017-10-01    2017-10-01 18:12:10 北京    30    1    2017-10-01 17:05:45
  2    22    22
10004    2017-10-01    2017-10-01 12:12:48 深圳    35    0    2017-10-01 10:00:15
  100    3    3
10002    2017-10-02    2017-10-02 13:10:00 上海    20    1    2017-10-02 12:59:12
  200    5    5
10003    2017-10-02    2017-10-02 13:15:00 广州    32    0    2017-10-02 11:20:00
  30    11    11
10004    2017-10-03    2017-10-03 12:38:20 深圳    35    0    2017-10-03 10:20:22
  11    6    6
```

4.2.4　注意事项

导出数据时，有如下注意事项。

（1）Select ...into outfile 本质上是执行一个 SQL 查询命令，最终的结果是单线程输出的，所以整个导出的耗时包括查询本身的耗时和最终结果集写出的耗时。如果查询较大，需要设置会话变量 query_timeout，适当地延长查询超时时间。

（2）导出命令不会检查文件及文件路径是否存在。是否会自动创建路径，或是否会覆盖已存在文件，完全由远端存储系统的语义决定。

（3）Doris 不会管理导出的文件。导出成功的或者导出失败后残留的文件，都需要用户自行处理。如果在导出过程中出现错误，可能会有导出文件残留在远端存储系统上。Doris 不会清理这些文件，需要用户手动清理。

（4）导出命令的超时时间同查询的超时时间。可以通过 SET query_timeout=xxx 进行设置。

（5）文件切分会保证一行数据完整地存储在单一文件中。因此文件的大小并不严格等于 max_file_size。

（6）对于结果集为空的查询，依然会产生一个大小为 0 的文件。

（7）导出到本地文件的功能不适用于公有云用户，仅适用于私有化部署的用户，并且默认用户对集群节点有完全的控制权限。

（8）Doris 对于用户填写的导出路径不会做合法性检查。如果 Doris 的进程用户对该路径无写权限，或路径不存在，则会报错。同时出于安全性考虑，如果该路径已存在同名的文件，则也会导出失败。

（9）Doris 不会管理导出到本地的文件，也不会检查磁盘空间等。这些文件需要用户自行管理，如清理等。

（10）关于 Select ... into outfile 导出 kerbers 安全认证远端存储配置项可参考官网：https://doris.apache.org/zh-CN/docs/dev/sql-manual/sql-reference/Data-Manipulation-Statements/OUTFILE/。

4.3 MySQL dump 导出

mysqldump 是一个常用的 MySQL 数据库备份工具，它可以将 MySQL 数据库中的数据导出为 SQL 格式的文件，从而实现对数据的备份、迁移和恢复等操作。Doris 0.15 及之后的版本支持通过 mysqldump 工具导出数据或者表结构。

4.3.1 dump 导出案例

dump 导出案例可以参考 mysqldump 手册：https://dev.mysql.com/doc/refman/8.0/en/mysqldump.html。下面列举常用语句。

```
#进入 mysql bin 目录下
[root@node1 ~]# cd /software/mysql-5.7.22-client/bin

#导出 Doris example_db 库中 export_tbl 表结构和数据，导入/root/export1.sql 文件中
[root@node1 bin]# mysqldump -h127.0.0.1 -P9030 -uroot --no-tablespaces --databases example_db --tables export_tbl >/root/export1.sql

#只导出表 example_db.export_tbl 表结构
[root@node1 bin]# mysqldump -h127.0.0.1 -P9030 -uroot --no-tablespaces --databases example_db --tables export_tbl --no-data >/root/export2.sql

#导出指定库中的所有表结构和数据，这里指定 example_db 库，多个库使用空格隔开。由于 example_db 库中有一些表映射了 hive 数据，所以这里需要启动 hive metastore
[root@node1 bin]# mysqldump -h127.0.0.1 -P9030 -uroot --no-tablespaces --databases example_db > /root/export3.sql
```

以上导出的数据形成了 xx.sql 文件，如果想要将数据加载到 Doris 中，可以通过 MySQL 客户端登录 Doris 后执行 source 命令，示例如下。

```
#将 export1.sql 数据表导入 Doris mysql_db 库中
mysql> use mysql_db;
mysql> source /root/export1.sql
```

4.3.2 注意事项

（1）由于 Doris 中没有 MySQL 里的 tablespace 概念，因此在使用 mysqldump 时要加上--no-tablespaces 参数。

（2）使用 mysqldump 导出数据和表结构仅用于开发测试或者数据量很小的情况，请勿用于大数据量的生产环境。

4.4 BACKUP 数据备份

通过 Doris 的数据导出功能，我们可以使用各种方式将 Doris 中的数据进行备份，除了 Export 方式，Doris 还支持 BACKUP 方式，该方式将当前数据以文件的形式，通过 Broker 备份到远端存储系统中。之后可以通过恢复命令，从远端存储系统中将数据恢复到任意 Doris 集群。通过这个功能，Doris 可以支持将数据定期地进行快照备份。也可以通过这个功能，在不同集群间进行数据迁移。

Doris 0.8.2 及以上版本支持数据备份功能，使用该功能需要部署对应远端存储的 Broker，如 BOS、HDFS 等。

4.4.1 BACKUP 原理

备份操作是将指定表或分区的数据直接以 Doris 存储的文件的形式，上传到远端仓库中进行存储。当用户提交 BACKUP 请求后，系统内部会做如下操作。

快照阶段会对指定的表或分区数据文件进行快照。之后，备份都是对快照进行操作。在快照之后，对表进行的更改、导入等操作都不再影响备份的结果。快照只是对当前数据文件产生一个硬链，耗时很少。快照完成后，会开始对这些快照文件进行逐一上传。快照上传由各个 Backend 并发完成。

数据文件快照上传完成后，Frontend 会首先将对应元数据写成本地文件，然后通过 Broker 将本地元数据文件上传到远端仓库，完成最终备份作业。

当前版本支持最小分区（Partition）粒度的全量备份（增量备份有可能在未来版本支持）。如果需要对数据进行定期备份，首先需要在建表时，合理地规划表的分区及分桶，比如按时间进行分区。然后在之后的运行过程中，按照分区粒度定期进行数据备份。

也可以通过 BACKUP 这种数据备份方式对数据进行迁移。用户可以先将数据备份到远端仓库，再通过远端仓库将数据恢复到另一个集群，完成数据迁移。因为数据备份是通过快照的形式完成的，所以，在备份作业的快照阶段之后的新导入数据是不会备份的。因此，在快照完成后，到恢复作业完成这期间，在原集群上导入的数据，都需要在新集群上同样导入一遍。

建议在迁移完成后，对新旧两个集群并行导入一段时间。完成数据和业务正确性校验后，再将业务迁移到新的集群。

4.4.2 BACKUP 语法

BACKUP 语句用于备份指定数据库下的数据，该命令为异步操作。使用 BACKUP 方式对某张表或某表分区进行备份时，首先需要创建远端的 repository 仓库，仅 root 或 superuser 用户可以创建对应仓库，提交命令后，可以通过 SHOW BACKUP 命令查看进度，该备份模式仅支持 OLAP 类型的表。

BACKUP 语法如下。

```
BACKUP SNAPSHOT [db_name].{snapshot_name}
TO `repository_name`
[ON|EXCLUDE] (
`table_name` [PARTITION (`p1`, ...)],
...
)
PROPERTIES ("key"="value", ...);
```

以上语法命令的注意点如下。

- ☑ 同一数据库下只能有一个正在执行的 BACKUP 或 RESTORE 任务。
- ☑ ON 子句中标识需要备份的表和分区。如果不指定分区，则默认备份该表的所有分区。
- ☑ EXCLUDE 子句中标识不需要备份的表和分区。备份除指定的表或分区之外，这个数据库中所有表的所有分区数据。
- ☑ PROPERTIES 目前支持以下属性：
  - ➢ "type" = "full"：表示这是一次全量更新（默认）。
  - ➢ "timeout" = "3600"：任务超时时间，默认为 864ws（即 1d）。

4.4.3 BACKUP 数据备份案例

1. 插入数据

在 Doris 中创建数据库和表，并插入数据。

```
#Doris 创建数据库 mydb
mysql> create database mydb;

#使用当前数据库
mysql> use mydb;

#创建两张表 tbl1 和 tbl2，并插入数据
CREATE TABLE IF NOT EXISTS mydb.tbl1
(
`user_id` LARGEINT NOT NULL COMMENT "用户 id",
`date` DATE NOT NULL COMMENT "数据灌入日期时间",
`timestamp` DATETIME NOT NULL COMMENT "数据灌入时间，精确到秒",
`city` VARCHAR(20) COMMENT "用户所在城市",
`age` SMALLINT COMMENT "用户年龄",
`sex` TINYINT COMMENT "用户性别",
`last_visit_date` DATETIME REPLACE DEFAULT "1970-01-01 00:00:00" COMMENT "用户最后
```

```
一次访问时间",
`cost` BIGINT SUM DEFAULT "0" COMMENT "用户总消费",
`max_dwell_time` INT MAX DEFAULT "0" COMMENT "用户最大停留时间",
`min_dwell_time` INT MIN DEFAULT "99999" COMMENT "用户最小停留时间"
)
ENGINE=OLAP
AGGREGATE KEY(`user_id`, `date`, `timestamp`, `city`, `age`, `sex`)
PARTITION BY RANGE(`date`)
(
PARTITION `p1` VALUES [("2017-10-01"),("2017-10-02")),
PARTITION `p2` VALUES [("2017-10-02"),("2017-10-03")),
PARTITION `p3` VALUES [("2017-10-03"),("2017-10-04"))
)
DISTRIBUTED BY HASH(`user_id`) BUCKETS 1
PROPERTIES (
"replication_allocation" = "tag.location.default: 1"
);

insert into mydb.tbl1 values
(10000,"2017-10-01","2017-10-01 08:00:05","北京",20,0,"2017-10-01 06:00:00",20,10,10),
(10000,"2017-10-01","2017-10-01 09:00:05","北京",20,0,"2017-10-01 07:00:00",15,2,2),
(10001,"2017-10-01","2017-10-01 18:12:10","北京",30,1,"2017-10-01 17:05:45",2,22,22),
(10002,"2017-10-02","2017-10-02 13:10:00","上海",20,1,"2017-10-02 12:59:12",200,5,5),
(10003,"2017-10-02","2017-10-02 13:15:00","广州",32,0,"2017-10-02 11:20:00",30,11,11),
(10004,"2017-10-01","2017-10-01 12:12:48","深圳",35,0,"2017-10-01 10:00:15",100,3,3),
(10004,"2017-10-03","2017-10-03 12:38:20","深圳",35,0,"2017-10-03 10:20:22",11,6,6);

CREATE TABLE IF NOT EXISTS mydb.tbl2
(
`user_id` LARGEINT NOT NULL COMMENT "用户 id",
`date` DATE NOT NULL COMMENT "数据灌入日期时间",
`timestamp` DATETIME NOT NULL COMMENT "数据灌入时间，精确到秒",
`city` VARCHAR(20) COMMENT "用户所在城市",
`age` SMALLINT COMMENT "用户年龄",
`sex` TINYINT COMMENT "用户性别",
`last_visit_date` DATETIME REPLACE DEFAULT "1970-01-01 00:00:00" COMMENT "用户最后
一次访问时间",
`cost` BIGINT SUM DEFAULT "0" COMMENT "用户总消费",
`max_dwell_time` INT MAX DEFAULT "0" COMMENT "用户最大停留时间",
`min_dwell_time` INT MIN DEFAULT "99999" COMMENT "用户最小停留时间"
)
ENGINE=OLAP
AGGREGATE KEY(`user_id`, `date`, `timestamp`, `city`, `age`, `sex`)
PARTITION BY RANGE(`date`)
(
PARTITION `p1` VALUES [("2017-10-01"),("2017-10-02")),
PARTITION `p2` VALUES [("2017-10-02"),("2017-10-03")),
PARTITION `p3` VALUES [("2017-10-03"),("2017-10-04"))
)
```

```
DISTRIBUTED BY HASH(`user_id`) BUCKETS 1
PROPERTIES (
"replication_allocation" = "tag.location.default: 1"
);

insert into mydb.tbl2 values
(10000,"2017-10-01","2017-10-01 08:00:05","北京",20,0,"2017-10-01 06:00:00",20,10,10),
(10000,"2017-10-01","2017-10-01 09:00:05","北京",20,0,"2017-10-01 07:00:00",15,2,2),
(10001,"2017-10-01","2017-10-01 18:12:10","北京",30,1,"2017-10-01 17:05:45",2,22,22),
(10002,"2017-10-02","2017-10-02 13:10:00","上海",20,1,"2017-10-02 12:59:12",200,5,5),
(10003,"2017-10-02","2017-10-02 13:15:00","广州",32,0,"2017-10-02 11:20:00",30,11,11),
(10004,"2017-10-01","2017-10-01 12:12:48","深圳",35,0,"2017-10-01 10:00:15",100,3,3),
(10004,"2017-10-03","2017-10-03 12:38:20","深圳",35,0,"2017-10-03 10:20:22",11,6,6);
```

2. 创建远端仓库

```
CREATE REPOSITORY `hdfs_mydb_repo`
WITH BROKER `broker_name`
ON LOCATION "hdfs://mycluster/backup_mydb/"
PROPERTIES
(
"username" = "root",
"dfs.nameservices"="mycluster",
"dfs.ha.namenodes.mycluster"="node1,node2",
"dfs.namenode.rpc-address.mycluster.node1"="node1:8020",
"dfs.namenode.rpc-address.mycluster.node2"="node2:8020",
"dfs.client.failover.proxy.provider.mycluster" = "org.apache.hadoop.hdfs.server.
namenode.ha.ConfiguredFailoverProxyProvider"
);
```

3. 全量备份指定 Doris 库下所有表所有分区数据

```
BACKUP SNAPSHOT mydb.snapshot_label1
TO hdfs_mydb_repo
ON (tbl1,tbl2)
PROPERTIES ("type" = "full");
```

4. 查看 BACKUP 作业执行情况

可以通过 SHOW BACKUP 命令来查看最近执行的 BACKUP 语句。

```
mysql> show BACKUP\G;
*************************** 1. row ***************************
               JobId: 46611
        SnapshotName: snapshot_label1
              DbName: mydb
               State: FINISHED
          BackupObjs: [default_cluster:mydb.tbl1], [default_cluster:mydb.tbl2]
          CreateTime: 2023-03-30 20:29:25
SnapshotFinishedTime: 2023-03-30 20:29:29
  UploadFinishedTime: 2023-03-30 20:29:38
        FinishedTime: 2023-03-30 20:29:45
     UnfinishedTasks:
```

```
           Progress:
        TaskErrMsg:
             Status: [OK]
            Timeout: 86400
1 row in set (0.01 sec)
```

5. 查看远端仓库中已备份结果

```
mysql>  SHOW SNAPSHOT ON hdfs_mydb_repo WHERE SNAPSHOT = "snapshot_label1";
+-----------------+---------------------+--------+
| Snapshot        | Timestamp           | Status |
+-----------------+---------------------+--------+
| snapshot_label1 | 2023-03-30-20-29-25 | OK     |
+-----------------+---------------------+--------+
```

以上备份命令完成后，也可以通过对应的 HDFS 路径查看对应的备份数据，如图 4.4 所示。

Browse Directory

/backup_mydb　Go!

Show 25 entries　Search:

Permission	Owner	Group	Size	Last Modified	Replication	Block Size	Name
drwxr-xr-x	user	supergroup	0 B		0	0 B	__palo_repository_hdfs_mydb_repo
drwxr-xr-x	user	supergroup	0 B		0	0 B	__palo_repository_mydb_repo

图 4.4　HDFS

注意

如果想要删除备份，那么只需要删除对应的远端仓库，该仓库下的备份映射信息也会被删除，但是备份到远端的数据不会自动删除，需要手动清除。

删除远端仓库命令如下。

```
DROP REPOSITORY hdfs_mydb_repo;
```

4.4.4　注意事项

（1）如果表是动态分区表，BACKUP 备份之后会自动禁用动态分区属性，在做恢复的时候需要手动将该表的动态分区属性启用，命令如下。

```
ALTER TABLE tbl1 SET ("dynamic_partition.enable"="true")
```

注意

关于动态分区内容，参考 6.2 节。

（2）备份和恢复操作都不会保留表的 colocate_with 属性。有关 colocate_with 的内容参考 6.4.4 节。

（3）备份操作会备份指定表或分区的基础表及物化视图，并且仅备份一个副本。

（4）备份操作的效率取决于数据量、Compute Node 节点数量以及文件数量。备份数据分片所在的每个 Compute Node 都会参与备份操作的上传阶段。节点数量越多，上传的效率越高。

文件数据量只涉及分片数，以及每个分片中文件的数量。如果分片非常多，或者分片内的小文件较多，都可能增加备份操作的时间。

（5）备份恢复相关的操作目前只允许拥有 ADMIN 权限的用户执行。

（6）一个 Database 内，只允许有一个正在执行的备份或恢复作业。

（7）备份和恢复都支持最小分区（Partition）级别的操作，当表的数据量很大时，建议按分区分别执行，以降低失败重试的代价。

（8）因为备份恢复操作的是实际的数据文件，所以当一个表的分片过多，或者一个分片有过多的小版本时，可能即使总数据量很小，依然需要备份或恢复很长时间。用户可以通过 SHOW PARTITIONS FROM table_name;和 SHOW TABLETS FROM table_name;来查看各个分区的分片数量，以及各个分片的文件版本数量，来预估作业执行时间。文件数量对作业执行的时间影响非常大，所以建议在建表时，合理规划分区分桶，以避免过多的分片。

（9）当通过 SHOW BACKUP 或者 SHOW RESTORE 命令查看作业状态时，有可能会在 TaskErrMsg 一列中看到错误信息。但只要 State 列不为 CANCELLED，则说明作业依然在继续。这些 Task 有可能会重试成功。当然，有些 Task 错误也会直接导致作业失败。

（10）关于 BACKUP 相关命令参照官网：https://doris.apache.org/zh-CN/docs/dev/admin-manual/data-admin/backup/#相关命令。

4.5 RESTORE 数据恢复

Doris 支持通过 RESTORE 命令进行数据恢复，从远端存储系统中将数据恢复到任意 Doris 集群。通过这个功能，Doris 可以支持将数据定期地进行快照备份。也可以通过这个功能，在不同集群间进行数据迁移。该功能需要 Doris 版本 0.8.2+，使用该功能需要部署对应远端存储的 Broker，如 BOS、HDFS 等。

4.5.1 RESTORE 数据恢复原理

恢复操作需要指定一个远端仓库中已存在的备份，然后将这个备份的内容恢复到本地集群中。当用户提交 RESTORE 请求后，系统内部会做如下操作。

（1）在本地创建对应的元数据。这一步首先会在本地集群中创建恢复对应的表分区等结构。创建完成后，该表可见，但是不可访问。

（2）本地 snapshot。这一步是将上一步创建的表做一个快照。这其实是一个空快照（因为刚创建的表是没有数据的），其目的主要是在 Backend 上产生对应的快照目录，用于之后接收从远端仓库下载的快照文件。

（3）下载快照。远端仓库中的快照文件会被下载到上一步生成的对应快照目录中。这一步由各个 Backend 并发完成。

（4）令快照生效。快照下载完成后，要将各个快照映射为当前本地表的元数据，然后重新加载这些快照，使之生效，完成最终的恢复作业。

4.5.2 RESTORE 数据恢复语法

RESTORE 语句用于将之前通过 BACKUP 命令备份的数据，恢复到指定数据库下。该命令为异步操作。提交成功后，需通过 SHOW RESTORE 命令查看进度。仅支持恢复 OLAP 类型的表。

RESTORE 语法如下。

```
RESTORE SNAPSHOT [db_name].{snapshot_name}
FROM `repository_name`
[ON|EXCLUDE] (
`table_name` [PARTITION (`p1`, ...)] [AS `tbl_alias`],
...
)
PROPERTIES ("key"="value", ...);
```

以上命令注意点如下。

- ☑ 同一数据库下只能有一个正在执行的 BACKUP 或 RESTORE 任务。
- ☑ ON 子句中标识需要恢复的表和分区。如果不指定分区，则默认恢复该表的所有分区。所指定的表和分区必须已存在于仓库备份中。
- ☑ EXCLUDE 子句中标识不需要恢复的表和分区。除了所指定的表或分区，仓库中所有其他表和所有分区将被恢复。
- ☑ 可以通过 AS 语句将仓库中备份的表名恢复为新的表。但新表名不能已存在于数据库中。分区名称不能修改。
- ☑ 可以将仓库中备份的表恢复替换数据库中已有的同名表，但须保证两张表的表结构完全一致。表结构包括表名、列、分区、Rollup 等。
- ☑ 可以指定恢复表的部分分区，系统会检查分区 Range 或者 List 是否能够匹配。
- ☑ PROPERTIES 目前支持以下属性：
  - ➢ "backup_timestamp" = "2018-05-04-16-45-08"：指定恢复对应备份的哪个时间版本，必填。该信息可以通过 SHOW SNAPSHOT ON repo; 语句获得。
  - ➢ "replication_num" = "3"：指定恢复的表或分区的副本数。默认为 3。若恢复已存在的表或分区，则副本数必须和已存在表或分区的副本数相同。同时，必须有足够的 host 容纳多个副本。
  - ➢ "reserve_replica" = "true"：默认为 false。当该属性为 true 时，会忽略 replication_num 属性，恢复的表或分区的副本数将与备份之前一样。支持多个表或表内多个分区有不同的副本数。
  - ➢ "reserve_dynamic_partition_enable" = "true"：默认为 false。当该属性为 true 时，恢复的表会保留该表备份之前的'dynamic_partition_enable'属性值。该值不为 true 时，则恢复的表的'dynamic_partition_enable'属性值会被设置为 false。
  - ➢ "timeout" = "3600"：任务超时时间，默认为 864ws（即 1d）。

➢ "meta_version" = 40：使用指定的 meta_version 来读取之前备份的元数据。注意，该参数作为临时方案，仅用于恢复老版本 Doris 备份的数据。最新版本的备份数据中已经包含 meta version，无须再指定。

4.5.3 RESTORE 数据恢复案例

由于这里没有额外的 Doris 集群，不能演示 Doris 数据跨集群迁移。这里我们将之前通过 BACKUP 备份的数据恢复到新的 Doris 库中。具体操作步骤如下。

（1）在 Doris 集群中创建 mydb_recover 库。

```
mysql> create database mydb_recover;
mysql> use mydb_recover;
```

（2）恢复数据。

```
#获取 backup_timestamp
mysql> show snapshot on hdfs_mydb_repo;
+-----------------+---------------------+--------+
| Snapshot        | Timestamp           | Status |
+-----------------+---------------------+--------+
| snapshot_label1 | 2023-03-30-21-42-40 | OK     |
+-----------------+---------------------+--------+


#恢复数据
RESTORE SNAPSHOT `snapshot_label1`
FROM `hdfs_mydb_repo`
ON ( `tbl1`,`tbl2` )
PROPERTIES
(
"backup_timestamp"="2023-03-30-21-42-40",
"replication_num" = "1"
);
```

（3）查看 RESTORE 作业的执行情况。

```
mysql> show restore\G;
*************************** 1. row ***************************
                         JobId: 46735
                         Label: snapshot_label1
                     Timestamp: 2023-03-30-21-42-40
                        DbName: default_cluster:mydb_recover
                         State: FINISHED
                     AllowLoad: false
                ReplicationNum: 1
             ReplicaAllocation: tag.location.default: 1
                ReserveReplica: false
ReserveDynamicPartitionEnable: false
                   RestoreObjs: {
```

```
  "name": "snapshot_label1",
  "database": "mydb",
  "backup_time": 1680183760410,
  "content": "ALL",
  "olap_table_list": [
    {
      "name": "tbl2",
      "partition_names": [
        "p1",
        "p2",
        "p3"
      ]
    },
    {
      "name": "tbl1",
      "partition_names": [
        "p1",
        "p2",
        "p3"
      ]
    }
  ],
  "view_list": [],
  "odbc_table_list": [],
  "odbc_resource_list": []
}
                 CreateTime: 2023-03-30 21:49:24
           MetaPreparedTime: 2023-03-30 21:49:27
       SnapshotFinishedTime: 2023-03-30 21:49:30
       DownloadFinishedTime: 2023-03-30 21:49:36
               FinishedTime: 2023-03-30 21:49:42
            UnfinishedTasks:
                   Progress:
                 TaskErrMsg:
                     Status: [OK]
                    Timeout: 86400
```

4.5.4　注意事项

如果恢复作业是一次覆盖操作（指定恢复数据到已经存在的表或分区中），那么从恢复作业的COMMIT 阶段开始，当前集群上被覆盖的数据有可能不能再被还原。此时如果恢复作业失败或被取消，有可能造成之前的数据已损坏且无法访问。这种情况下，只能再次执行恢复操作，并等待作业完成。因此，我们建议，如无必要，尽量不要使用覆盖的方式恢复数据，除非确认当前数据已不再使用。

☑　RESTORE 报错：[20181: invalid md5 of downloaded file:/data/doris.HDD/snapshot/20220607095111.862.86400/19962/668322732/19962.hdr, expected: f05b63cca5533ea0466f62a9897289b5, get: d41d8cd98f00b204e9800998ecf8427e]，该错误是由备份和恢复的表的副本数不一致导致的，执行

恢复命令时需指定副本个数。

☑ RESTORE 报错：[COMMON_ERROR, msg: Could not set meta version to 97 since it is lower than minimum required version 100]，该错误是由备份和恢复不是同一个版本导致的，使用指定的 meta_version 来读取之前备份的元数据。针对上述错误的具体解决方案是指定 meta_version = 100。

4.6 RECOVER 数据删除恢复

Doris 为了避免误操作造成的灾难，支持对误删除的数据库、表、分区进行数据恢复，在 drop table 或者 drop database 之后，Doris 不会立刻对数据进行物理删除，而是在 Trash 中保留一段时间（默认为 1d，可通过 fe.conf 中 catalog_trash_expire_second 参数配置），管理员可以通过 RECOVER 命令对误删除的数据进行恢复。

4.6.1 RECOVER 语法

RECOVER 用于恢复之前删除的数据库、表或分区，支持通过 name、ID 来恢复指定的元信息，并且支持将恢复的元信息重命名。可以通过 SHOW CATALOG RECYCLE BIN 来查询当前可恢复的元信息。

RECOVER 的语法非常简单，常见语句如下。

```
#恢复数据库
RECOVER DATABASE db_name;

#恢复表
RECOVER TABLE [db_name.]table_name;

#恢复表分区
RECOVER PARTITION partition_name FROM [db_name.]table_name;
```

⚠注意

RECOVER 操作仅能恢复之前一段时间内删除的元信息，默认为 1d（可通过 fe.conf 中 catalog_trash_expire_second 参数配置）。

可以通过 SHOW CATALOG RECYCLE BIN 来查询当前可恢复的元信息。

4.6.2 数据恢复案例

下面分别演示恢复数据库、恢复表、恢复表分区的操作。

```
#删除数据库 mydb
mysql> drop database mydb;

#恢复数据库 mydb
mysql> recover database mydb;
```

```
#删除表 mydb.tbl1
mysql> use mydb;
mysql> drop table mydb.tbl1;

#恢复表 mydb.tbl1
mysql> recover table mydb.tbl1;

#查看表 mydb.tbl2 分区信息及分区 p2 中的数据
mysql> show partitions from tbl2\G;
mysql> select * from tbl2 partition p2;

#删除表 mydb.tbl2 分区 p2
mysql> alter table tbl2 drop partition p2;

#查看表 mydb.tbl2 分区信息，已经缺少了 p2 分区
mysql> show partitions from tbl2\G;

#恢复表 mydb.tbl2 分区 p2
mysql> recover partition p2 from mydb.tbl2;

#查看 mydb.tbl2 中的分区和数据，已恢复
mysql> show partitions from tbl2;
mysql> select * from tbl2 partition p2;
```

第 5 章

Doris 数据更新与删除

本章详细介绍了在 Doris 中执行数据更新和删除操作的关键内容，分别介绍了在 Doris 中如何使用 Update 命令来更新数据，如何使用 Delete 命令来删除数据。为了能更好地了解 Doris 中的批量删除，探讨了在 Doris 中的 Sequence 列及其作用，最后介绍了在 Doris 中执行高效批量删除操作的技巧。

5.1 Update 数据更新

如果需要修改或更新 Doris 中的数据，可以使用 UPDATE 命令来操作。数据更新对 Doris 的版本有限制，只能在 Doris Version 0.15.x +中使用。

Update 数据更新只能在 Unique 数据模型的表中执行，使用场景为：对满足某些条件的行进行修改值或小范围数据更新，待更新的行最好是整个表非常小的一部分。

5.1.1 Update 原理

Doris 利用查询引擎自身的 where 过滤逻辑，从待更新表中筛选出需要被更新的行。再利用 Unique 模型自带的 value 列新数据替换旧数据的逻辑，将待更新的行变更后，再重新插入表中，从而实现行级别更新。

Update 语法在 Doris 中是一个同步语法，即 Update 语句执行成功，更新操作也就完成了，数据是可见的。

Update 语句的性能和待更新的行数以及筛选条件的检索效率密切相关。

☑ 待更新的行数：待更新的行数越多，Update 语句的速度就会越慢。这和导入的原理是一致的。Doris 的更新比较适合偶发更新的场景，比如修改个别行的值。Doris 并不适合大批量地修改数据。大批量修改会使得 Update 语句运行时间很久。

☑ 筛选条件的检索效率：Doris 的 Update 实现原理是先将满足 where 条件的行读取处理，所以如果 where 条件的检索效率高，则 Update 的速度也会快。where 条件列最好能命中索引或者分区分桶裁剪，这样 Doris 就不需要扫全表，可以快速定位到需要更新的行，从而提升更新效率。强烈不推荐 where 条件列中包含 UNIQUE 模型的 value 列。

默认情况下，并不允许同一时间对同一张表并发进行多个 Update 操作。主要原因是，Doris 目前支持的是行更新，这意味着，即使用户声明的是 SET v2 = 1，实际上，其他所有的 value 列也会被覆盖一遍（尽管值没有变化）。这就会存在一个问题，如果同时有两个 Update 操作对同一行进行更新，那么其行为可能是不确定的，也就是可能存在脏数据。

但在实际应用中，如果用户自己可以保证即使并发更新，也不会同时对同一行进行操作的话，就可以手动打开并发限制。修改 FE 配置 enable_concurrent_update，当配置值为 true 时，则对更新并发无限制。

5.1.2　Update 数据更新案例

（1）创建 Doris 表并插入数据。

```
#创建 Doris 表
CREATE TABLE IF NOT EXISTS example_db.update_tbl
(
`order_id` LARGEINT NOT NULL COMMENT "订单 id",
`order_amount` LARGEINT COMMENT "订单金额",
`order_status` VARCHAR(500) COMMENT "订单状态"
)
UNIQUE KEY(`order_id`)
DISTRIBUTED BY HASH(`order_id`) BUCKETS 1
PROPERTIES (
"replication_allocation" = "tag.location.default: 1"
);

#向表中插入数据
mysql> insert into example_db.update_tbl values (1,100,"待付款"),(2,200,"已付款"),
(3,300,"待发货"),(4,400,"已发货"),(5,500,"已签收")

#查询表中数据
mysql> select * from update_tbl;
+----------+-------------+-------------+
| order_id | order_amount | order_status |
+----------+-------------+-------------+
| 1        | 100         | 待付款       |
| 2        | 200         | 已付款       |
| 3        | 300         | 待发货       |
| 4        | 400         | 已发货       |
| 5        | 500         | 已签收       |
+----------+-------------+-------------+
```

（2）对表中数据进行 Update 修改。

```
#对表中 id=1 数据的 order_amout 修改为 1000，order_status 修改为待发货
mysql> update update_tbl set order_amount = 1000 ,order_status="待发货" where
order_id = 1;
```

（3）查询表中数据结果。

```
#查询表中数据
mysql> select * from update_tbl;
+----------+-------------+-------------+
| order_id | order_amount | order_status |
+----------+-------------+-------------+
```

```
| 1        | 1000          | 待发货        |
| 2        | 200           | 已付款        |
| 3        | 300           | 待发货        |
| 4        | 400           | 已发货        |
| 5        | 500           | 已签收        |
+----------+---------------+--------------+
5 rows in set (0.04 sec)
```

以上执行 Update 命令后，Doris 内部会进行如下三步：

第一步，读取满足 WHERE 订单 id=1 的行（1，100，'待付款'）。

第二步，变更该行的订单状态，从'待付款'改为'待发货'（1，1000，'待发货'）

第三步，将更新后的行再插入回表中，从而达到更新的效果。

由于表 update_tbl 是 UNIQUE 模型，相同 Key 的行覆盖之后后者才会生效，所以才有最终效果。

5.1.3 Update 使用注意事项

默认情况下，并不允许同一时间对同一张表并发进行多个 Update 操作。

由于 Doris 目前支持的是行更新，并且采用的是读取后再写入的两步操作，则如果 Update 语句和其他导入或 Delete 语句刚好修改的是同一行时，存在不确定的数据结果。

5.2 Delete 数据删除

Doris 支持通过两种方式对已导入的数据进行删除。一种是通过 DELETE FROM 语句，指定 WHERE 条件对数据进行删除。这种方式比较通用，适合频率较低的定时删除任务。

另一种删除方式仅针对 Unique 主键唯一模型，通过导入数据的方式将需要删除的主键行数据进行导入。Doris 内部会通过删除标记位对数据进行最终的物理删除。这种删除方式适合以实时的方式对数据进行删除。

Delete 是一个同步过程，与 Insert into 相似，所有的 Delete 操作在 Doris 中是一个独立的导入作业，一般 Delete 语句需要指定表和分区以及删除的条件来筛选要删除的数据，并将会同时删除 Base 表和 Rollup 表的数据。下面介绍 Delete 删除数据方式。

5.2.1 Delete 语法

Delete 删除数据的语法如下。

```
DELETE FROM table_name [table_alias] [PARTITION partition_name | PARTITIONS
(partition_name [, partition_name])]
WHERE
column_name op { value | value_list } [ AND column_name op { value | value_list }
...];
```

以上语法参数解释如下。

☑ table_name：指定需要删除数据的表。

☑ column_name：属于 table_name 的列。

☑ op：逻辑比较操作符，可选类型包括=、>、<、>=、<=、!=、in、not in。

☑ value | value_list：做逻辑比较的值或值列表。

使用删除语句时有以下注意点。

（1）不同于 Insert into 命令，Delete 不能手动指定 label。

（2）使用聚合类的表模型（AGGREGATE、UNIQUE）只能指定 key 列上的条件。

（3）当选定的 Key 列不存在于某个 Rollup 中时，无法进行 Delete。

（4）条件之间只能是“与”的关系。若希望达成“或”的关系，需要将条件分写在两个 DELETE 语句中。

（5）如果为分区表，需要指定分区，如果不指定，Doris 会从条件中推断出分区。以下两种情况下，Doris 无法从条件中推断出分区：

☑ 条件中不包含分区列。

☑ 分区列的操作为 not in。

当分区表未指定分区，或者无法从条件中推断分区时，需要设置会话变量 delete_without_partition 为 true，此时 Delete 会应用到所有分区。

（6）Delete 语句可能会降低执行后一段时间内的查询效率。影响程度取决于语句中指定的删除条件的数量。指定的条件越多，影响越大。

5.2.2 Delete 删除返回结果

Delete 命令是一个 SQL 命令，返回结果是同步的，分为以下几种。

1. 执行成功

如果 Delete 顺利执行完成并可见，将返回下列结果，Query OK 表示成功。

```
mysql> delete from test_tbl PARTITION p1 where k1 = 1;
Query OK, 0 rows affected (0.04 sec)
{'label':'delete_e7830c72-eb14-4cb9-bbb6-eebd4511d251','status':'VISIBLE','txnId':
'4005'}
```

2. 提交成功但未可见

Doris 的事务提交分为两步：提交和发布版本，只有完成了发布版本步骤，结果才对用户是可见的。若已经提交成功了，那么就可以认为最终一定会发布成功，Doris 会尝试在提交完后等待发布一段时间，如果超时后即使发布版本还未完成也会优先返回给用户，提示用户提交已经完成。若如果 Delete 已经提交并执行，但是仍未发布版本和可见，将返回下列结果。

```
mysql> delete from test_tbl PARTITION p1 where k1 = 1;
Query OK, 0 rows affected (0.04 sec)
{'label':'delete_e7830c72-eb14-4cb9-bbb6-eebd4511d251', 'status':'COMMITTED','txnId':
'4005', 'err':'delete job is committed but may be taking effect later' }
```

结果会同时返回一个 json 字符串：

☑ affected rows：表示此次删除影响的行，由于 Doris 的删除目前是逻辑删除，因此对于这个值

是恒为 0。

☑ label：自动生成的 label，是该导入作业的标识。每个导入作业，都有一个在单 Database 内部唯一的 Label。

☑ status：表示数据删除是否可见，如果可见则显示 VISIBLE，如果不可见则显示 COMMITTED。

☑ txnId：这个 Delete job 对应的事务 id。

☑ err：字段会显示一些本次删除的详细信息。

3. 提交失败事务取消

如果 Delete 语句没有提交成功，将会被 Doris 自动中止，返回下列结果。

```
mysql> delete from test_tbl partition p1 where k1 > 80;
ERROR 1064 (HY000): errCode = 2, detailMessage = {错误原因}
```

综上，对于 Delete 操作返回结果的正确处理逻辑为：

☑ 如果返回结果为 ERROR 1064 (HY000)，则表示删除失败。

☑ 如果返回结果为 Query OK，则表示删除执行成功。

- 如果 status 为 COMMITTED，表示数据仍不可见，用户可以稍等一段时间再用 SHOW DELETE 命令查看结果。
- 如果 status 为 VISIBLE，表示数据删除成功。

5.2.3 Delete 删除案例

1. 插入数据

创建 Doris 表，并插入数据。

```
CREATE TABLE IF NOT EXISTS example_db.delete_tbl
(
`user_id` LARGEINT NOT NULL COMMENT "用户 id",
`date` DATE NOT NULL COMMENT "数据灌入日期时间",
`timestamp` DATETIME NOT NULL COMMENT "数据灌入时间，精确到秒",
`city` VARCHAR(20) COMMENT "用户所在城市",
`age` SMALLINT COMMENT "用户年龄",
`sex` TINYINT COMMENT "用户性别",
`last_visit_date` DATETIME REPLACE DEFAULT "1970-01-01 00:00:00" COMMENT "用户最后
一次访问时间",
`cost` BIGINT SUM DEFAULT "0" COMMENT "用户总消费",
`max_dwell_time` INT MAX DEFAULT "0" COMMENT "用户最大停留时间",
`min_dwell_time` INT MIN DEFAULT "99999" COMMENT "用户最小停留时间"
)
ENGINE=OLAP
AGGREGATE KEY(`user_id`, `date`, `timestamp`, `city`, `age`, `sex`)
PARTITION BY RANGE(`date`)
(
PARTITION `p1` VALUES [("2017-10-01"),("2017-10-02")),
PARTITION `p2` VALUES [("2017-10-02"),("2017-10-03")),
PARTITION `p3` VALUES [("2017-10-03"),("2017-10-04"))
```

```
)
DISTRIBUTED BY HASH(`user_id`) BUCKETS 1
PROPERTIES (
"replication_allocation" = "tag.location.default: 1"
);

insert into example_db.delete_tbl values
(10000,"2017-10-01","2017-10-01 08:00:05","北京",20,0,"2017-10-01 06:00:00",20,10,10),
(10000,"2017-10-01","2017-10-01 09:00:05","北京",20,0,"2017-10-01 07:00:00",15,2,2),
(10001,"2017-10-01","2017-10-01 18:12:10","北京",30,1,"2017-10-01 17:05:45",2,22,22),
(10002,"2017-10-02","2017-10-02 13:10:00","上海",20,1,"2017-10-02 12:59:12",200,5,5),
(10003,"2017-10-02","2017-10-02 13:15:00","广州",32,0,"2017-10-02 11:20:00",30,11,11),
(10004,"2017-10-01","2017-10-01 12:12:48","深圳",35,0,"2017-10-01 10:00:15",100,3,3),
(10004,"2017-10-03","2017-10-03 12:38:20","深圳",35,0,"2017-10-03 10:20:22",11,6,6);
```

2．删除表中数据

```
#对于分区表删除数据要么需要指定分区，要么设置 delete_without_partition 为 true
mysql> set delete_without_partition=true;

#删除数据
mysql> delete from delete_tbl where user_id =10004;

#查看结果数据
mysql> select * from delete_tbl;
+---------+------------+---------------------+--------+-
| user_id | date       | timestamp           | city   |
+---------+------------+---------------------+--------+-
| 10000   | 2017-10-01 | 2017-10-01 08:00:05 | 北京   |
| 10000   | 2017-10-01 | 2017-10-01 09:00:05 | 北京   |
| 10001   | 2017-10-01 | 2017-10-01 18:12:10 | 北京   |
| 10002   | 2017-10-02 | 2017-10-02 13:10:00 | 上海   |
| 10003   | 2017-10-02 | 2017-10-02 13:15:00 | 广州   |
+---------+------------+---------------------+--------+-
```

3．查看已完成的删除记录

用户可以通过 SHOW DELETE 语句查看历史上已执行完成的删除记录，语法如下。

```
SHOW DELETE [FROM db_name]
```

查询刚刚删除的语句。

```
mysql> show delete from example_db;
+------------+---------------+---------------------+--------------------+----------+
| TableName  | PartitionName | CreateTime          | DeleteCondition    | State    |
+------------+---------------+---------------------+--------------------+----------+
| delete_tbl | *             | 2023-04-01 15:14:42 | user_id EQ "10004" | FINISHED |
+------------+---------------+---------------------+--------------------+----------+
```

5.2.4　Delete 相关配置

Doris 的删除作业的超时时间限制在 30s～5min，具体时间可通过下面配置项调整，以下参数都是

在 FE 节点上进行配置。

- ☑ tablet_delete_timeout_second：Delete 自身的超时时间是可受指定分区下 Tablet 的数量弹性改变的，此项配置为平均一个 Tablet 所贡献的 timeout 时间，默认值为 2s。假设此次删除所指定分区下有 5 个 Tablet，那么可提供给 Delete 的 timeout 时间为 10s，由于低于最低超时时间 30s，因此最终超时时间为 30s。
- ☑ load_straggler_wait_second：如果用户预估的数据量确实比较大，使得 5min 的上限不足时，用户可以通过此项调整 timeout 上限，默认值为 300。
- ☑ query_timeout：因为 Delete 本身是一个 SQL 命令，因此删除语句也会受 Session 限制，timeout 还受 Session 中的 query_timeout 值影响，可以通过 SET query_timeout = xxx 来增加超时时间，单位是 s。
- ☑ max_allowed_in_element_num_of_delete：如果用户在使用 in 谓词时需要占用的元素比较多，用户可以通过此项调整允许携带的元素上限，默认值为 1024。

5.3 Sequence 列

为了能更好地了解 Doris 中的批量删除，我们需要了解 Sequence 列。Unique 模型主要针对需要唯一主键的场景，可以保证主键唯一性约束，但是由于使用 REPLACE 聚合方式，在同一批次中导入的数据替换顺序不做保证。替换顺序无法保证则无法确定最终导入表中的具体数据，存在不确定性。

为了解决这个问题，Doris 支持了 Sequence 列，通过用户在导入时指定 Sequence 列，相同 Key 列下，REPLACE 聚合类型的列将按照 Sequence 列的值进行替换，较大值可以替换较小值，反之则无法替换。该方法将顺序的确定交给了用户，由用户控制替换顺序。

Sequence 列目前只支持 Unique 存储模型。

5.3.1 基本原理

可以在 Unique 类型的数据存储表中指定某列为 Sequence 列，指定后，Doris 会针对该表增加一个隐藏列__DORIS_SEQUENCE_COL__实现，该隐藏列就视为 Sequence 的列。在向表中导入数据时会根据此列的值判断数据大小，数值大的会被保留，数值小的会被替换。

在向指定了 Sequence 列的 Unique 类型表中导入数据时，FE 在解析的过程中将隐藏列的值设置成 order by 表达式的值（Broker Load 和 Routine Load），或者 function_column.sequence_col 表达式的值（Stream Load），Value 列将按照该值进行替换。

5.3.2 使用语法

在创建 Unique 类型存储表时有两种方式来指定 Sequence 列，一种是建表时设置 sequence_col 属性，一种是建表时设置 sequence_type 属性。

1．设置 sequence_col（推荐）

创建 Unique 表时，指定 Sequence 列到表中其他 column 的映射，命令如下。

```
PROPERTIES (
"function_column.sequence_col" = 'column_name',
);
```

sequence_col 用来指定 Sequence 列到表中某一列的映射，该列可以为整型和时间类型（DATE、DATETIME），创建后不能更改该列的类型。

导入方式和没有 Sequence 列时一样，使用相对比较简单，推荐使用。

2．设置 sequence_type

创建 Unique 表时，指定 Sequence 列类型，命令如下。

```
PROPERTIES (
"function_column.sequence_type" = 'Date',
);
```

sequence_type 用来指定 Sequence 列的类型，可以为整型和时间类型（DATE、DATETIME）。

导入时需要指定 Sequence 列到其他列的映射，例如使用 Stream Load 方式向表导入数据时，需要在 Header 中的 function_column.sequence_col 字段添加隐藏列对应的 source_sequence 的映射，示例如下。

```
curl --location-trusted -u root -H "columns: k1,k2,source_sequence,v1,v2" -H
"function_column.sequence_col: source_sequence" -T testData
http://host:port/api/testDb/testTbl/_stream_load
```

关于其他导入方式如何指定 sequence_type 对应的列参考：https://doris.apache.org/zh-CN/docs/dev/data-operate/update-delete/sequence-column-manual/#设置 sequence_type。

5.3.3　Sequence 列使用案例

下面以 Stream Load 向 Doris Unique 表中加载数据为例来展示 Sequence 列作用。

1．创建 Doris Unique 表

```
#创建 Doris Unique 表
CREATE TABLE example_db.sequence_unique_tbl
(
    user_id bigint,
    date date,
    group_id bigint,
    modify_date date,
    keyword VARCHAR(128)
)
UNIQUE KEY(user_id, date, group_id)
DISTRIBUTED BY HASH (user_id) BUCKETS 1
PROPERTIES(
    "function_column.sequence_col" = 'modify_date',
    "replication_num" = "1",
    "in_memory" = "false"
);
```

```
#查看表结构
mysql> desc sequence_unique_tbl;
+-------------+--------------+------+-------+---------+---------+
| Field       | Type         | Null | Key   | Default | Extra   |
+-------------+--------------+------+-------+---------+---------+
| user_id     | BIGINT       | Yes  | true  | NULL    |         |
| date        | DATE         | Yes  | true  | NULL    |         |
| group_id    | BIGINT       | Yes  | true  | NULL    |         |
| modify_date | DATE         | Yes  | false | NULL    | REPLACE |
| keyword     | VARCHAR(128) | Yes  | false | NULL    | REPLACE |
+-------------+--------------+------+-------+---------+---------+

#显示隐藏列
mysql> SET show_hidden_columns=true;

#再次显示表结构
mysql> desc sequence_unique_tbl;
+------------------------+--------------+------+-------+---------+---------+
| Field                  | Type         | Null | Key   | Default | Extra   |
+------------------------+--------------+------+-------+---------+---------+
| user_id                | BIGINT       | Yes  | true  | NULL    |         |
| date                   | DATE         | Yes  | true  | NULL    |         |
| group_id               | BIGINT       | Yes  | true  | NULL    |         |
| modify_date            | DATE         | Yes  | false | NULL    | REPLACE |
| keyword                | VARCHAR(128) | Yes  | false | NULL    | REPLACE |
| __DORIS_DELETE_SIGN__  | TINYINT      | No   | false | 0       | REPLACE |
| __DORIS_SEQUENCE_COL__ | DATE         | Yes  | false | NULL    | REPLACE |
+------------------------+--------------+------+-------+---------+---------+
```

2. 向 Unique 表中加载数据

```
#在 node1 中准备/root/data/testdata.txt 文件写入如下数据
1,2020-02-22,1,2020-02-26,a
1,2020-02-22,1,2020-03-15,b
1,2020-02-22,1,2020-02-22,c

#以 Stream Load 方式向表中加载数据
[root@node1 ~]# curl --location-trusted -u root:123456 -T /root/data/testdata.txt
-H "column_separator:,"  http://node1:8030/api/example_db/sequence_unique_tbl/
_stream_load
{
    "TxnId": 30055,
    "Label": "53cf3133-863e-4db6-943e-2dc8cd21f6e6",
    "TwoPhaseCommit": "false",
    "Status": "Success",
    "Message": "OK",
    "NumberTotalRows": 6,
    "NumberLoadedRows": 6,
    "NumberFilteredRows": 0,
    "NumberUnselectedRows": 0,
```

```
    "LoadBytes": 168,
    "LoadTimeMs": 122,
    "BeginTxnTimeMs": 3,
    "StreamLoadPutTimeMs": 15,
    "ReadDataTimeMs": 0,
    "WriteDataTimeMs": 64,
    "CommitAndPublishTimeMs": 35
}
```

3. 导入数据后查询结果

```
mysql> select * from sequence_unique_tbl;
+---------+------------+----------+-------------+---------+
| user_id | date       | group_id | modify_date | keyword |
+---------+------------+----------+-------------+---------+
|       1 | 2020-02-22 |        1 | 2020-03-15  | b       |
+---------+------------+----------+-------------+---------+
```

在这次导入中，因 sequence column 的值（也就是 modify_date 中的值）中'2020-03-15'为最大值，所以 keyword 列中最终保留了 b。

4. 第二次向表中导入数据并再次查询结果

```
#在 node1 /root/data/testdata2.txt 文件中准备如下数据
1,2020-02-22,1,2020-02-22,a
1,2020-02-22,1,2020-02-23,b

#再次通过 Stream Load 向表 sequence_unique_tbl 中加载数据
[root@node1 data]# curl --location-trusted -u root:123456 -T /root/data/testdata2.txt
-H "column_separator:,"  http://node1:8030/api/example_db/sequence_unique_tbl/
_stream_load
{
    "TxnId": 30056,
    "Label": "4dad06e2-9113-4f96-aada-9a4f04119a64",
    "TwoPhaseCommit": "false",
    "Status": "Success",
    "Message": "OK",
    "NumberTotalRows": 2,
    "NumberLoadedRows": 2,
    "NumberFilteredRows": 0,
    "NumberUnselectedRows": 0,
    "LoadBytes": 56,
    "LoadTimeMs": 68,
    "BeginTxnTimeMs": 1,
    "StreamLoadPutTimeMs": 4,
    "ReadDataTimeMs": 0,
    "WriteDataTimeMs": 27,
    "CommitAndPublishTimeMs": 33
}

#再次查看数据表中数据，还是没有变
```

```
mysql> select * from sequence_unique_tbl;
+---------+------------+----------+-------------+---------+
| user_id | date       | group_id | modify_date | keyword |
+---------+------------+----------+-------------+---------+
|       1 | 2020-02-22 |        1 | 2020-03-15  | b       |
+---------+------------+----------+-------------+---------+
```

在这次导入的数据中，会比较所有已导入数据的 sequence column（也就是 modify_date)，其中'2020-03-15'为最大值，所以 keyword 列中最终保留了 b。

5. 第三次向表中导入数据并再次查询结果

```
#在 node1  /root/data/testdata3.txt 文件中准备如下数据
1,2020-02-22,1,2020-02-22,a
1,2020-02-22,1,2020-03-23,w

#再次通过 Stream Load 向表 sequence_unique_tbl 中加载数据
[root@node1 data]# curl --location-trusted -u root:123456 -T /root/data/testdata3.txt
-H "column_separator:,"  http://node1:8030/api/example_db/sequence_unique_tbl/
_stream_load
{
    "TxnId": 30057,
    "Label": "fd45a993-5742-4e63-ba19-e091368d607a",
    "TwoPhaseCommit": "false",
    "Status": "Success",
    "Message": "OK",
    "NumberTotalRows": 2,
    "NumberLoadedRows": 2,
    "NumberFilteredRows": 0,
    "NumberUnselectedRows": 0,
    "LoadBytes": 56,
    "LoadTimeMs": 70,
    "BeginTxnTimeMs": 2,
    "StreamLoadPutTimeMs": 5,
    "ReadDataTimeMs": 0,
    "WriteDataTimeMs": 21,
    "CommitAndPublishTimeMs": 39
}

#再次查看数据表中数据
mysql> select * from sequence_unique_tbl;
+---------+------------+----------+-------------+---------+
| user_id | date       | group_id | modify_date | keyword |
+---------+------------+----------+-------------+---------+
|       1 | 2020-02-22 |        1 | 2020-03-23  | w       |
+---------+------------+----------+-------------+---------+
```

此时就可以替换表中原有的数据。综上，在导入过程中，会比较所有批次的 Sequence 列值，选择值最大的记录导入 Doris 表中。

5.4　批量删除

对于数据的删除目前只能通过 Delete 语句进行删除，使用 Delete 语句的方式删除时，每执行一次 Delete 都会生成一个新的数据版本，如果频繁删除会严重影响查询性能，并且在使用 Delete 方式删除时，是通过生成一个空的 rowset 来记录删除条件实现，每次读取都要对删除条件进行过滤，同样在条件较多时会对性能造成影响。

可以使用批量删除方式来解决以上问题，批量删除只针对 Unique 模型的存储表。

5.4.1　批量删除原理

目前 Doris 支持 Broker Load、Routine Load、Stream Load 等多种导入方式，针对一张已经存在的 Unique 表，通过不同的导入方式向表中增加数据时，导入的数据有以下三种合并方式：

- ☑ APPEND：数据全部追加到现有数据中【默认】。
- ☑ DELETE：删除所有与导入数据 Key 列值相同的行（当表存在 Sequence 列时，需要同时满足主键相同以及 Sequence 列的大小逻辑才能正确删除）。
- ☑ MERGE：根据 DELETE ON 的决定 APPEND 还是 DELETE。

可以通过向 Unique 表中导入数据时指定 DELETE 模式来删除表中相同 Key 的数据，Unique 表底层有一个隐藏列__DORIS_DELETE_SIGN__，该隐藏列底层实际为 true 或者 false，分别使用 TyinInt 类型 1 和 0 代表，决定了 Unique 表中最终展示给用户的数据。向 Unique 表中导入数据进行删除时会自动根据导入的相同 Key 的数据进行该隐藏列的标记进行删除，用户读取时扫描数据时会自动增加__DORIS_DELETE_SIGN__ != true 的条件，即查询__DORIS_DELETE_SIGN__为 0 的数据最终展示给用户。

5.4.2　批量删除案例

这里以向 Unique 数据存储模型表导入数据进行表数据删除演示，关于其他导入数据方式参考官网：https://doris.apache.org/zh-CN/docs/dev/data-operate/update-delete/batch-delete-manual#语法说明。

Unique 表中有无 Sequence 列，在通过导入数据达到删除数据目的上效果不同，具体区别参考以下案例。

1. Unique 表没有 Sequence 列

（1）创建没有 Sequence 列的 Unique 存储表，并加载数据。

```
#创建表
CREATE TABLE example_db.delete_tbl2
(
    name VARCHAR(128),
    gender VARCHAR(10),
    age int
)
```

```
UNIQUE KEY(name)
DISTRIBUTED BY HASH (name) BUCKETS 1
PROPERTIES(
    "replication_num" = "1"
);

#向表中插入如下数据
mysql> insert into delete_tbl2 values ("li","male",10),("wang","male",14),("zhang",
"male",12);

#设置开启/关闭隐藏列
mysql> SET show_hidden_columns=false;

#查询表中数据
mysql> select * from delete_tbl2;
+-------+--------+------+
| name  | gender | age  |
+-------+--------+------+
| li    | male   |   10 |
| wang  | male   |   14 |
| zhang | male   |   12 |
+-------+--------+------+
```

（2）通过 Stream Load 向表中加载数据并删除相同 Key 数据。

```
#在 node1 准备/root/data/del_data.txt 写入如下数据
li,male,9

#执行 Stream Load 命令，将数据导入表 delete_tbl2 中
[root@node1 data]# curl --location-trusted -u root:123456 -H "column_separator:,"
-H "merge_type: DELETE"  -T /root/data/del_data.txt http://node1:8030/api/example_db/
delete_tbl2/_stream_load
{
    "TxnId": 30060,
    "Label": "a09fa8fa-7b01-4df2-a2ca-fe1a8e891177",
    "TwoPhaseCommit": "false",
    "Status": "Success",
    "Message": "OK",
    "NumberTotalRows": 1,
    "NumberLoadedRows": 1,
    "NumberFilteredRows": 0,
    "NumberUnselectedRows": 0,
    "LoadBytes": 11,
    "LoadTimeMs": 60,
    "BeginTxnTimeMs": 4,
    "StreamLoadPutTimeMs": 7,
    "ReadDataTimeMs": 0,
    "WriteDataTimeMs": 19,
    "CommitAndPublishTimeMs": 26
}
```

```
#查询表 delete_tbl2 中的数据
mysql> select * from delete_tbl2;
+-------+--------+------+
| name  | gender | age  |
+-------+--------+------+
| wang  | male   |   14 |
| zhang | male   |   12 |
+-------+--------+------+
```

可以看到对没有 Sequence 列的 Unique 存储表通过 Stream Load 方式导入数据达到删除数据目的时，需要指定-H "merge_type: DELETE"参数，只要是导入数据中有与表中相同 Key 的数据，该 Key 对应数据会被删除。

2．Unique 表有 Sequence 列

当 Unique 表设置了 Sequence 列时，在相同 Key 列下，Sequence 列的值会作为 REPLACE 聚合函数替换顺序的依据，较大值可以替换较小值。当对这种表基于__DORIS_DELETE_SIGN__进行删除标记时，需要保证 key 相同和 Sequence 列值要大于等于当前值。

（1）创建带有 Sequence 列的 Unique 存储表，并加载数据。

```
#创建表
CREATE TABLE example_db.delete_tbl3
(
    name VARCHAR(128),
    gender VARCHAR(10),
    age int
)
UNIQUE KEY(name)
DISTRIBUTED BY HASH (name) BUCKETS 1
PROPERTIES(
    "function_column.sequence_col" = 'age',
    "replication_num" = "1"
);

#向表中插入如下数据
mysql> insert into delete_tbl3 values ("li","male",10),("wang","male",14),("zhang",
"male",12);

#设置开启/关闭隐藏列
mysql> SET show_hidden_columns=false;

#查询表中数据
mysql> select * from delete_tbl3;
+-------+--------+------+
| name  | gender | age  |
+-------+--------+------+
| li    | male   |   10 |
| wang  | male   |   14 |
```

```
| zhang | male   |   12 |
+-------+--------+------+
```

（2）通过 Stream Load 向表中加载数据并删除相同 Key 数据。

```
#在 node1 准备/root/data/del_data2.txt 写入如下数据
li,male,9
wang,male,30

#执行 Stream Load 命令，将数据导入表 delete_tbl3 中
[root@node1 ~]# curl --location-trusted -u root:123456 -H "column_separator:," -H
"merge_type: DELETE"  -T /root/data/del_data2.txt http://node1:8030/api/example_db/
delete_tbl3/_stream_load
{
    "TxnId": 30065,
    "Label": "0c7b038b-0717-47c4-aaad-b2df2c80fe4f",
    "TwoPhaseCommit": "false",
    "Status": "Success",
    "Message": "OK",
    "NumberTotalRows": 2,
    "NumberLoadedRows": 2,
    "NumberFilteredRows": 0,
    "NumberUnselectedRows": 0,
    "LoadBytes": 23,
    "LoadTimeMs": 54,
    "BeginTxnTimeMs": 2,
    "StreamLoadPutTimeMs": 5,
    "ReadDataTimeMs": 0,
    "WriteDataTimeMs": 25,
    "CommitAndPublishTimeMs": 18
}

#查询表 delete_tbl3 中的数据
mysql> select * from delete_tbl3;
+-------+--------+------+
| name  | gender | age  |
+-------+--------+------+
| li    | male   |   10 |
| zhang | male   |   12 |
+-------+--------+------+
```

以上结果主要原因如下。

（1）由于表设置了 Sequence 列，针对相同 Key 列下，Sequence 列的值会作为 REPLACE 聚合函数替换顺序的依据，较大值可以替换较小值，所以 name 为 li 的数据不会被删除。

（2）对含有 Sequence 列的 Unique 存储这种表基于__DORIS_DELETE_SIGN__进行删除标记时，需要保证 Key 相同和 Sequence 列值要大于等于当前值。所以 name 为 wang 的数据由于该 Key 导入的数据对应的 Sequence 列大于源表中该 Key 对应的 Sequence 列的值，所以会被删除。

第 6 章

Doris 进阶

本章深入探讨了在 Doris 中的进阶应用技巧，读者将全面了解如何进行表结构变更、动态分区管理、数据缓存优化，以及掌握 Doris Join 类型、Runtime Filter 和 Join 优化原理的应用。此外，还介绍了 BITMAP 精准去重和物化视图的使用方法，帮助读者进一步提升数据查询和分析的性能和效率。

6.1 表结构变更

当谈到 Doris 表结构变更时，通常指的是对 Doris 数据库中的表进行修改、调整或增加列等操作。这种变更可以通过对表的模式（schema）进行更改来实现，即 Schema Change。还可以通过替换表的操作实现表结构变更。

6.1.1 Schema Change

用户可以通过 Schema Change 操作来修改已存在表的模式。目前 Doris 支持增加、删除列，修改列类型，调整列顺序，增加、修改 Bloom Filter，增加、删除 bitmap index 等几种修改。

下面对 Doris 表中的 Rollup 增加列以及修改表的列类型来演示 Schema Change 作业。关于 Schema Change 其他语法可以参考官网：https://doris.apache.org/zh-CN/docs/dev/sql-manual/sql-reference/Data-Definition-Statements/Alter/ALTER-TABLE-COLUMN/，下面直接演示作业创建、查看/取消作业以及注意事项。

1. 对 Doris 表中的 Rollup 增加列

（1）创建 Doris 表及基于该表创建两个 Rollup 物化索引。

```
#创建 Doris 表
CREATE TABLE IF NOT EXISTS example_db.schema_test1
(
`k1` INT,
`k2` INT,
`k3` INT,
`v1` DOUBLE MAX,
`v2` FLOAT SUM
)
AGGREGATE KEY(`k1`,`k2`,`k3`)
DISTRIBUTED BY HASH(`k1`) BUCKETS 1
PROPERTIES (
"replication_allocation" = "tag.location.default: 1"
```

```
);

#创建 rollup1 物化索引
mysql> ALTER TABLE example_db.schema_test1 ADD ROLLUP rollup1(k1,k2);

#查看 Rollup 执行情况
mysql> show alter table rollup\G;

#稍等一会再创建 rollup2 物化索引
mysql> ALTER TABLE example_db.schema_test1 ADD ROLLUP rollup2(k2);

#查看表 schema_test1 schema 信息描述
mysql> desc schema_test1 all;
+-------------+---------------+-------+--------+------+-------+---------+-------+---------+
| IndexName   | IndexKeysType | Field | Type   | Null | Key   | Default | Extra | Visible |
+-------------+---------------+-------+--------+------+-------+---------+-------+---------+
| schema_test1| AGG_KEYS      | k1    | INT    | Yes  | true  | NULL    |       | true    |
|             |               | k2    | INT    | Yes  | true  | NULL    |       | true    |
|             |               | k3    | INT    | Yes  | true  | NULL    |       | true    |
|             |               | v1    | DOUBLE | Yes  | false | NULL    | MAX   | true    |
|             |               | v2    | FLOAT  | Yes  | false | NULL    | SUM   | true    |
|             |               |       |        |      |       |         |       |         |
| rollup2     | AGG_KEYS      | k2    | INT    | Yes  | true  | NULL    |       | true    |
|             |               |       |        |      |       |         |       |         |
| rollup1     | AGG_KEYS      | k1    | INT    | Yes  | true  | NULL    |       | true    |
|             |               | k2    | INT    | Yes  | true  | NULL    |       | true    |
+-------------+---------------+-------+--------+------+-------+---------+-------+---------+
```

（2）给表中的 Rollup 增加列。

```
#向 Doris 表加入列并更新到 Rollup
ALTER TABLE example_db.schema_test1
ADD COLUMN k4 INT default "1" to rollup1,
ADD COLUMN k4 INT default "1" to rollup2,
ADD COLUMN k5 INT default "1" to rollup2;

#查看表描述
+-------------+---------------+-------+--------+------+-------+---------+-------+---------+
| IndexName   | IndexKeysType | Field | Type   | Null | Key   | Default | Extra | Visible |
+-------------+---------------+-------+--------+------+-------+---------+-------+---------+
| schema_test1| AGG_KEYS      | k1    | INT    | Yes  | true  | NULL    |       | true    |
|             |               | k2    | INT    | Yes  | true  | NULL    |       | true    |
|             |               | k3    | INT    | Yes  | true  | NULL    |       | true    |
|             |               | k4    | INT    | Yes  | true  | 1       |       | true    |
|             |               | k5    | INT    | Yes  | true  | 1       |       | true    |
|             |               | v1    | DOUBLE | Yes  | false | NULL    | MAX   | true    |
|             |               | v2    | FLOAT  | Yes  | false | NULL    | SUM   | true    |
|             |               |       |        |      |       |         |       |         |
| rollup2     | AGG_KEYS      | k2    | INT    | Yes  | true  | NULL    |       | true    |
|             |               | k4    | INT    | Yes  | true  | 1       |       | true    |
```

```
|              |                | k5       | INT      | Yes    | true   | 1        |        | true      |
|              |                |          |          |        |        |          |        |           |
| rollup1      | AGG_KEYS       | k1       | INT      | Yes    | true   | NULL     |        | true      |
|              |                | k2       | INT      | Yes    | true   | NULL     |        | true      |
|              |                | k4       | INT      | Yes    | true   | 1        |        | true      |
+--------------+----------------+----------+----------+--------+--------+----------+--------+-----------+
```

可以看到，Base 表 tbl1 也自动加入了 k4、k5 列。即给任意 Rollup 增加的列，都会自动加入 Base 表中。

同时，不允许向 Rollup 中加入 Base 表已经存在的列。如果用户需要这样做，可以重新建立一个包含新增列的 Rollup，之后再删除原 Rollup。

2. 修改 Doris 表列类型

修改表的 Key 列是通过 Key 关键字完成，这个用法只针对 Duplicate key 表的 Key 列。

（1）创建 Doris 表。

```
#创建 schema_test2 表
CREATE TABLE IF NOT EXISTS example_db.schema_test2
(
`k1` INT,
`k2` INT,
`k3` VARCHAR(20),
`k4` INT,
`v1` BIGINT COMMENT "负责人 id",
`v2` DATETIME COMMENT "处理时间"
)
DUPLICATE KEY(`k1`, `k2`, `k3`, `k4`)
DISTRIBUTED BY HASH(`k1`) BUCKETS 1
PROPERTIES (
"replication_allocation" = "tag.location.default: 1"
);

#查看表结构
mysql> desc schema_test2;
+-------+-------------+------+-------+---------+-------+
| Field | Type        | Null | Key   | Default | Extra |
+-------+-------------+------+-------+---------+-------+
| k1    | INT         | Yes  | true  | NULL    |       |
| k2    | INT         | Yes  | true  | NULL    |       |
| k3    | VARCHAR(20) | Yes  | true  | NULL    |       |
| k4    | INT         | Yes  | true  | NULL    |       |
| v1    | BIGINT      | Yes  | false | NULL    | NONE  |
| v2    | DATETIME    | Yes  | false | NULL    | NONE  |
+-------+-------------+------+-------+---------+-------+
```

（2）修改 k3 列长度为 50。

```
#修改 k3 列长度为 50
mysql> alter table schema_test2 modify column k3 varchar(50) key null comment 'to
```

```
50';

#查看表结构
mysql> desc schema_test2;
+-------+-------------+------+-------+---------+-------+
| Field | Type        | Null | Key   | Default | Extra |
+-------+-------------+------+-------+---------+-------+
| k1    | INT         | Yes  | true  | NULL    |       |
| k2    | INT         | Yes  | true  | NULL    |       |
| k3    | VARCHAR(50) | Yes  | true  | NULL    |       |
| k4    | INT         | Yes  | true  | NULL    |       |
| v1    | BIGINT      | Yes  | false | NULL    | NONE  |
| v2    | DATETIME    | Yes  | false | NULL    | NONE  |
+-------+-------------+------+-------+---------+-------+
```

3. 查看/取消作业

因为 Schema Change 作业是异步操作，同一个表同时只能进行一个 Schema Change 作业，查看作业运行情况，可以通过下面这个命令：

```
mysql> SHOW ALTER TABLE COLUMN\G;
*************************** 1. row ***************************
        JobId: 49045
    TableName: schema_test
   CreateTime: 2023-04-03 11:14:05.527
   FinishTime: 2023-04-03 11:14:06.945
    IndexName: rollup1
      IndexId: 49052
OriginIndexId: 49038
SchemaVersion: 1:395914523
TransactionId: 31033
        State: FINISHED
          Msg:
     Progress: NULL
      Timeout: 2592000
```

在作业状态不为 FINISHED 或 CANCELLED 的情况下，可以通过以下命令取消 Schema Change 作业。

```
CANCEL ALTER TABLE COLUMN FROM tbl_name;
```

4. 注意事项

（1）一张表在同一时间只能有一个 Schema Change 作业在运行。

（2）Schema Change 操作不阻塞导入和查询操作。

（3）分区列和分桶列不能修改。

（4）如果 Schema 中有 REPLACE 方式聚合的 value 列，则不允许删除 Key 列。

（5）如果删除 Key 列，Doris 无法决定 REPLACE 列的取值。

（6）Unique 数据模型表的所有非 Key 列都是 REPLACE 聚合方式。

（7）在新增聚合类型为 SUM 或者 REPLACE 的 value 列时，该列的默认值对历史数据没有含

义。因为历史数据已经失去明细信息，所以默认值的取值并不能实际反映聚合后的取值。

（8）当修改列类型时，除 Type 以外的字段都需要按原列上的信息补全。

如修改列 k1 INT SUM NULL DEFAULT "1"类型为 BIGINT，则需执行命令如下：

```
ALTER TABLE tbl1 MODIFY COLUMN k1 BIGINT SUM NULL DEFAULT "1";
```

⚠注意

除新的列类型外，如聚合方式，Nullable 属性，以及默认值都要按照原信息补全。

（9）不支持修改列名称、聚合类型、Nullable 属性、默认值以及列注释。

6.1.2　替换表

在 0.14 版本中，Doris 支持对两个表进行原子性替换操作，该操作仅适用于 OLAP 表。

1. 替换表语法及原理

替换表语法如下。

```
ALTER TABLE [db.]tbl1 REPLACE WITH TABLE tbl2
[PROPERTIES('swap' = 'true')];
```

以上语法是将表 tbl1 替换为表 tbl2。

☑ 如果 swap 参数为 true（默认），则替换后，名称为 tbl1 表中的数据为原 tbl2 表中的数据。而名称为 tbl2 表中的数据为原 tbl1 表中的数据，即两张表数据发生了互换。

☑ 如果 swap 参数为 false，则替换后，名称为 tbl1 表中的数据为原 tbl2 表中的数据。而名称为 tbl2 表被删除。

替换表功能，实际上是将以下操作集合变成一个原子操作。

假设要将表 A 替换为表 B，且 swap 为 true，则操作如下。

（1）将表 B 重命名为表 A。

（2）将表 A 重命名为表 B。

如果 swap 为 false，则操作如下。

（1）删除表 A。

（2）将表 B 重命名为表 A。

2. 替换表案例

（1）创建表并加载数据。

```
#创建表 replace_tbl1 并插入数据
CREATE TABLE IF NOT EXISTS example_db.replace_tbl1
(
`k1` INT,
`k2` INT,
`k3` INT,
`v1` BIGINT,
`v2` BIGINT
)
```

```
DUPLICATE KEY(`k1`, `k2`, `k3`)
DISTRIBUTED BY HASH(`k1`) BUCKETS 1
PROPERTIES (
"replication_allocation" = "tag.location.default: 1"
);

insert into replace_tbl1 values (1,2,3,4,5),(5,7,8,9,10);

#创建表 replace_tbl2 并插入数据
CREATE TABLE IF NOT EXISTS example_db.replace_tbl2
(
`k1` INT,
`v1` BIGINT
)
DUPLICATE KEY(`k1`)
DISTRIBUTED BY HASH(`k1`) BUCKETS 1
PROPERTIES (
"replication_allocation" = "tag.location.default: 1"
);

insert into replace_tbl2 values (100,200),(200,300);

#查看两表中的数据
mysql> select * from replace_tbl1;
+------+------+------+------+------+
| k1   | k2   | k3   | v1   | v2   |
+------+------+------+------+------+
|    1 |    2 |    3 |    4 |    5 |
|    5 |    7 |    8 |    9 |   10 |
+------+------+------+------+------+

mysql> select * from replace_tbl2;
+------+------+
| k1   | v1   |
+------+------+
|  100 |  200 |
|  200 |  300 |
+------+------+
```

（2）演示表交换操作。

```
#交换 replace_tbl1 与 replace_tbl2
mysql> ALTER TABLE replace_tbl1 REPLACE WITH TABLE replace_tbl2;

#查看两表数据，表结构和数据已经互换
mysql> select * from replace_tbl1;
+------+------+
| k1   | v1   |
+------+------+
|  100 |  200 |
```

```
|  200 |  300 |
+------+------+

mysql> select * from replace_tbl2;
+------+------+------+------+------+
| k1   | k2   | k3   | v1   | v2   |
+------+------+------+------+------+
|    1 |    2 |    3 |    4 |    5 |
|    5 |    7 |    8 |    9 |   10 |
+------+------+------+------+------+
```

（3）演示表替换操作。

```
#基于上一步的基础之上，再次执行如下 SQL 操作
ALTER TABLE replace_tbl1 REPLACE WITH TABLE replace_tbl2 PROPERTIES('swap' =
'false');

#再次查询表 replace_tbl1 和 replace_tbl2，发现 replace_tbl1 表结构和数据为 replace_tbl2 的信
息，replace_tbl2 被删除
mysql> select * from replace_tbl1;
+------+------+------+------+------+
| k1   | k2   | k3   | v1   | v2   |
+------+------+------+------+------+
|    1 |    2 |    3 |    4 |    5 |
|    5 |    7 |    8 |    9 |   10 |
+------+------+------+------+------+

mysql> select * from replace_tbl2;
ERROR 1105 (HY000): errCode = 2, detailMessage = Unknown table 'replace_tbl2'
```

3．注意事项

（1）swap 参数默认为 true。即替换表操作相当于将两张表数据进行交换。

（2）如果设置 swap 参数为 false，则被替换的表（表 A）将被删除，且无法恢复。

（3）替换操作仅能发生在两张 OLAP 表之间，且不会检查两张表的表结构是否一致。

（4）替换操作不会改变原有的权限设置。因为权限检查以表名称为准。

（5）某些情况下，用户希望能够重写某张表的数据，但如果采用先删除再导入的方式进行，在中间会有一段时间无法查看数据。这时，用户可以先使用 CREATE TABLE LIKE 语句创建一个相同结构的新表，将新的数据导入新表后，通过替换操作，可以原子地替换旧表，以达到目的。

6.2　动 态 分 区

在某些使用场景下，用户会将表按照天进行分区划分，每天定时执行例行任务，这时需要用户手动管理分区，否则可能由于用户没有创建分区导致数据导入失败，这给用户带来了额外的维护成本。

通过动态分区功能，用户可以在建表时设定动态分区的规则。FE 会启动一个后台线程，根据用

户指定的规则创建或删除分区。用户也可以在运行时对现有规则进行变更。

动态分区是在 Doris 0.12 版本中引入的新功能，旨在对表级别的分区实现生命周期管理（TTL），减少用户的使用负担，目前实现了动态添加分区及动态删除分区的功能。需要注意的是动态分区只支持 Range 分区。

6.2.1 动态分区使用及参数

动态分区的规则可以在建表时指定，或者在运行时进行修改。当前仅支持对单分区列的分区表设定动态分区规则。

（1）建表时指定。

```
CREATE TABLE tbl1
(...)
PARTITION BY RANGE(动态分区列，只支持单列)()
PROPERTIES
(
"dynamic_partition.prop1" = "value1",
"dynamic_partition.prop2" = "value2",
...
)
```

（2）运行时修改。

```
ALTER TABLE tbl1 SET
(
"dynamic_partition.prop1" = "value1",
"dynamic_partition.prop2" = "value2",
...
)
```

动态分区的规则参数都以 dynamic_partition 为前缀，有如下常见参数。

☑ dynamic_partition.enable：是否开启动态分区特性。可指定为 true 或 false。如果不填写，默认为 true。如果为 false，则 Doris 会忽略该表的动态分区规则。

☑ dynamic_partition.time_unit：动态分区调度的单位。可指定为 HOUR、DAY、WEEK、MONTH。分别表示按小时、按天、按星期、按月进行分区创建或删除。

当指定为 HOUR 时，动态创建的分区名后缀格式为 yyyyMMddHH，例如 2020032501。小时为单位的分区列数据类型不能为 DATE。

当指定为 DAY 时，动态创建的分区名后缀格式为 yyyyMMdd，例如 20200325。

当指定为 WEEK 时，动态创建的分区名后缀格式为 yyyy_ww。即当前日期属于这一年的第几周，例如 2020-03-25 创建的分区名后缀为 2020_13，表明目前为 2020 年第 13 周。

当指定为 MONTH 时，动态创建的分区名后缀格式为 yyyyMM，例如 202003。

☑ dynamic_partition.time_zone：动态分区的时区，如果不填写，则默认为当前机器的系统时区，例如 Asia/Shanghai。

☑ dynamic_partition.start：动态分区的起始偏移，为负数。根据 time_unit 属性的不同，以当天

（星期/月）为基准，分区范围在此偏移之前的分区将会被删除。如果不填写，则默认为-2147483648，即不删除历史分区。

☑ dynamic_partition.end：动态分区的结束偏移，为正数。根据 time_unit 属性的不同，以当天（星期/月）为基准，提前创建对应范围的分区。

☑ dynamic_partition.prefix：动态创建的分区名前缀。

☑ dynamic_partition.buckets：动态创建的分区所对应的分桶数量。

☑ dynamic_partition.replication_num：动态创建的分区所对应的副本数量，如果不填写，则默认为该表创建时指定的副本数量。

☑ dynamic_partition.start_day_of_week：当 time_unit 为 WEEK 时，该参数用于指定每周的起始点。取值为 1～7。其中 1 表示周一，7 表示周日。默认为 1，即表示每周以周一为起始点。

☑ dynamic_partition.start_day_of_month：当 time_unit 为 ONTH 时，该参数用于指定每月的起始日期。取值为 1～28。其中 1 表示每月 1 日，28 表示每月 28 日。默认为 1，即表示每月以 1 日为起始点。暂不支持以 29、30、31 日为起始日，以避免因闰年或闰月带来的歧义。

☑ dynamic_partition.create_history_partition：默认为 false。当设置为 true 时，Doris 会自动创建所有分区，具体创建规则见下文。同时，FE 的参数 max_dynamic_partition_num 会限制总分区数量，以避免一次性创建过多分区。当期望创建的分区个数大于 max_dynamic_partition_num 值时，操作将被禁止。当不指定 start 属性时，该参数不生效。

☑ dynamic_partition.history_partition_num：当 create_history_partition 为 true 时，该参数用于指定创建历史分区数量。默认值为-1，即未设置。

☑ dynamic_partition.hot_partition_num：指定最新的多少个分区为热分区。对于热分区，系统会自动设置其 storage_medium 参数为 SSD，并且设置 storage_cooldown_time。注意：若存储路径下没有 SSD 磁盘路径，配置该参数会导致动态分区创建失败。

hot_partition_num 是往前 n 天和未来所有分区，我们举例说明。假设今天是 2021-05-20，按天分区，动态分区的属性设置为：hot_partition_num=2\end=3\start=-3。则系统会自动创建以下分区，并且设置 storage_medium 和 storage_cooldown_time 参数。

```
p20210517: ["2021-05-17", "2021-05-18") storage_medium=HDD storage_cooldown_time=
9999-12-31 23:59:59
p20210518: ["2021-05-18", "2021-05-19") storage_medium=HDD storage_cooldown_time=
9999-12-31 23:59:59
p20210519: ["2021-05-19", "2021-05-20") storage_medium=SSD storage_cooldown_time=
2021-05-21 00:00:00
p20210520: ["2021-05-20", "2021-05-21") storage_medium=SSD storage_cooldown_time=
2021-05-22 00:00:00
p20210521: ["2021-05-21", "2021-05-22") storage_medium=SSD storage_cooldown_time=
2021-05-23 00:00:00
p20210522: ["2021-05-22", "2021-05-23") storage_medium=SSD storage_cooldown_time=
2021-05-24 00:00:00
p20210523: ["2021-05-23", "2021-05-24") storage_medium=SSD storage_cooldown_time=
2021-05-25 00:00:00
```

☑ dynamic_partition.reserved_history_periods：需要保留的历史分区的时间范围。当 dynamic_ partition.time_unit 设置为"DAY/WEEK/MONTH"时，需要以[yyyy-MM-dd,yyyy-MM-dd],[...,...]格式进行设置。当 dynamic_partition.time_unit 设置为"HOUR"时，需要以[yyyy-MM-dd HH:mm:ss,yyyy-MM-dd HH:mm:ss],[...,...]格式进行设置。如果不设置，默认为"NULL"。

我们举例说明，按天分类，动态分区的属性设置为：

```
time_unit="DAY/WEEK/MONTH", end=3, start=-3, reserved_history_periods="[2020-06-01,2020-06-20],[2020-10-31,2020-11-15]"
```

则系统会自动保留：

```
["2020-06-01","2020-06-20"],
["2020-10-31","2020-11-15"]
```

或者：

```
time_unit="HOUR", end=3, start=-3, reserved_history_periods="[2020-06-01 00:00:00,2020-06-01 03:00:00]"
```

则系统会自动保留：

```
["2020-06-01 00:00:00","2020-06-01 03:00:00"]
```

其中，reserved_history_periods 的每一个[...,...]是一对设置项，两者需要同时被设置，且第一个时间不能大于第二个时间。

- ☑ dynamic_partition.storage_medium：指定创建的动态分区的默认存储介质。默认是 HDD，可选择 SSD。注意：当设置为 SSD 时，hot_partition_num 属性将不再生效，所有分区将默认为 SSD 存储介质并且冷却时间为 9999-12-31 23:59:59。

6.2.2 创建历史分区规则

当 create_history_partition 为 true，即开启创建历史分区功能时，Doris 会根据 dynamic_partition.start 和 dynamic_partition.history_partition_num 来决定创建动态分区的个数。

假设需要创建的动态分区数量为 N，根据不同的设置具体数量如下：

- ☑ create_history_partition = true。
  - ➢ dynamic_partition.history_partition_num 未设置，即 -1，N = (end - start)+1;。
  - ➢ dynamic_partition.history_partition_num 已设置，N=[end - max(start, -histoty_partition_num)] + 1;。
- ☑ create_history_partition = false（默认）不会创建历史分区，N = (end - 0)+1;。

当要创建的动态分区大于 max_dynamic_partition_num（默认 500）时，禁止创建过多分区。

对于以上公式不必死记硬背，可以根据以下案例进行灵活理解：

（1）假设今天是 2021-05-20，按天分区，动态分区的属性设置为：create_history_partition=true, end=3, start=-3, history_partition_num=1，则系统会自动创建以下分区：

```
p20210519
p20210520
p20210521
p20210522
```

```
p20210523
```

（2）history_partition_num=5，其余属性与（1）中保持一致，则系统会自动创建以下分区：

```
p20210517
p20210518
p20210519
p20210520
p20210521
p20210522
p20210523
```

（3）history_partition_num=-1 即不设置历史分区数量，其余属性与（1）中保持一致，则系统会自动创建以下分区：

```
p20210517
p20210518
p20210519
p20210520
p20210521
p20210522
p20210523
```

注意

动态分区使用过程中，如果一些意外情况导致 dynamic_partition.start 和 dynamic_partition.end 之间的某些分区丢失，那么当前时间与 dynamic_partition.end 之间的丢失分区会被重新创建，dynamic_partition.start 与当前时间之间的丢失分区不会被重新创建。

6.2.3　动态分区案例

创建表 dynamic_partition_tbl，其中某列类型为 DATE，创建一个动态分区规则：按天分区，只保留最近 7 天的分区，并且预先创建未来 3 天的分区。

```
#创建动态分区表
CREATE TABLE example_db.dynamic_partition_tbl
(
    id int,
    name varchar(255),
        age int,
        score bigint,
        dt date
)
DUPLICATE KEY(id)
PARTITION BY RANGE(dt)()
DISTRIBUTED BY HASH(id) BUCKETS 1
PROPERTIES
(
    "dynamic_partition.enable" = "true",
    "dynamic_partition.create_history_partition" = "false",
    "dynamic_partition.time_unit" = "DAY",
```

```
    "dynamic_partition.start" = "-7",
    "dynamic_partition.end" = "3",
    "dynamic_partition.prefix" = "p",
    "dynamic_partition.buckets" = "8"
);

#假设今日为2023-04-03，那么以上表创建好后分区信息如下
p20230403: ["2023-04-03", "2023-04-04")
p20230404: ["2023-04-04", "2023-04-05")
p20230405: ["2023-04-05", "2023-04-06")
p20230406: ["2023-04-06", "2023-04-07")

#查看表分区数据
mysql> show partitions from dynamic_partition_tbl\G;
*************************** 1. row ***************************
             PartitionId: 51094
           PartitionName: p20230403
          VisibleVersion: 1
      VisibleVersionTime: 2023-04-03 14:45:31
                   State: NORMAL
            PartitionKey: dt
                   Range: [types: [DATE]; keys: [2023-04-03]; ..types: [DATE]; keys:
[2023-04-04]; )
         DistributionKey: id
                 Buckets: 8
          ReplicationNum: 3
           StorageMedium: HDD
            CooldownTime: 9999-12-31 23:59:59
     RemoteStoragePolicy:
LastConsistencyCheckTime: NULL
                DataSize: 0.000
              IsInMemory: false
       ReplicaAllocation: tag.location.default: 3
*************************** 2. row ***************************
             PartitionId: 51127
           PartitionName: p20230404
          VisibleVersion: 1
      VisibleVersionTime: 2023-04-03 14:45:31
                   State: NORMAL
            PartitionKey: dt
                   Range: [types: [DATE]; keys: [2023-04-04]; ..types: [DATE]; keys:
[2023-04-05]; )
         DistributionKey: id
                 Buckets: 8
          ReplicationNum: 3
           StorageMedium: HDD
            CooldownTime: 9999-12-31 23:59:59
     RemoteStoragePolicy:
LastConsistencyCheckTime: NULL
```

```
                DataSize: 0.000
              IsInMemory: false
       ReplicaAllocation: tag.location.default: 3
*************************** 3. row ***************************
             PartitionId: 51160
           PartitionName: p20230405
          VisibleVersion: 1
      VisibleVersionTime: 2023-04-03 14:45:31
                   State: NORMAL
            PartitionKey: dt
                   Range: [types: [DATE]; keys: [2023-04-05]; ..types: [DATE]; keys:
[2023-04-06]; )
         DistributionKey: id
                 Buckets: 8
          ReplicationNum: 3
           StorageMedium: HDD
            CooldownTime: 9999-12-31 23:59:59
     RemoteStoragePolicy:
LastConsistencyCheckTime: NULL
                DataSize: 0.000
              IsInMemory: false
       ReplicaAllocation: tag.location.default: 3
*************************** 4. row ***************************
             PartitionId: 51193
           PartitionName: p20230406
          VisibleVersion: 1
      VisibleVersionTime: 2023-04-03 14:45:31
                   State: NORMAL
            PartitionKey: dt
                   Range: [types: [DATE]; keys: [2023-04-06]; ..types: [DATE]; keys:
[2023-04-07]; )
         DistributionKey: id
                 Buckets: 8
          ReplicationNum: 3
           StorageMedium: HDD
            CooldownTime: 9999-12-31 23:59:59
     RemoteStoragePolicy:
LastConsistencyCheckTime: NULL
                DataSize: 0.000
              IsInMemory: false
       ReplicaAllocation: tag.location.default: 3
4 rows in set (0.01 sec)
```

6.2.4 查看动态分区表调度情况

通过以下命令可以进一步查看当前数据库下，所有动态分区表的调度情况。

```
mysql> SHOW DYNAMIC PARTITION TABLES\G;
*************************** 1. row ***************************
```

```
              TableName: dynamic_partition_tbl
                 Enable: true
               TimeUnit: DAY
                  Start: -7
                    End: 3
                 Prefix: p
                Buckets: 8
         ReplicationNum: 3
      ReplicaAllocation: tag.location.default: 3
                StartOf: NULL
         LastUpdateTime: 2023-04-04 16:18:12
      LastSchedulerTime: 2023-04-04 16:18:12
                  State: NORMAL
LastCreatePartitionMsg: NULL
  LastDropPartitionMsg: NULL
ReservedHistoryPeriods: NULL
1 row in set (0.03 sec)
```

- ☑ LastUpdateTime：最后一次修改动态分区属性的时间。
- ☑ LastSchedulerTime：最后一次执行动态分区调度的时间。
- ☑ State：最后一次执行动态分区调度的状态。
- ☑ LastCreatePartitionMsg：最后一次执行动态添加分区调度的错误信息。
- ☑ LastDropPartitionMsg：最后一次执行动态删除分区调度的错误信息。

6.2.5 动态分区注意点

1. 配置项

- ☑ dynamic_partition_enable：是否开启 Doris 的动态分区功能。默认为 true，即开启。该参数只影响动态分区表的分区操作，不影响普通表。可以通过修改 fe.conf 中的参数并重启 FE 生效。可以设置为 false 全局关闭动态分区。
- ☑ dynamic_partition_check_interval_seconds：动态分区线程的执行频率，默认为 600s，即每 10min 进行一次调度。可以通过修改 fe.conf 中的参数并重启 FE 生效。

2. 动态分区与手动分区转换

对于一个表来说，动态分区和手动分区可以自由转换，但二者不能同时存在，有且只有一种状态。

（1）手动分区转换为动态分区。

如果一个表在创建时未指定动态分区，可以通过 ALTER TABLE 在运行时修改动态分区相关属性来转化为动态分区，具体示例可以通过 HELP ALTER TABLE 查看。

```
ALTER TABLE tbl_name SET ("dynamic_partition.enable" = "true",...)
```

开启动态分区功能后，Doris 将不再允许用户手动管理分区，会根据动态分区属性来自动管理分区。

⚠注意

如果已设定 dynamic_partition.start，分区范围在动态分区起始偏移之前的历史分区将会被删除。

（2）动态分区转换为手动分区。

通过执行 ALTER TABLE tbl_name SET ("dynamic_partition.enable" = "false")即可关闭动态分区功能，将其转换为手动分区表。

关闭动态分区功能后，Doris 将不再自动管理分区，需要用户手动通过 ALTER TABLE 的方式创建或删除分区。

3．动态分区副本设置

动态分区是由系统内部的调度逻辑自动创建的。在自动创建分区时，所使用的分区属性（包括分区的副本数等），都是单独使用 dynamic_partition 前缀的属性，而不是使用表的默认属性。举例说明如下。

```
CREATE TABLE tbl1 (
`k1` int,
`k2` date
)
PARTITION BY RANGE(k2)()
DISTRIBUTED BY HASH(k1) BUCKETS 3
PROPERTIES
(
"dynamic_partition.enable" = "true",
"dynamic_partition.time_unit" = "DAY",
"dynamic_partition.end" = "3",
"dynamic_partition.prefix" = "p",
"dynamic_partition.buckets" = "32",
"dynamic_partition.replication_num" = "1",
"dynamic_partition.start" = "-3",
"replication_num" = "3"
);
```

这个示例中，没有创建任何初始分区（PARTITION BY 子句中的分区定义为空），并且设置了 DISTRIBUTED BY HASH(k1) BUCKETS 3,"replication_num" = "3","dynamic_partition.replication_num" = "1"和"dynamic_partition.buckets" = "32"。

我们将前两个参数称为表的默认参数，而后两个参数称为动态分区专用参数。当系统自动创建分区时，会使用分桶数 32 和副本数 1 这两个配置（即动态分区专用参数）。而不是分桶数 3 和副本数 3 这两个配置。

当用户通过 ALTER TABLE tbl1 ADD PARTITION 语句手动添加分区时，则会使用分桶数 3 和副本数 3 这两个配置（即表的默认参数）。

即动态分区使用一套独立的参数设置。只有当没有设置动态分区专用参数时，才会使用表的默认参数，示例如下。

```
CREATE TABLE tbl2 (
`k1` int,
`k2` date
)
PARTITION BY RANGE(k2)()
```

```
DISTRIBUTED BY HASH(k1) BUCKETS 3
PROPERTIES
(
"dynamic_partition.enable" = "true",
"dynamic_partition.time_unit" = "DAY",
"dynamic_partition.end" = "3",
"dynamic_partition.prefix" = "p",
"dynamic_partition.start" = "-3",
"dynamic_partition.buckets" = "32",
"replication_num" = "3"
);
```

这个示例中，没有单独指定 dynamic_partition.replication_num，则动态分区会使用表的默认参数，即"replication_num" = "3"。再查看如下示例：

```
CREATE TABLE tbl3 (
`k1` int,
`k2` date
)
PARTITION BY RANGE(k2)(
PARTITION p1 VALUES LESS THAN ("2019-10-10")
)
DISTRIBUTED BY HASH(k1) BUCKETS 3
PROPERTIES
(
"dynamic_partition.enable" = "true",
"dynamic_partition.time_unit" = "DAY",
"dynamic_partition.end" = "3",
"dynamic_partition.prefix" = "p",
"dynamic_partition.start" = "-3",
"dynamic_partition.buckets" = "32",
"dynamic_partition.replication_num" = "1",
"replication_num" = "3"
);
```

这个示例中，有一个手动创建的分区 p1。这个分区会使用表的默认设置，即分桶数 3 和副本数 3。而后续系统自动创建的动态分区，依然会使用动态分区专用参数，即分桶数 32 和副本数 1。

6.3 数据缓存

大部分数据分析场景是写少读多，数据写入一次，多次频繁读取，比如一张报表涉及的维度和指标，数据在凌晨一次性计算好，但每天有数百甚至数千次的页面访问，因此非常适合把结果集缓存起来。

Doris 中分区缓存策略可以对表数据进行缓存并且可以细化缓存粒度，提升命中率，因此有如下特点：

（1）用户无须担心数据一致性，通过版本来控制缓存失效，缓存的数据和从 BE 中查询的数据是一致的。

（2）没有额外的组件和成本，缓存结果存储在 BE 的内存中，用户可以根据需要调整缓存内存大小。

（3）实现了两种缓存策略，SQLCache 和 PartitionCache，后者缓存粒度更细。

（4）用一致性哈希解决 BE 节点上下线的问题，BE 中的缓存算法是改进的 LRU。

⚠注意

LRU，Least Recently Used，又叫淘汰算法，根据数据历史访问记录进行淘汰数据，其核心思想是"如果数据最近被访问过，那么将来被访问的几率也更高"，用通俗的话来说就是最近被频繁访问的数据会具备更高的留存，淘汰那些不常被访问的数据。

6.3.1　SQLCache

SQLCache 按 SQL 的签名、查询的表的分区 ID、分区最新版本来存储和获取缓存。三者组合确定一个缓存数据集，任何一个变化了，如 SQL 有变化，如查询字段或条件不一样，或数据更新后版本变化了，会导致命中不了缓存。

如果多张表 Join，使用最近更新的分区 ID 和最新的版本号，如果其中一张表更新了，会导致分区 ID 或版本号不一样，也一样命中不了缓存。

SQLCache，更适合 T+1 更新的场景，凌晨数据更新，首次查询从 BE 中获取结果放入缓存中，后续相同查询从缓存中获取。实时更新数据也可以使用，但是可能存在命中率低的问题，可以参考如下 PartitionCache。

6.3.2　PartitionCache

PartitionCache 的设计原理如下：

☑ SQL 可以并行拆分，Q = Q1 ∪ Q2 ... ∪ Qn，R= R1 ∪ R2 ... ∪ Rn，Q 为查询语句，R 为结果集。

☑ 拆分为只读分区和可更新分区，只读分区缓存，可更新分区不缓存。

比如：查询最近 7 天的每天用户数，如按日期分区，数据只写当天分区，当天之外的其他分区的数据，都是固定不变的，在相同的查询 SQL 下，查询某个不更新分区的指标都是固定的。如下，在 2020-03-09 当天查询前 7 天的用户数，2020-03-03 至 2020-03-07 的数据来自缓存，2020-03-08 第一次查询来自分区，后续的查询来自缓存，2020-03-09 因为当天在不停写入，所以来自分区。

```
MySQL [(none)]> SELECT eventdate,count(userid) FROM testdb.appevent WHERE eventdate>=
"2020-03-03" AND eventdate<="2020-03-09" GROUP BY eventdate ORDER BY eventdate;
+------------+-----------------+
| eventdate  | count(`userid`) |
+------------+-----------------+
| 2020-03-03 | 15 |
| 2020-03-04 | 20 |
| 2020-03-05 | 25 |
| 2020-03-06 | 30 |
| 2020-03-07 | 35 |
| 2020-03-08 | 40 | //第一次来自分区，后续来自缓存
```

```
| 2020-03-09 | 25 | //来自分区
+------------+-----------------+
```

因此，查询 N 天的数据，数据更新最近的 D 天，每天只是日期范围不一样相似的查询，只需要查询 D 个分区即可，其他部分都来自缓存，可以有效降低集群负载，减少查询时间。

PartitionCache 在使用上还有一些限制，只支持 OlapTable，其他存储如 MySQL 的表没有版本信息，无法感知数据是否更新。只支持按分区字段分组，不支持按其他字段分组，按其他字段分组，该分组数据都有可能被更新，会导致缓存都失效。只支持结果集的前半部分、后半部分以及全部命中缓存，不支持结果集被缓存数据分割成几个部分。

6.3.3 缓存使用方式

（1）SQLCache。需要在 FE 节点中配置 fe.conf，配置 cache_enable_sql_mode=true（默认是 true），然后在 MySQL 命令行中设置变量:

```
MySQL [(none)]> set [global] enable_sql_cache=true;
```

注意

global 是全局变量，不仅指当前会话变量。

（2）PartitionCache。需要在 FE 节点中配置 fe.conf，配置 cache_enable_partition_mode=true（默认是 true），在 MySQL 命令行中设置变量。

```
MySQL [(none)]> set [global] enable_partition_cache=true;
```

如果同时开启了两个缓存策略，下面的参数，需要注意一下。

```
cache_last_version_interval_second=900
```

如果分区的最新版本的时间离现在的间隔，大于 cache_last_version_interval_second，则会优先把整个查询结果缓存。如果小于这个间隔，符合 PartitionCache 的条件，则按 PartitionCache 数据查询。

6.3.4 优化参数

（1）cache_result_max_row_count。FE 的配置项 cache_result_max_row_count（默认 3000），查询结果集放入缓存的最大行数，可以根据实际情况调整，但建议不要设置过大，避免过多占用内存，超过这个大小的结果集不会被缓存。

（2）cache_max_partition_count。BE 最大分区数量 cache_max_partition_count（默认 1024），指每个 SQL 对应的最大分区数，如果是按日期分区，能缓存 2 年多的数据，假如想保留更长时间的缓存，请把这个参数设置得更大，同时修改 cache_result_max_row_count 的参数。

关于 BE 缓存内存参数。BE 中缓存内存设置，由参数 query_cache_max_size（默认 256MB）和 query_cache_elasticity_size（默认 128MB）两部分组成（单位 MB），内存超过 query_cache_max_size + cache_elasticity_size 会开始清理，并把内存控制到 query_cache_max_size 以下。可以根据 BE 节点数量，节点内存大小，和缓存命中率来设置这两个参数。

每台 BE 节点大致所需缓存内存计算方式如下。

假如缓存 10000 个 Query，每个 Query 缓存 1000 行，每行是 128 个字节，分布在 10 台 BE 上，则每个 BE 需要约 128MB 内存（10000*1000*128/10）。

6.3.5 目前不足

目前 Doris 数据缓存不支持如下场景：

（1）T+1 的数据是否也可以用 Partition 缓存？目前不支持。

（2）类似的 SQL，之前查询了 2 个指标，现在查询 3 个指标，是否可以利用 2 个指标的缓存？目前不支持。

（3）按日期分区，但是需要按周维度汇总数据，是否可用 PartitionCache？目前不支持。

6.4 Doris Join 类型

Doris 中支持 Join 语法，Join 的类型分为四种，不同 Join 类型有对应使用场景，下面介绍 Doris 中 Join 类型及各个类型之间的对比。

6.4.1 Broadcast Join

1. Broadcast Join 原理

Doris Broadcast Join 是将小表进行条件过滤后，将其广播到大表所在的各个节点上，形成一个内存 Hash 表，然后流式读出大表的数据进行 Hash Join，如图 6.1 所示。Broadcast Join 会将右表全量数据发送到左表数据所在的每个节点上，这些节点拥有右表全量数据。但是如果当小表过滤后的数据量无法放入内存的话，此时 Join 将无法完成，通常的报错应该是首先造成内存超限。

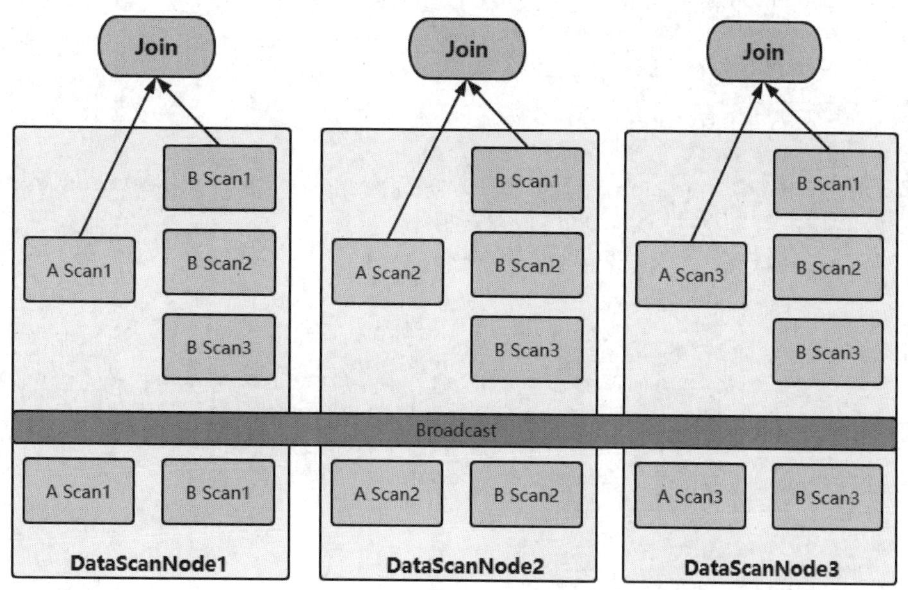

图 6.1　Broadcast Join：左表数据不移动，右表数据发送到左表数据的扫描节点

2. Broadcast 使用

使用 Broadcast 方式如下。

```
mysql> select sum(table1.pv) from table1 join [broadcast] table2 where table1.
siteid = 2;
+--------------------+
| sum(`table1`.`pv`) |
+--------------------+
| 10 |
+--------------------+
1 row in set (0.20 sec)
```

两表 Join 关联时，显式指定了 Broadcast Join，则会强制执行 Broadcast Join。

3. Broadcast Join 案例

```
#创建两张表并插入数据
CREATE TABLE example_db.join_tbl1
(
    id int,
    name varchar(255),
        age int,
        city varchar(255)
)
DUPLICATE KEY(id)
DISTRIBUTED BY HASH(id) BUCKETS 1;

CREATE TABLE example_db.join_tbl2
(
    id int,
    name varchar(255),
        score bigint
)
DUPLICATE KEY(id)
DISTRIBUTED BY HASH(id) BUCKETS 1;

insert into join_tbl1 values (1,"zs",18,"北京"),(2,"ls",19,"上海"),(3,"ww",20,
"北京"),(4,"ml",21,"上海"),(5,"tq",22,"深圳");
insert into join_tbl2 values (1,"zs",100),(2,"ls",200),(3,"ww",300),(4,"ml",400),
(6,"gb",500);

#查询使用的 Broadcast Join
mysql> select a.city,avg(a.age),sum(b.score) from join_tbl1 a join [broadcast]
join_tbl2 b where a.id = b.id group by a.city;
+--------+---------------+-----------------+
| city   | avg(`a`.`age`) | sum(`b`.`score`) |
+--------+---------------+-----------------+
| 北京   |            19 |             400 |
| 上海   |            20 |             600 |
+--------+---------------+-----------------+
```

```
#使用 explain 查看 Join 类型
mysql>  explain  select  a.city,avg(a.age),sum(b.score)  from  join_tbl1  a  join
[broadcast] join_tbl2 b where a.id = b.id group by a.city;
...
3:VAGGREGATE (update finalize)
 |  output: avg(<slot 12>), sum(<slot 14>)
 |  group by: <slot 11>
 |  cardinality=-1
 |
 2:VHASH JOIN
 |  join op: INNER JOIN(BROADCAST)[Has join hint]
 |  equal join conjunct: `a`.`id` = `b`.`id`
 |  runtime filters: RF000[in_or_bloom] <- `b`.`id`
...
```

注意

经过测试，Doris 中默认使用的 Join 方式不是 Broadcast Join，而是 Shuffle Join，所以这里建议如果想使用 Broadcast Join 方式，建议在写 Join 语句时显式指定[broadcast join]。

6.4.2　Shuffle Join

1．Shuffle Join 原理

在两表进行 Join 关联使用 Broadcast Join 时，B 表全量存储在 A 表所在数据节点的内存中，如果内存中放不下 B 表全量数据，则会出现内存不足报错信息，如果遇到这种情况，建议显式指定 Shuffle Join，也被称作 Partitioned Join。

Shuffle Join 是当两表进行 Hash Join 时，可以通过 Join 列计算对应的哈希值进行哈希分桶 Join，即将小表和大表都按照 Join 的 Key 进行哈希，然后进行分布式的 Join，如图 6.2 所示。这样对内存的消耗就会分摊到集群的所有计算节点上。

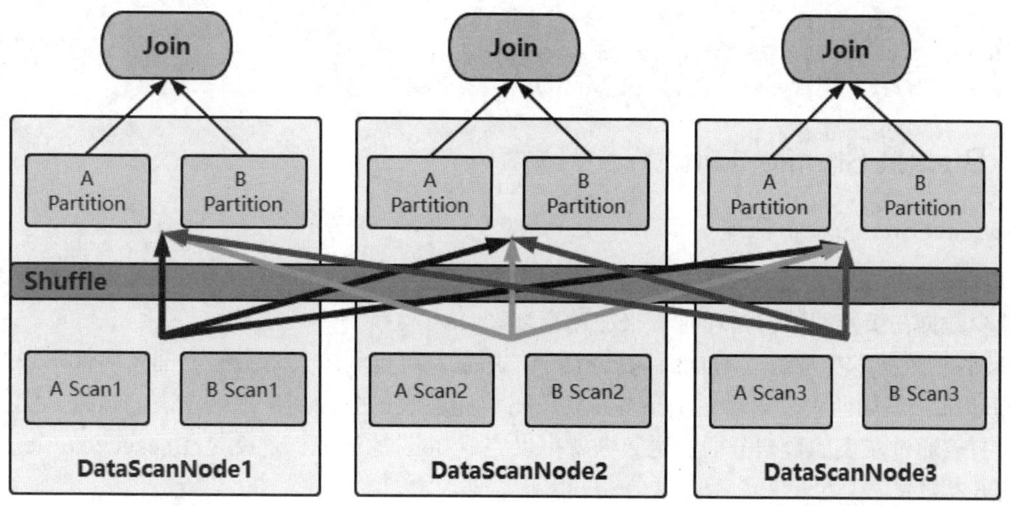

图 6.2　Shuffle Join：左右表数据根据分区，计算的结果发送到不同的分区节点上

2. Shuffle Join 使用方式

```
mysql>select sum(table1.pv) from table1 join [shuffle] table2 where table1.siteid=2;
+--------------------+
| sum(`table1`.`pv`) |
+--------------------+
| 10 |
+--------------------+
1 row in set (0.15 sec)
```

3. Shuffle Join 案例

```
#对 join_tbl1 和 join_tbl2 两张表使用 Shuffle Join
mysql> select a.city,avg(a.age),sum(b.score) from join_tbl1 a join [shuffle]
join_tbl2 b where a.id = b.id group by a.city;
+--------+---------------+-----------------+
| city   | avg(`a`.`age`) | sum(`b`.`score`) |
+--------+---------------+-----------------+
| 北京   |            19 |             400 |
| 上海   |            20 |             600 |
+--------+---------------+-----------------+
2 rows in set (0.17 sec)

#查看 Join 类型
mysql> explain select a.city,avg(a.age),sum(b.score) from join_tbl1 a join
[shuffle] join_tbl2 b where a.id = b.id group by a.city;
...
3:VAGGREGATE (update finalize)
|  output: avg(<slot 12>), sum(<slot 14>)
|  group by: <slot 11>
|  cardinality=-1
|
2:VHASH JOIN
|  join op: INNER JOIN(PARTITIONED)[Has join hint]
|  equal join conjunct: `a`.`id` = `b`.`id`
|  runtime filters: RF000[in_or_bloom] <- `b`.`id`
...
```

6.4.3 Bucket Shuffle Join

1. Bucket Shuffle Join 原理

Bucket Shuffle Join 是在 Doris 0.14 版本中正式加入的新功能。旨在为某些 Join 查询提供本地性优化，来减少数据在节点间的传输耗时，来加速查询。

Doris 的表数据本身是通过 Hash 计算分桶的，所以就可以利用表本身的分桶列的性质来进行 Join 数据的 Shuffle。假如两张表需要做 Join，并且 Join 列是左表的分桶列，那么左表的数据其实可以不用去移动，右表通过左表的数据分桶发送数据就可以完成 Join 的计算，这就是 Bucket Shuffle Join 的原理，如图 6.3 所示。

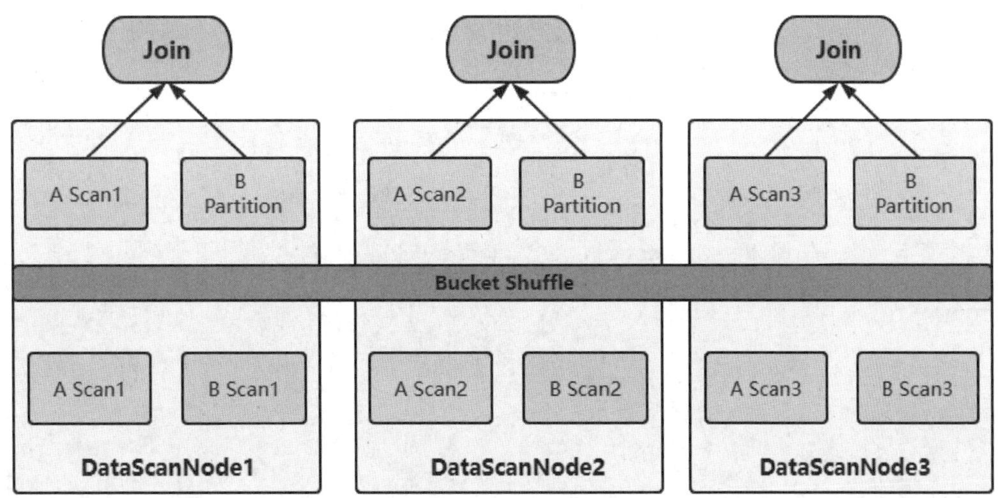

图 6.3　Bucket Shuffle Join：左表数据不移动，右表数据根据分区计算的结构发送到左表扫描的节点

Shuffle Join 的网络数据传输开销为 A 表和 B 表都需要 Shuffle 传输，Bucket Shuffle Join 的网络数据传输开销只有 B 表需要 Shuffle 传输。可见，相比于 Broadcast Join 与 Shuffle Join，Bucket Shuffle Join 有着较为明显的性能优势。减少数据在节点间的传输耗时和 Join 时的内存开销。相对于 Doris 原有的 Join 方式，它有着下面的优点：

（1）Bucket-Shuffle-Join 降低了网络与内存开销，使一些 Join 查询具有了更好的性能。尤其是当 FE 能够执行左表的分区裁剪与桶裁剪时。

（2）与 Colocate Join 不同，它对于表的数据分布方式并没有侵入性，这对于用户来说是透明的。对于表的数据分布没有强制性的要求，不容易导致数据倾斜的问题。

（3）它可以为 Join Reorder 提供更多可能的优化空间。

2．Bucket Shuffle Join 使用方式

将 session 变量 enable_bucket_shuffle_join 设置为 true（默认为 true），则 FE 在进行查询规划时就会默认将能够转换为 Bucket Shuffle Join 的查询自动规划为 Bucket Shuffle Join。

```
set enable_bucket_shuffle_join = true;
```

在 FE 进行分布式查询规划时，优先选择的顺序为 Colocate Join -> Bucket Shuffle Join -> Shuffle Join ->Broadcast Join。但是如果用户显式指定了 Join 的类型，如 select * from test join [shuffle] baseall on test.k1 = baseall.k1;，则上述的选择优先顺序不生效。

该 session 变量在 0.14 版本默认为 true，而 0.13 版本需要手动设置为 true。

3．Bucket Shuffle Join 案例

```
#对 join_tbl1 和 join_tbl2 两张表使用 Bucket Shuffle Join，不指定 Shuffle 类型默认就是
Bucket Shuffle Join
mysql> select a.city,avg(a.age),sum(b.score) from join_tbl1 a join [shuffle]
join_tbl2 b where a.id = b.id group by a.city;
+--------+----------------+------------------+
| city   | avg(`a`.`age`) | sum(`b`.`score`) |
+--------+----------------+------------------+
```

```
| 北京   |             19 |              400 |
| 上海   |             20 |              600 |
+--------+---------------+-----------------+
2 rows in set (0.17 sec)

#查看 SQL 使用的 Join 类型
mysql>  explain  select  a.city,avg(a.age),sum(b.score)  from  join_tbl1  a  join
join_tbl2 b where a.id = b.id group by a.city;
...
3:VAGGREGATE (update finalize)
|  output: avg(<slot 12>), sum(<slot 14>)
|  group by: <slot 11>
|  cardinality=-1
|
2:VHASH JOIN
|  join op: INNER JOIN(BUCKET_SHUFFLE)[Tables are not in the same group]
|  equal join conjunct: `a`.`id` = `b`.`id`
|  runtime filters: RF000[in_or_bloom] <- `b`.`id`
...
```

4. Bucket Shuffle Join 规划规则

在绝大多数场景之中，用户只需要默认打开 session 变量的开关就可以透明地使用这种 Join 方式带来的性能提升，但是如果了解 Bucket Shuffle Join 的规划规则，可以帮助我们利用它写出更加高效的 SQL。

（1）Bucket Shuffle Join 只生效于 Join 条件为等值的场景，原因与 Colocate Join 类似，它们都依赖 Hash 来计算确定的数据分布。

（2）在等值 Join 条件之中包含两张表的分桶列，当左表的分桶列为等值的 Join 条件时，它有很大概率会被规划为 Bucket Shuffle Join。

（3）由于不同的数据类型的哈希值计算结果不同，所以 Bucket Shuffle Join 要求左表的分桶列的类型与右表等值 Join 列的类型需要保持一致，否则无法进行对应的规划。

（4）Bucket Shuffle Join 只作用于 Doris 原生的 OLAP 表，对于 ODBC、MySQL、ES 等外表，当其作为左表时是无法规划生效的。

（5）对于分区表，由于每一个分区的数据分布规则可能不同，所以 Bucket Shuffle Join 只能保证左表为单分区时生效。所以在 SQL 执行之中，需要尽量使用 where 条件使分区裁剪的策略能够生效。

（6）假如左表为 Colocate 的表，那么它每个分区的数据分布规则是确定的，Bucket Shuffle Join 能在 Colocate 表上表现更好。

6.4.4 Colocation Join

1. Colocation Join 原理

Colocation（主机托管）Join 是在 Doris 0.9 版本中引入的新功能。旨在为某些 Join 查询提供本地性优化，来减少数据在节点间的传输耗时，加速查询。在 Colocation Join 中需要了解以下名词：

☑ Colocation Group（CG）：一个 CG 中会包含一张及以上的 Table。在同一个 Group 内的

Table 有着相同的 Colocation Group Schema，并且有着相同的数据分片分布。

☑ Colocation Group Schema（CGS）：用于描述一个 CG 中的 Table，和 Colocation 相关的通用 Schema 信息。包括分桶列类型、分桶数以及副本数等。

Colocation Join 功能，是将一组拥有相同 CGS 的 Table 组成一个 CG，并保证这些 Table 对应的数据分片会落在同一个 BE 节点上。使得当 CG 内的表进行分桶列上的 Join 操作时，可以通过直接进行本地数据 Join，减少数据在节点间的传输耗时。

为了使 Table 能够有相同的数据分布，同一 CG 内的 Table 必须保证以下属性相同。

1）分桶列和分桶数

分桶列，即在建表语句中 DISTRIBUTED BY HASH(col1, col2, ...)中指定的列。分桶列决定了一张表的数据通过哪些列的值进行哈希划分到不同的 Tablet 中。同一 CG 内的 Table 必须保证分桶列的类型和数量完全一致，并且桶数一致，才能保证多张表的数据分片能够一一对应地进行分布控制。

2）副本数

同一个 CG 内所有表的所有分区（Partition）的副本数必须一致（见图 6.4）。如果不一致，可能出现某一个 Tablet 的某一个副本，在同一个 BE 上没有其他的表分片的副本对应。

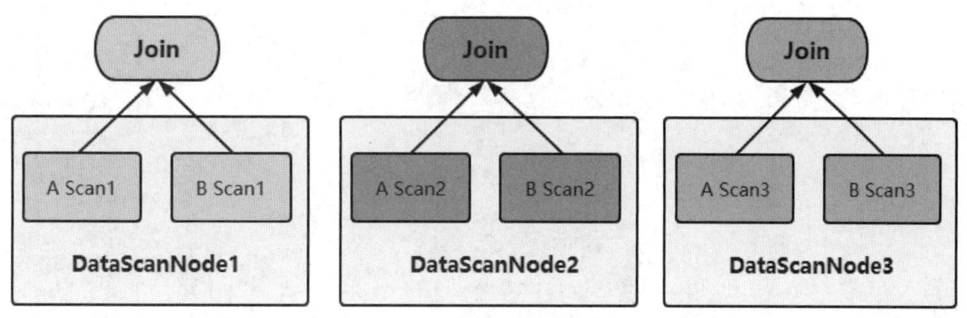

图 6.4　副本数

同一个 CG 内的表，分区的个数、范围以及分区列的类型不要求一致。总之，Colocatio Join 与 Bucket Shuffle Join 相似，相当于在数据导入时，根据预设的 Join 列的场景已经做好了数据的 Shuffle。那么实际查询时就可以直接进行 Join 计算而不需要考虑数据的 Shuffle 问题了，即数据已经预先分区，直接在本地进行 Join 计算。

2. Colocation Join 使用方式

建表时，可以在 PROPERTIES 中指定属性"colocate_with" = "group_name"，表示这个表是一个 Colocation Join 表，并且归属于一个指定的 Colocation Group。示例如下。

```
CREATE TABLE tbl (k1 int, v1 int sum)
DISTRIBUTED BY HASH(k1)
BUCKETS 8
PROPERTIES(
"colocate_with" = "group1"
);
```

如果指定的 Group 不存在，则 Doris 会自动创建一个只包含当前这张表的 Group。如果 Group 已存在，则 Doris 会检查当前表是否满足 Colocation Group Schema。如果满足，则会创建该表，并将该表加入 Group。同时，表会根据已存在的 Group 中的数据分布规则创建分片和副本。Group 归属于一个 Database，Group 的名字在一个 Database 内唯一。在内部存储时 Group 的全名为 dbId_groupName，但用户只感知 groupName。

关于 Colocation Group 的删除，当 Group 中最后一张表彻底删除后（彻底删除是指从回收站中删除。通常，一张表通过 DROP TABLE 命令删除后，会在回收站默认停留一天的时间后，再删除），该 Group 也会被自动删除。

3．Colocation Join 案例

（1）创建表并加载数据。

这里创建表时指定 colocate_with 属性。

```
#创建表，并插入数据
CREATE TABLE example_db.colocation_tbl1
(
    id int,
    name varchar(255),
        age int,
        city varchar(255)
)
DUPLICATE KEY(id)
DISTRIBUTED BY HASH(id) BUCKETS 2
PROPERTIES(
"colocate_with" = "group1"
);

CREATE TABLE example_db.colocation_tbl2
(
    id int,
    name varchar(255),
        score bigint
)
DUPLICATE KEY(id)
DISTRIBUTED BY HASH(id) BUCKETS 2
PROPERTIES(
"colocate_with" = "group1"
);

insert into colocation_tbl1 values (1,"zs",18,"北京"),(2,"ls",19,"上海"),(3,"ww",
20,"北京"),(4,"ml",21,"上海"),(5,"tq",22,"深圳");
insert into colocation_tbl2 values (1,"zs",100),(2,"ls",200),(3,"ww",300),(4,"ml",
400),(6,"gb",500);
```

（2）查看集群内已经存在的 Group 信息。

以下命令可以查看集群内已存在的 Group 信息。

```
mysql> SHOW PROC '/colocation_group';
+-------------+-------------+-------------+-----------+-----------------------+----------+----------+----------+
| GroupId     | GroupName   | TableIds    | BucketsNum | ReplicaAllocation     | DistCols | IsStable | ErrorMsg |
```

```
+-------------+-------------+-------------+------------+------------------------+----------+----------+----------+
| 13003.53129 | 13003_group1 | 53119, 53131 | 2          | tag.location.default: 3 | int(11)  | true     |          |
+-------------+-------------+-------------+------------+------------------------+----------+----------+----------+
```

- ☑ GroupId：一个 Group 的全集群唯一标识，前半部分为 DB ID，后半部分为 GROUP ID。
- ☑ GroupName：Group 的全名。
- ☑ TabletIds：该 Group 包含的 Table 的 ID 列表。
- ☑ BucketsNum：分桶数。
- ☑ ReplicationNum：副本数。
- ☑ DistCols：Distribution columns，即分桶列类型。
- ☑ IsStable：该 Group 是否稳定（稳定的定义，见 Colocation 副本均衡和修复部分）。

通过以下命令可以进一步查看一个 Group 的数据分布情况，该命令需要 ADMIN 权限，暂不支持普通用户查看。

```
mysql> SHOW PROC '/colocation_group/13003.53129';
+-------------+--------------------------+
| BucketIndex | {"location" : "default"} |
+-------------+--------------------------+
| 0           | 11002, 11004, 11001      |
| 1           | 11002, 11001, 11004      |
+-------------+--------------------------+
```

- ☑ BucketIndex：分桶序列的下标。
- ☑ BackendIds：分桶中数据分片所在的 BE 节点 ID 列表。

（3）对两表进行 Colocation Join 操作并查看 Join 类型。

对 Colocation 表的查询方式和普通表一样，用户无须感知 Colocation 属性。如果 Colocation 表所在的 Group 处于 Unstable 状态，将自动退化为普通 Join。

```
#执行如下 SQL 语句
mysql> select a.city,avg(a.age),sum(b.score) from colocation_tbl1 a join
colocation_tbl2 b where a.id = b.id group by a.city;
+--------+----------------+------------------+
| city   | avg(`a`.`age`) | sum(`b`.`score`) |
+--------+----------------+------------------+
| 北京   |             19 |              400 |
| 上海   |             20 |              600 |
+--------+----------------+------------------+
2 rows in set (0.21 sec)

#查看 SQL 使用 Join 类型
mysql> explain select a.city,avg(a.age),sum(b.score) from colocation_tbl1 a join
colocation_tbl2 b where a.id = b.id group by a.city;
...
2:VHASH JOIN                                                                    |
|  join op: INNER JOIN(COLOCATE[])[]                                            |
|  equal join conjunct: `a`.`id` = `b`.`id`                                     |
|  runtime filters: RF000[in_or_bloom] <- `b`.`id`                              |
```

```
|  cardinality=5                                                          |
|  vec output tuple id: 4                                                 |
|  vIntermediate tuple ids: 5 6                                           |
|  output slot ids: 11 12 14                                              |
|  hash output slot ids: 0 1 2
...
```

4. Colocation 副本均衡和修复

Colocation 表的副本分布需要遵循 Group 中指定的分布，所以在副本修复和均衡方面和普通分片有所区别。

Group 自身有一个 Stable 属性，当 Stable 为 true 时，表示当前 Group 内的表的所有分片没有正在进行变动，Colocation 特性可以正常使用。当 Stable 为 false 时（Unstable），表示当前 Group 内有部分表的分片正在做修复或迁移，此时，相关表的 Colocation Join 将退化为普通 Join。

1）副本修复

副本只能存储在指定的 BE 节点上。所以当某个 BE 不可用时（宕机、Decommission 等），需要寻找一个新的 BE 进行替换。Doris 会优先寻找负载最低的 BE 进行替换。替换后，该 Bucket 内的所有在旧 BE 上的数据分片都要做修复。迁移过程中，Group 被标记为 Unstable。

2）副本均衡

Doris 会尽力将 Colocation 表的分片均匀分布在所有 BE 节点上。对于普通表的副本均衡，是以单副本为粒度的，即单独为每一个副本寻找负载较低的 BE 节点即可。而 Colocation 表的均衡是 Bucket 级别的，即一个 Bucket 内的所有副本都会一起迁移，将 BucketsSequence 均匀地分布在所有 BE 上。

6.4.5 4 种 Join 对比

Doris 支持两种物理算子，一类是 Hash Join，另一类是 Nest Loop Join。

- ☑ Hash Join：在右表上根据等值 Join 列建立哈希表，左表流式地利用哈希表进行 Join 计算，它的限制是只能适用于等值 Join。
- ☑ Nest Loop Join：通过两个 for 循环执行连接操作，很直观。然后它适用的场景就是不等值的 Join，例如：大于小于或者是需要求笛卡尔积的场景。它是一个通用的 Join 算子，但是性能表现差。

Doris 作为分布式的 MPP 数据库，在 Join 的过程中根据使用的 Join 类型来决定是否需要进行数据的 Shuffle，保证最终的 Join 结果是正确的。Doris 支持 4 种 Join 方式，如表 6.1 所示。

表 6.1　4 种连接方式

Shuffle 方式	网络开销	物理算子	适用场景
BroadCast	N*T(R)	Hash Join /Nest Loop Join	通用
Shuffle	T(S)+T(R)	Hash Join	通用
Bucket Shuffle	T(R)	Hash Join	Join 条件中存在左表的分布式列，且左表执行时为单分区
Colocate	0	Hash Join	Join 条件中存在左表的分布式列，且左右表同属于一个 Colocate Group

以上参数解释如下。

☑ N：参与 Join 计算的 Instance 个数。

☑ T（关系）：关系的 Tuple 数目。

在 Doris FE 进行分布式查询规划时，优先选择的顺序为 Colocate Join→Bucket Shuffle Join→Shuffle Join→Broadcast Join。但是如果用户显式指定了 Join 的类型，如 select * from test join [shuffle] baseall on test.k1 = baseall.k1;，则上述的选择优先顺序不生效。

上面这 4 种方式灵活度是从高到低的，它们对数据分布的要求是越来越严格，但 Join 计算的性能也是越来越好的。

6.5　Runtime Filter

Runtime Filter 是在 Doris 0.15 版本中正式加入的新功能。旨在为某些 Join 查询在运行时动态生成过滤条件，来减少扫描的数据量，避免不必要的 I/O 和网络传输，从而加速查询。

注意

Runtime Filter 主要用于大表 Join 小表的优化，如果左表的数据量太小，或者右表的数据量太大，则 Runtime Filter 可能不会取得预期效果。

6.5.1　Runtime Filter 原理

Runtime Filter 在查询规划时生成，FE 会将具体 SQL 语句的执行转化为对应的 Fragment（片段）并下发到 BE 进行执行。BE 上执行对应 Fragment，并将结果汇聚返回给 FE。

举个例子，当前存在 T1 表与 T2 表的 Join 查询，它的 Join 方式为 Hash Join，T1 是一张事实表，数据行数为 100000，T2 是一张维度表，数据行数为 2000，Doris Join 的实际情况如图 6.5 所示。

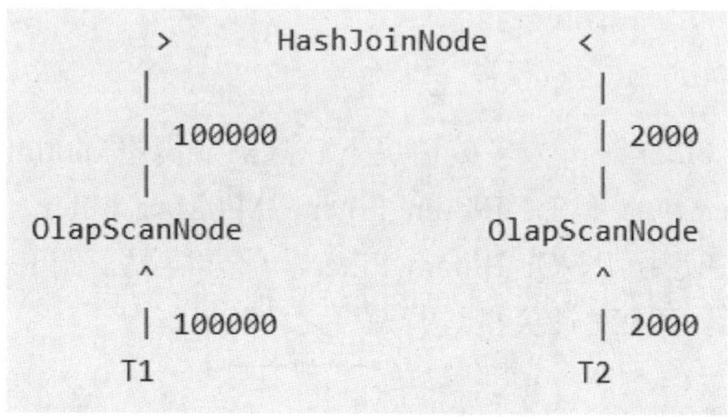

图 6.5　Doris 的连接

显而易见，对 T2 扫描数据要远远快于 T1，如果我们主动等待一段时间再扫描 T1，等 T2 将扫描的数据记录交给 HashJoinNode 后，HashJoinNode 根据 T2 的数据计算出一个过滤条件，比如 T2 数据的最大和最小值，或者构建一个 Bloom Filter，接着将这个过滤条件发给等待扫描 T1 的 ScanNode，后者应用这个过滤条件，将过滤后的数据交给 HashJoinNode，从而减少 T1 表的扫描次数和网络开销，这个过滤条件就是 Runtime Filter，效果如图 6.6 所示。

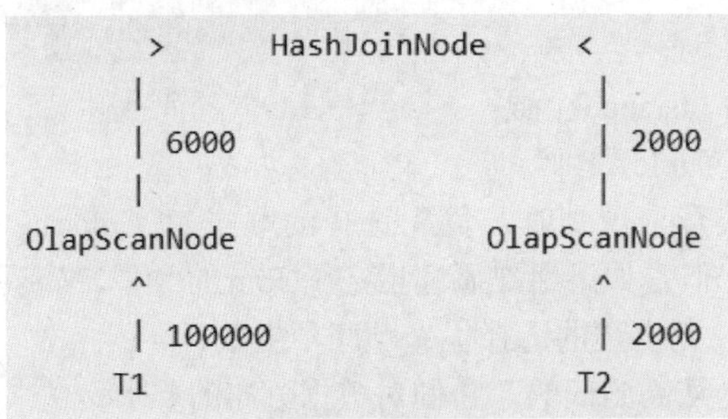

图 6.6　Doris 的连接

如果能将过滤条件（Runtime Filter）下推到存储引擎，则某些情况下可以利用索引来直接减少扫描的数据量，从而大大减少扫描耗时，效果如图 6.7 所示。

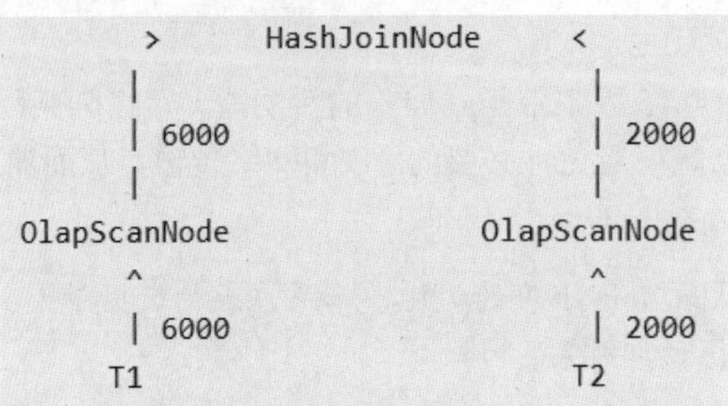

图 6.7　Doris 的连接

由此可见，和谓词下推、分区裁剪不同，Runtime Filter 是在运行时动态生成的过滤条件，即在查询运行时解析 Join 条件确定过滤表达式，并将表达式广播给正在读取左表的 ScanNode，从而减少扫描的数据量，进而减少左表扫描的次数，避免不必要的 I/O 和网络传输。

6.5.2　使用方式

1. 选项设置

在 Doris 中使用 Runtime Filter 时，大多数情况下，只需要调整 runtime_filter_type 选项，其他选项保持默认即可。runtime_filter_type 包括 Bloom Filter、MinMax Filter、IN predicate、IN Or Bloom Filter、Bitmap Filter，默认会使用 IN Or Bloom Filter，部分情况下同时使用 Bloom Filter、MinMax Filter、IN predicate 性能更高。下面对该类型进行解释。

1）IN predicate

这种类型是根据 Join 条件中 Key 列在右表上的所有值构建 IN predicate（谓词），使用构建的 IN predicate 在左表上过滤，相比 Bloom Filter 构建和应用的开销更低，在右表数据量较少时往往性能更高。

当两表进行 Join 时，可以设置 runtime_filter_max_in_num 参数来决定是否生成 IN predicate，该值默认 102400，即：如果 Join 右表数据行数大于这个值，将不生成 IN predicate。

当同时指定 In predicate 和其他 Filter，并且 in 的过滤数值没达到 runtime_filter_max_in_num 时，会尝试把其他 Filter 去除掉。原因是 In predicate 是精确的过滤条件，即使没有其他 Filter 也可以高效

过滤，如果同时使用则其他 Filter 会做无用功。

2）IN Or Bloom Filter（默认）

这种类型是根据右表在执行过程中的真实行数，由系统自动判断使用 IN predicate 还是 Bloom Filter。默认在右表数据行数少于 102400 时会使用 IN predicate（可通过 session 变量中的 runtime_filter_max_in_num 调整），否则使用 Bloom Filter。

3）Bloom Filter

有一定的误判率，导致过滤的数据比预期少一点，但不会导致最终结果不准确，在大部分情况下 Bloom Filter 都可以提升性能或对性能没有显著影响，但在部分情况下会导致性能降低。例如：Bloom Filter 构建和应用的开销较高，所以当过滤率较低时，或者左表数据量较少时，Bloom Filter 可能会导致性能降低。

4）MinMax Filter

包含最大值和最小值，从而过滤小于最小值和大于最大值的数据，MinMax Filter 的过滤效果与 Join 条件中 Key 列的类型和左右表数据分布有关。

当 Join 条件中 Key 列的类型为 int/bigint/double 等时，极端情况下，如果左右表的最大最小值相同则没有效果，反之右表最大值小于左表最小值，或右表最小值大于左表最大值，则效果最好。

需要注意的是，当 Join 条件中 Key 列的类型为 varchar 等时，应用 MinMax Filter 往往会导致性能降低。

5）Bitmap Filter

当且仅当 in subquery 操作中的子查询返回 Bitmap 列时会使用 Bitmap Filter。

关于 Runtime Filter 使用的更多方式可以参考官网：https://doris.apache.org/zh-CN/docs/dev/advanced/join-optimization/runtime-filter#使用方式。

2．Runtime Filter 使用

在 Doris 中使用 Runtime Filter 优化时，可以设置 runtime_filter_type 决定使用哪种过滤数据类型，数字(1, 2, 4, 8, 16)或者相对应的助记符字符串(IN, BLOOM_FILTER, MIN_MAX, IN_OR_BLOOM_FILTER, BITMAP_FILTER)，默认 8(IN_OR_BLOOM_FILTER)，使用多个时用逗号分隔，注意需要加引号，或者将任意多个类型的数字相加，示例如下。

```
set runtime_filter_type="BLOOM_FILTER,IN,MIN_MAX";
```

等价于

```
set runtime_filter_type=7;
```

我们可以在执行 SQL 前使用 set 来设置 Runtime Filter 类型对 Join 进行优化。

6.5.3　Runtime Filter 案例操作

下面使用一个案例来说明 Runtime Filter 的使用，以及查看 Query 生成的 Runtime Filter 信息。

（1）创建 Doris 表并插入数据。

```
CREATE TABLE rf_tbl1 (t1 INT) DISTRIBUTED BY HASH (t1) BUCKETS 2 PROPERTIES
("replication_num" = "1");
```

```
INSERT INTO rf_tbl1 VALUES (1), (2), (3), (4);

CREATE TABLE rf_tbl2(t2 INT) DISTRIBUTED BY HASH (t2) BUCKETS 2 PROPERTIES
("replication_num" = "1");
INSERT INTO rf_tbl2 VALUES (3), (4), (5);
```

（2）对两张表进行 Join 操作，并查看 Join 详细信息。

```
#两张表进行 join
mysql> SELECT t1 FROM rf_tbl1 t1  JOIN rf_tbl2 t2 where t1.t1 = t2.t2;
+------+
| t1   |
+------+
|    3 |
|    4 |
+------+
2 rows in set (0.30 sec)

#查看 Join 详细信息
mysql> explain SELECT t1 FROM rf_tbl1 t1  JOIN rf_tbl2 t2 where t1.t1 = t2.t2;
|   0:VOlapScanNode                                                         |
|      TABLE: default_cluster:example_db.rf_tbl1(rf_tbl1), PREAGGREGATION: ON |
|      runtime filters: RF000[in_or_bloom] -> `t1`.`t1`                     |
|      partitions=1/1, tablets=2/2, tabletList=54172,54174                  |
|      cardinality=4, avgRowSize=546.25, numNodes=2
```

通过 explain 命令可以看到 SQL 语句默认使用了 Runtime Filter 中的 in_or_bloom 进行了数据过滤优化。

最后，关于使用 Runtime Filter 时如果集群中涉及的 Join 查询不会因为 Runtime Filter 而提高性能，你可以将 runtime_filter_mode 设置为 OFF，从而完全关闭该功能。

6.6 Join 优化原理

如前所述，Doris 支持两种物理算子：一类是 Hash Join，另一类是 Nest Loop Join。

针对 Doris 中的 Join 优化有如下方式需要注意。

6.6.1 Runtime Filter Join 优化

Doris 在进行 Hash Join 计算时会在右表构建一个哈希表，左表流式地通过右表的哈希表从而得出 Join 结果。而 Runtime Filter 就是充分利用了右表的 Hash 表，在右表生成哈希表时，同时生成一个基于哈希表数据的一个过滤条件，然后下推到左表的数据扫描节点。通过这样的方式，Doris 可以在运行时进行数据过滤。

Runtime Filter 适用的场景有两个要求，第一个要求就是左表大右表小，因为构建 Runtime Filter 是需要承担计算成本的，包括一些内存的开销。第二个要求就是左右表 Join 出来的结果很少，说明这

个 Join 可以过滤掉左表的绝大部分数据。

当符合上面两个条件的情况下，开启 Runtime Filter 就能收获比较好的效果。

当 Join 列为左表的 Key 列时，RuntimeFilter 会下推到存储引擎。Doris 本身支持延迟物化，

延迟物化简单来说是这样的：假如需要扫描 A、B、C 三列，在 A 列上有一个过滤条件：A 等于 2，要扫描 100 行的话，可以先把 A 列的 100 行扫描出来，再通过 A = 2 这个过滤条件过滤。之后通过过滤完成后的结果，再去读取 B、C 列，这样就能极大地降低数据的读取 I/O。所以说 Runtime Filter 如果在 Key 列上生成，同时利用 Doris 本身的延迟物化可以进一步提升查询的性能。

6.6.2　Join Reorder

数据库一旦涉及多表 Join，Join 的顺序对整个 Join 查询的性能是影响很大的。假设有 3 张表 Join，如图 6.8 所示，左边是 a 表跟 b 张表先做 Join，中间结果有 2000 行，然后与 c 表再进行 Join 计算。

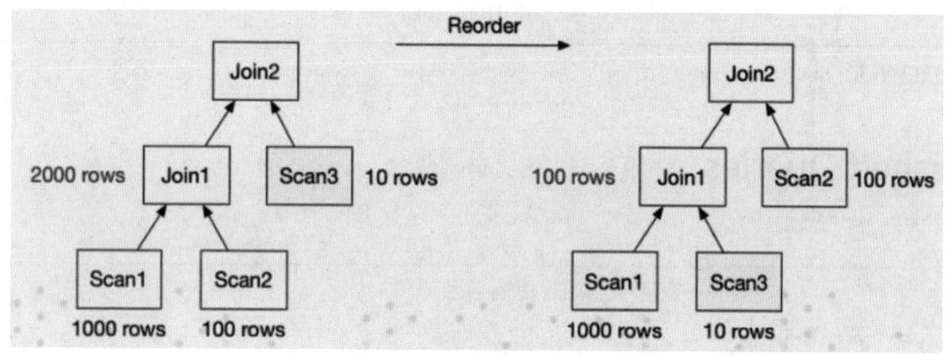

图 6.8　表重排

接下来看图 6.8 右侧，把 Join 的顺序调整了一下。把 a 表先与 c 表 Join，生成的中间结果只有 100，然后最终再与 b 表 Join 计算。最终的 Join 结果是一样的，但是它生成的中间结果有 20 倍的差距，这就会产生很大的性能差异。

Doris 目前支持基于规则的 Join Reorder 算法。它的逻辑是让大表、跟小表尽量做 Join，它生成的中间结果是尽可能小的。把有条件的 Join 表往前放，也就是说尽量让有条件的 Join 表进行过滤。Hash Join 的优先级高于 Nest Loop Join，因为 Hash Join 本身是比 Nest Loop Join 快很多的。

6.6.3　Doris Join 调优方法

Doris Join 调优的方法：

（1）利用 Doris 本身提供的 Profile，去定位查询的瓶颈。Profile 会记录 Doris 整个查询中的各种信息，这是进行性能调优的一手资料。

执行 Join SQL 后可以通过登录 WebUI 查看 Profile，前提需要在 Doris MySQL 客户端中开启 Profile。

```
#开启 Profile
mysql> set enable_profile=true;

#执行 SQL
```

```
mysql> explain SELECT t1 FROM rf_tbl1 t1  JOIN rf_tbl2 t2 where t1.t1 = t2.t2;
```

然后登录 WebUI 查看，https://node1:8030，如图 6.9 所示。

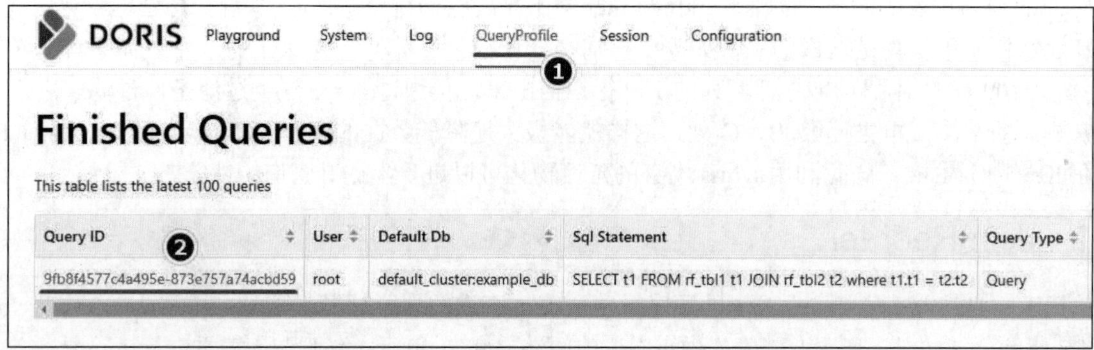

（a）Doris 页面

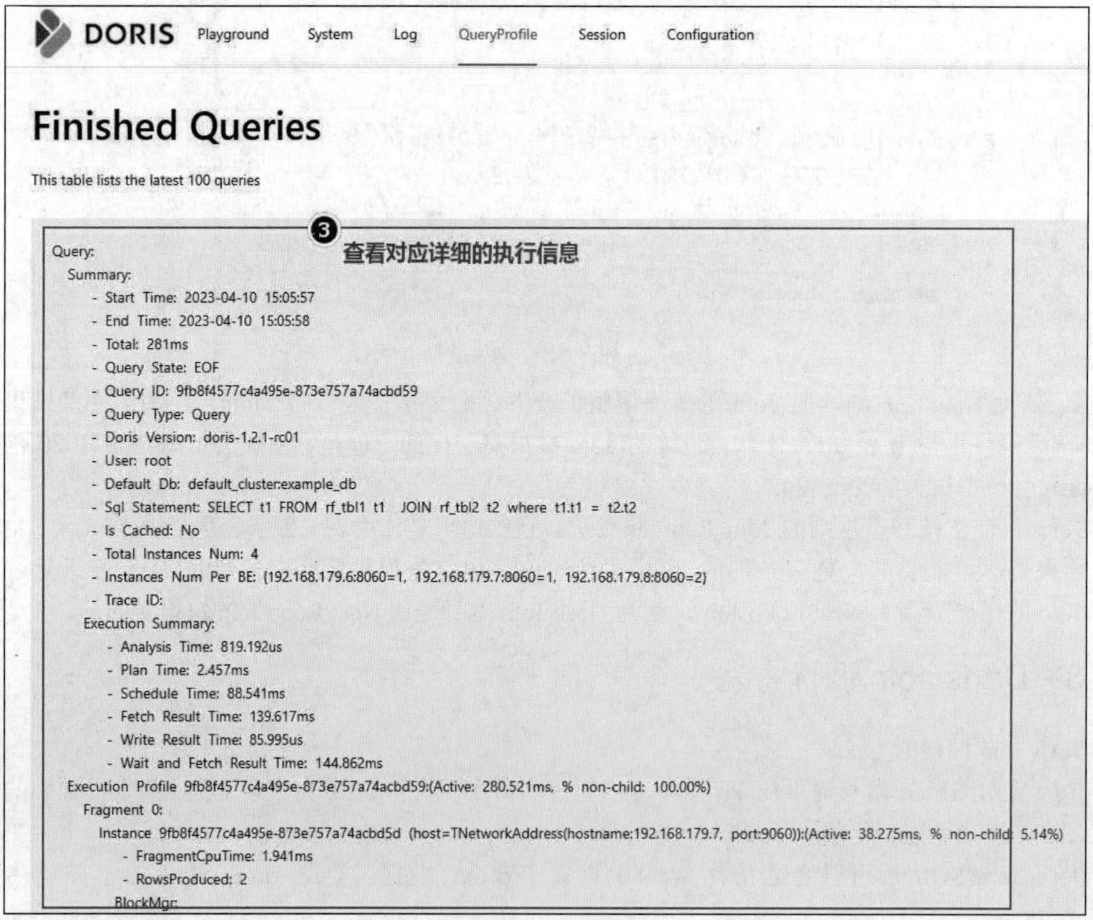

DORIS Playground System Log QueryProfile Session Configuration

Finished Queries

This table lists the latest 100 queries

❸ 查看对应详细的执行信息

```
Query:
  Summary:
     - Start Time: 2023-04-10 15:05:57
     - End Time: 2023-04-10 15:05:58
     - Total: 281ms
     - Query State: EOF
     - Query ID: 9fb8f4577c4a495e-873e757a74acbd59
     - Query Type: Query
     - Doris Version: doris-1.2.1-rc01
     - User: root
     - Default Db: default_cluster:example_db
     - Sql Statement: SELECT t1 FROM rf_tbl1 t1  JOIN rf_tbl2 t2 where t1.t1 = t2.t2
     - Is Cached: No
     - Total Instances Num: 4
     - Instances Num Per BE: {192.168.179.6:8060=1, 192.168.179.7:8060=1, 192.168.179.8:8060=2}
     - Trace ID:
    Execution Summary:
       - Analysis Time: 819.192us
       - Plan Time: 2.457ms
       - Schedule Time: 88.541ms
       - Fetch Result Time: 139.617ms
       - Write Result Time: 85.995us
       - Wait and Fetch Result Time: 144.862ms
  Execution Profile 9fb8f4577c4a495e-873e757a74acbd59:(Active: 280.521ms, % non-child: 100.00%)
    Fragment 0:
      Instance 9fb8f4577c4a495e-873e757a74acbd5d (host=TNetworkAddress(hostname:192.168.179.7, port:9060)):(Active: 38.275ms, % non-child: 5.14%)
          - FragmentCpuTime: 1.941ms
          - RowsProduced: 2
        BlockMgr:
```

（b）查询信息

图 6.9　Doris WebUI

（2）了解 Doris 的 Join 机制，这也是第二部分跟大家分享的内容。知其然知其所以然、了解它

的机制，才能分析它为什么比较慢。

（3）基于步骤（2）进行设置去改变 Join 的一些行为，从而实现 Join 的调优。

（4）查看 Query Plan 去分析这个调优是否生效。

上面的 4 步基本上完成了一个标准的 Join 调优流程，接着就是实际去查询验证它，看看效果到底怎么样。

如果前面 4 种方式串联起来之后还是不奏效。这时候可能就需要去做 Join 语句的改写，或者是数据分布的调整、需要重新去 Recheck 整个数据分布是否合理，包括查询 Join 语句，可能需要做一些手动的调整。当然这种方式是心智成本比较高的，也就是说要在尝试前面方式不奏效的情况下，才需要去做进一步的分析。

具体的 Join 调优案例可以参照官网：https://doris.apache.org/zh-CN/docs/query-acceleration/join-optimization/doris-join-optimization#调优案例实战。

6.6.4　Doris Join 调优建议

下面总结 Doris Join 优化调优的四点建议。

（1）在做 Join 时，要尽量选择同类型或者简单类型的列，同类型的话就减少它的数据 Cast，简单类型本身 Join 计算就很快。

（2）尽量选择 Key 列进行 Join，原因前面在 Runtime Filter 时也介绍了，Key 列在延迟物化上能起到一个比较好的效果。

（3）大表之间的 Join，尽量让它 Colocation，因为大表之间的网络开销是很大的，如果需要去做 Shuffle 的话，代价是很高的。

（4）合理地使用 Runtime Filter，它在 Join 过滤率高的场景下效果是非常显著的。但是它并不是万灵药，而是有一定副作用的，所以需要根据具体的 SQL 的粒度做开关。

最后，要涉及多表 Join 时，需要判断 Join 的合理性。尽量保证左表为大表，右表为小表，然后 Hash Join 会优于 Nest Loop Join。

6.7　BITMAP 精准去重

在 Doris 的去重场景中，我们可以使用 BitMap 来快速实现数据去重，原理如下。

假设有一个包含若干个整数的集合，如{1, 2, 3, 4, 5, 6, 7, 8, 9, 10}，我们可以使用 Bitmap 来表示它。假设每个整数对应一个位，那么我们可以用一个长度为 10 的二进制数来表示这个集合，例如{1,4,6,7,9}可以表示为 1001011010。即：在二进制位图中，每个数据通过计算可以对应到一个二进制位（bit），用 1 表示这个整数在集合中出现，用 0 表示这个整数在集合中未出现。

如果集合中数据有重复：{1,4,6,7,9,1,4,6}，那么最终得到的 BitMap 位图还是 1001011010，通过该位图可清楚地知道集合中有哪些去重后的数据，大幅提升了查询去重数据的效率。

以上 Doris 的 Bitmap 聚合函数设计比较通用，但对亿级别以上 Bitmap 大基数的交并集计算性能较差。排查后端 BE 的 Bitmap 聚合函数逻辑，发现主要有两个原因。一是当 Bitmap 基数较大时，如

Bitmap 大小超过 1GB，网络/磁盘 I/O 处理时间比较长；二是后端 BE 实例在 scan 数据后全部传输到顶层节点进行求交和并运算，给顶层单节点带来压力，成为处理瓶颈。

解决思路是将 Bitmap 列的值按照 range 划分，不同 range 的值存储在不同的分桶中，保证了不同分桶的 Bitmap 值是正交的。当查询时，先分别对不同分桶中的正交 Bitmap 进行聚合计算，然后顶层节点直接将聚合计算后的值合并汇总并输出。如此会大大提高计算效率，解决了顶层单节点计算瓶颈问题。

以上优化的 Bitmap 举例如下：假设有一个包含若干个整数的集合，如{1, 2, 3, 4, 5, 6, 7, 8, 9, 10}，我们可以使用 Bitmap 来表示它。假设每个整数对应一个位，那么我们可以用一个长度为 10 的二进制数来表示这个集合，例如{1,4,6,7,9}可以表示为1001011010。

当我们将这个二进制数按照 range 划分成多个部分，并将每个部分存储在不同的分桶中时，不同分桶中的 Bitmap 值是正交的，意味着不同分桶中的位不会互相干扰，也不会重复。例如，将上述二进制数按照范围划分成两个部分（范围为 1～5 和范围为 6～10），则第一个部分为 10010，第二个部分为 11010，这两个部分可以分别存储在不同的分桶中。由于不同分桶中的位不会互相干扰，因此这种分桶方式可以避免在计算交集和并集时的重复计算和重复存储，提高了计算效率和存储效率。

下面我们创建 Doris 表，对表中数据使用 Bitmap 去重操作，演示针对海量数据场景下如何将 Bitmap 列的值按照 range 划分。

（1）创建 Doris 表。

```
CREATE TABLE `user_tag_bitmap` (
`tag` bigint(20) NULL COMMENT "用户标签",
`hid` smallint(6) NULL COMMENT "分桶 id",
`user_id` bitmap BITMAP_UNION NULL COMMENT ""
) ENGINE=OLAP
AGGREGATE KEY(`tag`, `hid`)
DISTRIBUTED BY HASH(`hid`) BUCKETS 3;
```

以上表中第一列代表用户标签；第二列 hid 作为哈希分桶列，表示 user_id 的分桶列；第三列是 user_id，该列是 value 聚合列，聚合函数是 bitmap_union。

⚠注意

bitmap_union 函数作用是输入一组 Bitmap 值，求这一组 Bitmap 值的并集，并返回，常见使用场景如：计算 PV，UV。

hid 数和 BUCKETS 要设置合理，hid 数设置至少是 BUCKETS 的 5 倍以上，以使数据哈希分桶尽量均衡。

（2）向以上表中加载数据。

```
#向 user_tag_bitmap 中插入如下数据
insert into user_tag_bitmap values (11111,ceil(1/3),to_bitmap(1)),(11112,ceil(2/3),
to_bitmap(2)),(11113,ceil(3/3),to_bitmap(3)),(11114,ceil(4/3),to_bitmap(4)),(11115
,ceil(5/3),to_bitmap(5)),(11116,ceil(5/3),to_bitmap(5));
注意：最后 2 条数据的 user_id 一样。

#查询表中数据
```

```
mysql>  select * from user_tag_bitmap;
+-------+------+---------+
| tag   | hid  | user_id |
+-------+------+---------+
| 11111 |    1 | NULL    |
| 11112 |    1 | NULL    |
| 11113 |    1 | NULL    |
| 11114 |    2 | NULL    |
| 11115 |    2 | NULL    |
| 11116 |    2 | NULL    |
+-------+------+---------+
```

向创建含有 Bitmap 类型列的 Doris 表中插入数据或者加载数据时，对用户 Bitmap 值 range 范围纵向切割，例如，用户 id 在 1～5000000 范围内的 hid 值相同，hid 值相同的行会分配到一个分桶内，如此每个分桶内到的 Bitmap 都是正交的。可以利用桶内 Bitmap 值正交特性，进行交并集计算，计算结果会被 Shuffle 至 top 节点聚合。

注意

正交 Bitmap 函数不能用在分区表，因为分区表分区内正交，分区之间的数据是无法保证正交的，则计算结果也是无法预估的。

（3）对以上表中 user_id 列进行去重统计。

```
#查询 user_id 去重后的结果
mysql> select orthogonal_bitmap_union_count(user_id) as distinct_cnt from user_
tag_bitmap;
+--------------+
| distinct_cnt |
+--------------+
|            5 |
+--------------+
```

有关 Bitmap 更多去重操作可以参考官网：https://doris.apache.org/zh-CN/docs/dev/advanced/orthogonal-bitmap-manual。

6.8　物 化 视 图

物化视图是将预先计算（根据定义好的 SELECT 语句）好的数据集，存储在 Doris 中的一个特殊的表。物化视图的出现主要是为了满足用户，既能对原始明细数据的任意维度分析，也能快速地对固定维度进行分析查询。

6.8.1　物化视图使用场景及优势

Doris 物化视图使用的场景如下。

☑　分析需求经常对 Doris 某个明细表或者固定维度进行查询。

- ☑ 查询仅涉及表中一小部分行或者列的聚合查询。
- ☑ 查询包含一些耗时处理操作，比如：时间很久的聚合操作等。
- ☑ 查询需要匹配不同前缀索引。

Doris 物化视图的优势如下。

- ☑ 对于那些经常重复的、使用相同的子查询结果的查询性能大幅提升。
- ☑ Doris 自动维护物化视图的数据，无论是新的导入还是删除操作，都能保证 base 表和物化视图表的数据一致性。无须任何额外的人工维护成本。
- ☑ 查询时，会自动匹配到最优物化视图，并直接从物化视图中读取数据。

6.8.2 物化视图&Rollup 对比

在没有物化视图功能之前，用户一般都是使用 Rollup 功能通过预聚合方式提升查询效率的。但是 Rollup 具有一定的局限性，不能基于明细模型做预聚合。

物化视图则在覆盖了 Rollup 的功能的同时，还能支持更丰富的聚合函数。所以物化视图其实是 Rollup 的一个超集。也就是说，之前 ALTER TABLE ADD ROLLUP 语法支持的功能现在均可以通过 CREATE MATERIALIZED VIEW 实现。

6.8.3 物化视图语法

Doris 系统提供了一整套对物化视图的 DDL 语法，包括创建，查看，删除。DDL 的语法和 PostgreSQL, Oracle 都是一致的。

关于物化视图的创建有两个原则：

- ☑ 从查询语句中抽象出多个查询共有的分组和聚合方式作为物化视图的定义。
- ☑ 不需要给所有维度组合都创建物化视图。

第一点，一个物化视图如果抽象出来，并且多个查询都可以匹配到这张物化视图。这种物化视图效果最好。因为物化视图的维护本身也需要消耗资源。

如果物化视图只和某个特殊的查询很贴合，而其他查询均用不到这个物化视图。则会导致这张物化视图的性价比不高，既占用了集群的存储资源，还不能为更多的查询服务。所以用户需要结合自己的查询语句，以及数据维度信息去抽象出一些物化视图的定义。

第二点就是，在实际的分析查询中，并不会覆盖到所有的维度分析。所以给常用的维度组合创建物化视图即可，从而达到一个空间和时间上的平衡。

创建物化视图是一个异步的操作，也就是说用户成功提交创建任务后，Doris 会在后台对存量的数据进行计算，直到创建成功。

创建物化视图的语法如下。

```
CREATE MATERIALIZED VIEW [MV name] as [query]
[PROPERTIES ("key" = "value")]
```

以上语句参数解释如下。

（1）MV name：物化视图的名称，必填项。相同表的物化视图名称不可重复。

（2）query：用于构建物化视图的查询语句，查询语句的结果既物化视图的数据。目前支持的

query 格式如下。

```
SELECT select_expr[, select_expr ...]
FROM [Base view name]
GROUP BY column_name[, column_name ...]
ORDER BY column_name[, column_name ...]
```

☑ select_expr：物化视图的 schema 中所有的列。至少包含一个单列。

☑ base view name：物化视图的原始表名，必填项。必须是单表，且非子查询。

☑ group by：物化视图的分组列，选填项。不填则数据不进行分组。

☑ order by：物化视图的排序列，选填项。排序列的声明顺序必须和 select_expr 中列声明顺序一致。如果不声明 order by，则根据规则自动补充排序列。如果物化视图是聚合类型，则所有的分组列自动补充为排序列。如果物化视图是非聚合类型，则前 36 个字节自动补充为排序列。如果自动补充的排序个数小于 3 个，则前三个作为排序列。如果 query 中包含分组列的话，则排序列必须和分组列一致。

（3）Properties：声明物化视图的一些配置，选填项。

6.8.4　物化视图使用案例

在 Doris 中创建 Duplicate 数据存储模型的表，示例如下。

```
#在 Doris 中创建如下表
create table example_db.duplicate_table(
k1 int null,
k2 int null,
k3 bigint null,
k4 bigint null
)
duplicate key (k1,k2,k3,k4)
distributed BY hash(k4) buckets 3
properties("replication_num" = "1");

#查看表结构
mysql> desc duplicate_table;
+-------+--------+------+------+---------+-------+
| Field | Type   | Null | Key  | Default | Extra |
+-------+--------+------+------+---------+-------+
| k1    | INT    | Yes  | true | NULL    |       |
| k2    | INT    | Yes  | true | NULL    |       |
| k3    | BIGINT | Yes  | true | NULL    |       |
| k4    | BIGINT | Yes  | true | NULL    |       |
+-------+--------+------+------+---------+-------+
```

然后基于该表创建物化视图进行演示。

（1）创建一个仅包含原始表（k1,k2）列的物化视图。

```
#创建物化视图
mysql> create materialized view k1_k2 as select k1, k2 from duplicate_table;
```

```
Query OK, 0 rows affected (0.02 sec)

#查看创建的物化视图，物化视图仅包含两列 k1、k2 且不带任何聚合
mysql> desc duplicate_table all;
+-----------------+--------------+-------+--------+------+------+---------+-------+---------+
| IndexName       | IndexKeysType | Field | Type   | Null | Key  | Default | Extra | Visible |
+-----------------+--------------+-------+--------+------+------+---------+-------+---------+
| duplicate_table | DUP_KEYS     | k1    | INT    | Yes  | true | NULL    |       | true    |
|                 |              | k2    | INT    | Yes  | true | NULL    |       | true    |
|                 |              | k3    | BIGINT | Yes  | true | NULL    |       | true    |
|                 |              | k4    | BIGINT | Yes  | true | NULL    |       | true    |
|                 |              |       |        |      |      |         |       |         |
| k1_k2           | DUP_KEYS     | k1    | INT    | Yes  | true | NULL    |       | true    |
|                 |              | k2    | INT    | Yes  | true | NULL    |       | true    |
+-----------------+--------------+-------+--------+------+------+---------+-------+---------+
```

（2）创建一个以 k2 为排序列的物化视图。

```
mysql>create materialized view k2_order as select k2,k1 from duplicate_table order
by k2;

#查看创建的物化视图
mysql> desc duplicate_table all;
+-----------------+--------------+-------+--------+------+-------+---------+-------+---------+
| IndexName       | IndexKeysType | Field | Type   | Null | Key   | Default | Extra | Visible |
+-----------------+--------------+-------+--------+------+-------+---------+-------+---------+
| duplicate_table | DUP_KEYS     | k1    | INT    | Yes  | true  | NULL    |       | true    |
|                 |              | k2    | INT    | Yes  | true  | NULL    |       | true    |
|                 |              | k3    | BIGINT | Yes  | true  | NULL    |       | true    |
|                 |              | k4    | BIGINT | Yes  | true  | NULL    |       | true    |
|                 |              |       |        |      |       |         |       |         |
| k2_order        | DUP_KEYS     | k2    | INT    | Yes  | true  | NULL    |       | true    |
|                 |              | k1    | INT    | Yes  | false | NULL    | NONE  | true    |
|                 |              |       |        |      |       |         |       |         |
| k1_k2           | DUP_KEYS     | k1    | INT    | Yes  | true  | NULL    |       | true    |
|                 |              | k2    | INT    | Yes  | true  | NULL    |       | true    |
+-----------------+--------------+-------+--------+------+-------+---------+-------+---------+
```

物化视图仅包含两列 k2、k1，其中 k2 列为排序列，不带任何聚合，那么物化视图 Key 列只有 order by 的列。

（3）创建一个以 k1,k2 分组，k3 列为 sum 聚合的物化视图。

```
mysql> create materialized view k1_k2_sumk3 as select k1, k2, sum(k3) from duplicate_
table group by k1, k2;

#查看创建的物化视图
mysql> desc duplicate_table all;
+-----------------+--------------+-------+--------+------+-------+---------+-------+---------+
| IndexName       | IndexKeysType | Field | Type   | Null | Key   | Default | Extra | Visible |
+-----------------+--------------+-------+--------+------+-------+---------+-------+---------+
```

```
| duplicate_table | DUP_KEYS      | k1     | INT    | Yes  | true  | NULL |       | true    |
|                 |               | k2     | INT    | Yes  | true  | NULL |       | true    |
|                 |               | k3     | BIGINT | Yes  | true  | NULL |       | true    |
|                 |               | k4     | BIGINT | Yes  | true  | NULL |       | true    |
|                 |               |        |        |      |       |      |       |         |
| k1_k2_sumk3     | AGG_KEYS      | k1     | INT    | Yes  | true  | NULL |       | true    |
|                 |               | k2     | INT    | Yes  | true  | NULL |       | true    |
|                 |               | k3     | BIGINT | Yes  | false | NULL | SUM   | true    |
|                 |               |        |        |      |       |      |       |         |
| k2_order        | DUP_KEYS      | k2     | INT    | Yes  | true  | NULL |       | true    |
|                 |               | k1     | INT    | Yes  | false | NULL | NONE  | true    |
|                 |               |        |        |      |       |      |       |         |
| k1_k2           | DUP_KEYS      | k1     | INT    | Yes  | true  | NULL |       | true    |
|                 |               | k2     | INT    | Yes  | true  | NULL |       | true    |
+-----------------+---------------+--------+--------+------+-------+------+-------+---------+
```

如果不声明 order by，则根据规则自动补充排序列。如果物化视图是聚合类型，则所有的分组列自动补充为排序列，所以排序列为 k1,k2。

（4）创建一个不声明排序列的非聚合型物化视图。

```
#创建 Doris 表 example_db.all_type_table
create table example_db.all_type_table(
k1 TINYINT,
k2 SMALLINT,
k3 INT,
k4 bigint,
k5 DECIMAL(9,0),
k6 DOUBLE,
k7 VARCHAR(20)
)
duplicate key (k1,k2,k3,k4,k5)
distributed BY hash(k1) buckets 3
properties("replication_num" = "1");

#创建不声明排序列的非聚合型物化视图
mysql> create materialized view mv_1 as select k3,k4,k5,k6,k7 from all_type_table;

#查看创建的物化视图
mysql> desc all_type_table all;
+----------------+---------------+-------+---------------+------+-------+---------+-------+---------+
| IndexName      | IndexKeysType | Field | Type          | Null | Key   | Default | Extra | Visible |
+----------------+---------------+-------+---------------+------+-------+---------+-------+---------+
| all_type_table | DUP_KEYS      | k1    | TINYINT       | Yes  | true  | NULL    |       | true    |
|                |               | k2    | SMALLINT      | Yes  | true  | NULL    |       | true    |
|                |               | k3    | INT           | Yes  | true  | NULL    |       | true    |
|                |               | k4    | BIGINT        | Yes  | true  | NULL    |       | true    |
|                |               | k5    | DECIMAL(9,0)  | Yes  | true  | NULL    |       | true    |
|                |               | k6    | DOUBLE        | Yes  | false | NULL    | NONE  | true    |
|                |               | k7    | VARCHAR(20)   | Yes  | false | NULL    | NONE  | true    |
|                |               |       |               |      |       |         |       |         |
```

```
| mv_1           | DUP_KEYS      | k3    | INT          | Yes  | true  | NULL    |       | true    |
|                |               | k4    | BIGINT       | Yes  | true  | NULL    |       | true    |
|                |               | k5    | DECIMAL(9,0) | Yes  | true  | NULL    |       | true    |
|                |               | k6    | DOUBLE       | Yes  | false | NULL    | NONE  | true    |
|                |               | k7    | VARCHAR(20)  | Yes  | false | NULL    | NONE  | true    |
+----------------+---------------+-------+--------------+------+-------+---------+-------+---------+
```

系统默认补充的排序列为 k3, k4, k5 三列。这三列类型的字节数之和为 4(INT) + 8(BIGINT) + 16(DECIMAL) = 28 < 36。所以补充的是这三列作为排序列。物化视图的 schema 如上，可以看到其中 k3, k4, k5 列的 Key 字段为 true，也就是排序列。k6、k7 列的 Key 字段为 false，也就是非排序列。

6.8.5 物化视图删除

如果用户不再需要物化视图，则可以通过命令删除物化视图，删除物化视图的语法如下。

```
DROP MATERIALIZED VIEW [IF EXISTS] mv_name ON table_name;
```

（1）IF EXISTS：如果物化视图不存在，不会报出错误。如果不声明此关键字，物化视图不存在则报错。

（2）mv_name：待删除的物化视图的名称。必填项。

（3）table_name：待删除的物化视图所属的表名。必填项。

举例如下。

```
#查看表 all_type_tables 表的物化视图
mysql> desc all_type_table all;
+----------------+---------------+-------+--------------+------+-------+---------+-------+---------+
| IndexName      | IndexKeysType | Field | Type         | Null | Key   | Default | Extra | Visible |
+----------------+---------------+-------+--------------+------+-------+---------+-------+---------+
| all_type_table | DUP_KEYS      | k1    | TINYINT      | Yes  | true  | NULL    |       | true    |
|                |               | k2    | SMALLINT     | Yes  | true  | NULL    |       | true    |
|                |               | k3    | INT          | Yes  | true  | NULL    |       | true    |
|                |               | k4    | BIGINT       | Yes  | true  | NULL    |       | true    |
|                |               | k5    | DECIMAL(9,0) | Yes  | true  | NULL    |       | true    |
|                |               | k6    | DOUBLE       | Yes  | false | NULL    | NONE  | true    |
|                |               | k7    | VARCHAR(20)  | Yes  | false | NULL    | NONE  | true    |
|                |               |       |              |      |       |         |       |         |
| mv_1           | DUP_KEYS      | k3    | INT          | Yes  | true  | NULL    |       | true    |
|                |               | k4    | BIGINT       | Yes  | true  | NULL    |       | true    |
|                |               | k5    | DECIMAL(9,0) | Yes  | true  | NULL    |       | true    |
|                |               | k6    | DOUBLE       | Yes  | false | NULL    | NONE  | true    |
|                |               | k7    | VARCHAR(20)  | Yes  | false | NULL    | NONE  | true    |
+----------------+---------------+-------+--------------+------+-------+---------+-------+---------+


#删除表 all_type_tables 表中已经创建的 mv_1 物化视图
mysql> drop materialized view mv_1 on all_type_table;

#再次查看 all_type_tables 表中的物化视图，发现已经删除
mysql> desc all_type_table all;
```

```
+-----------------+---------------+-------+---------------+------+-------+---------+-------+---------+
| IndexName       | IndexKeysType | Field | Type          | Null | Key   | Default | Extra | Visible |
+-----------------+---------------+-------+---------------+------+-------+---------+-------+---------+
| all_type_table  | DUP_KEYS      | k1    | TINYINT       | Yes  | true  | NULL    |       | true    |
|                 |               | k2    | SMALLINT      | Yes  | true  | NULL    |       | true    |
|                 |               | k3    | INT           | Yes  | true  | NULL    |       | true    |
|                 |               | k4    | BIGINT        | Yes  | true  | NULL    |       | true    |
|                 |               | k5    | DECIMAL(9,0)  | Yes  | true  | NULL    |       | true    |
|                 |               | k6    | DOUBLE        | Yes  | false | NULL    | NONE  | true    |
|                 |               | k7    | VARCHAR(20)   | Yes  | false | NULL    | NONE  | true    |
+-----------------+---------------+-------+---------------+------+-------+---------+-------+---------+
```

6.8.6 物化视图局限性

物化视图的聚合函数的参数不支持表达式仅支持单列，如 sum(a+b)不支持（2.0 后支持）。

如果删除语句的条件列，在物化视图中不存在，则不能进行删除操作。如果一定要删除数据，则需要先将物化视图删除，然后方可删除数据。

单表上过多的物化视图会影响导入的效率：导入数据时，物化视图和 base 表数据是同步更新的，如果一张表的物化视图表超过 10 张，则有可能导致导入速度很慢。这就像单次导入需要同时导入 10 张表的数据一样。

相同列，不同聚合函数，不能同时出现在一张物化视图中，如 select sum(a), min(a) from table 不支持（2.0 后支持）。

物化视图针对 Unique Key 数据模型，只能改变列顺序，不能起到聚合的作用，所以在 Unique Key 模型上不能通过创建物化视图的方式对数据进行粗粒度聚合操作。

物化视图目前仅支持针对某张物理表创建，不支持 Join，不支持语句中有 where 子句。原因是为了保证与源表数据保持一致，所以不支持 where 语句，因为物化视图中会有一些聚合情况。另外一个就是在物化视图创建时指定 where 语句，与使用物化视图时加上 where 语句，实质上是一样的操作，所以不必写入物化视图中，否则会增加查询原表的次数。

第 7 章

Doris 生态扩展

本章全面介绍了 Doris 生态系统的扩展和整合，读者将了解到如何与 Spark 和 Flink 等流行的大数据处理框架无缝集成，利用 Spark Doris Connector 和 Flink Doris Connector 实现数据的快速导入和查询。同时，还介绍了使用 DataX DorisWriter 实现数据的批量导入，以及 Doris 通过 IDBC Catalog 方式查询外部数据库表。此外，本章还探讨了一些 Doris 的性能优化技巧，帮助读者进一步提升数据处理查询的效率。

7.1 Spark Doris Connector

Spark Doris Connector 支持通过 Spark 读取 Doris 中存储的数据，也支持使用 Spark DataFrame 将数据批量或流式写入 Doris。它可以将 Doris 表映射为 DataFrame 或者 RDD，但推荐使用 DataFrame。还支持在 Doris 端完成数据过滤，从而减少数据传输量。

注意

在测试过程中发现 Spark StructuredStreaming 实时写入 Doris 存在问题。

要想在 Spark 编程中使用 Doris Connector，需要根据 Doris 官网提供的 Spark Doris Connector 的源码进行编译获取 doris-spark-connector，源代码库地址为 https://github.com/apache/incubator-doris-spark-connector，用户需要根据自己使用 Spark 的版本以及 Scala 的版本进行手动编译源码获取 Spark Doris Connector 依赖包，然后导入项目中使用。如果不想编译，也可以使用 Doris 官方提供的编译好的包，地址是 https://repo.maven.apache.org/maven2/org/apache/doris/。

7.1.1 Spark 与 Doris 版本兼容

Spark 与 Doris 版本兼容测试如表 7.1 所示。

表 7.1 Spark 与 Doris 版本兼容测试

Connector	Spark	Doris	Java	Scala
2.3.4-2.11.xx	2.x	0.12+	8	2.11
3.1.2-2.12.xx	3.x	0.12+	8	2.12
3.2.0-2.12.xx	3.2.x	0.12+	8	2.12

经过以上测试，Spark 3.3.x 版本也与 Doris 0.12 之上版本兼容，测试 Spark 3.3.x、Spark 3.2.x 与 Doris 1.2.1 编译得到 Spark-Doris-Connecotr 时，StructuredStreaming 实时写入 Doris 存在问题。

7.1.2 Spark Doris Connector 源码编译

根据 Doris 官方提供的 Spark Doris Connector 源码进行编译获取 spark-doris-connector 时，需要用到 Maven 环境，因为后续在 node1 节点上进行源码编译，所以在 node1 节点上安装 Maven 环境。

1．安装 Maven 3.6.3

Maven 下载地址为 http://maven.apache.org/download.cgi，这里下载 Maven 3.6.3，下载完成后，按照以下步骤配置 Maven。

（1）上传 Maven 安装包到 node1 节点，并解压。

```
[root@node1 software]# tar -zxvf ./apache-maven-3.6.3-bin.tar.gz
```

（2）配置 Maven 环境变量。

```
#打开/etc/profile 在最后追加以下内容
[root@node1 software]# vim /etc/profile
export MAVEN_HOME=/software/apache-maven-3.6.3/
export PATH=$PATH:$MAVEN_HOME/bin

#配置环境变量生效
[root@node1 software]# source /etc/profile
```

（3）检查 Maven 是否安装成功。

```
[root@node1 software]# mvn -v
Apache Maven 3.6.3 (cecedd343002696d0abb50b32b541b8a6ba2883f)
Maven home: /software/apache-maven-3.6.3
Java version: 1.8.0_181, vendor: Oracle Corporation, runtime: /usr/java/jdk1.8.0_
181-amd64/jre
Default locale: en_US, platform encoding: UTF-8
OS name: "linux", version: "3.10.0-957.el7.x86_64", arch: "amd64", family: "unix"
```

（4）修改默认下载源为阿里镜像源。

为了更快地编译源码下载包，可以修改$MAVEN_HOME/conf/settings.xml 文件，添加阿里镜像源，注意将以下内容放在<mirrors>...</mirrors>之间。此外，maven 下载包默认对应的仓库位置在${user.home}/.m2/repository 目录下，其中${user.home}为当前用户家目录。

```
<!-- 添加阿里云镜像-->
<mirror>
    <id>nexus-aliyun</id>
    <mirrorOf>central</mirrorOf>
    <name>Nexus aliyun</name>
<url>http://maven.aliyun.com/nexus/content/groups/public</url>
</mirror>
```

即使设置了阿里云镜像地址，由于源码编译过程中可能涉及从 Apache Maven 官网站点下载一些基础依赖，速度也比较慢，也可以将资料中 repository.zip 上传至 node1 /root/.m2 目录中并解压，该压缩包是完整下载好依赖的 Maven 仓库，具体步骤如下。

```
#将 repository.zip 资料上传至/root/.m2 目录中并解压
[root@node1 ~]# cd /root/.m2
[root@node1 .m2]# unzip ./repository.zip
```

2. 安装 Thrift

在源码编译过程中需要用到 Thrift 环境，所以这里在 node1 上安装 Thrift，具体步骤如下。

```
#在 node1 节点安装依赖
[root@node1 ~]# yum install -y autoconf automake libtool cmake ncurses-devel
openssl-devel lzo-devel zlib-devel gcc gcc-c++

#下载 Thrift 源码包，也可以从资料中获取，名称为 thrift-0.13.0.tar.gz
[root@node1 ~]# cd /software && wget
https://archive.apache.org/dist/thrift/0.13.0/thrift-0.13.0.tar.gz

#解压编译
[root@node1 software]# tar -zxvf thrift-0.13.0.tar.gz
[root@node1 software]# cd thrift-0.13.0
[root@node1 thrift-0.13.0]# ./configure --without-tests
[root@node1 thrift-0.13.0]# make
[root@node1 thrift-0.13.0]#  make install

#安装完成后，检查版本
[root@node1 ~]# thrift --version
Thrift version 0.13.0
```

3. 源码编译

按照如下步骤根据源码编译获取 spark-doris-connector。

```
#创建目录
[root@node1 ~]# cd /software
[root@node1 software]# mkdir doris-spark-connector

#将资料中下载好的源码 doris-spark-connector-master.zip 上传至该目录并解压
[root@node1 doris-spark-connector]# unzip doris-spark-connector-master.zip

#修改 custom_env.sh.tpl 文件名为 custom_env.sh
[root@node1 ~]# cd /software/doris-spark-connector/doris-spark-connector-master
[root@node1 doris-spark-connector-master]# mv custom_env.sh.tpl custom_env.sh

#源码编译，编译时选择 Scala 版本和 Spark 版本，这里选择 Scala 2.12 和 Spark 3.3.x 版本
[root@node1 ~]# cd /software/doris-spark-connector/doris-spark-connector-master/
spark-doris-connector
[root@node1 spark-doris-connector]# ./build.sh
Spark-Doris-Connector supports Scala 2.11 and 2.12. Which version do you need ?
1) 2.11
2) 2.12
#? 2
Spark-Doris-Connector supports multiple versions of spark. Which version do you need ?
1) 2.3.x
2) 3.1.x
3) 3.2.x
```

```
4) 3.3.x
5) other
#? 4
...
[INFO] Skipping javadoc generation
[INFO] ------------------------------------------------------------------------
[INFO] BUILD SUCCESS
[INFO] ------------------------------------------------------------------------
[INFO] Total time:  01:35 min
[INFO] Finished at: 2023-04-13T15:49:35+08:00
[INFO] ------------------------------------------------------------------------
[Doris] *****************************************************************
[Doris] Successfully build Spark-Doris-Connector
[Doris] dist: /software/doris-spark-connector/doris-spark-connector-master/dist/
spark-doris-connector-3.3_2.12-1.0.0-SNAPSHOT.jar
[Doris] *****************************************************************
```

以上编译完成后，将目录/software/doris-spark-connector/doris-spark-connector-master/spark-doris-connector/target 中的 spark-doris-connector-3.3_2.12-1.0.0-SNAPSHOT.jar 包放在 Windows 本地，然后加入本地 Maven 仓库中，在代码中引入使用即可。

7.1.3　Spark Doris Connector 使用

1．将编译 jar 包加入本地 Maven 仓库

将 spark-doris-connector-3.3_2.12-1.0.0-SNAPSHOT.jar 放在 D 盘下，打开 cmd 输入如下命令，将 spark-doris-connector 加入 Maven 本地仓库，如图 7.1 所示。

```
mvn install:install-file -Dfile=D:\spark-doris-connector-3.3_2.12-1.0.0-SNAPSHOT.jar
-DgroupId=org.apache.doris  -DartifactId=spark-doris-connector-3.3_2.12  -Dversion=
1.0.0 -Dpackaging=jar
```

```
命令提示符
Microsoft Windows [版本 10.0.14393]
(c) 2016 Microsoft Corporation。保留所有权利。

C:\Users\wubai>mvn install:install-file -Dfile=D:\spark-doris-connector-3.3_2.12-1.0.0-SNAPSHOT.jar -DgroupId=org.apache
.doris -DartifactId=spark-doris-connector-3.3_2.12 -Dversion=1.0.0 -Dpackaging=jar
[INFO] Scanning for projects...
[INFO]
[INFO] ------------------------------------------------------------------------
[INFO] Building Maven Stub Project (No POM) 1
[INFO] ------------------------------------------------------------------------
[INFO]
[INFO] --- maven-install-plugin:2.4:install-file (default-cli) @ standalone-pom ---
[INFO] Installing D:\spark-doris-connector-3.3_2.12-1.0.0-SNAPSHOT.jar to F:\javaMvn\org\apache\doris\spark-doris-connec
tor-3.3_2.12\1.0.0\spark-doris-connector-3.3_2.12-1.0.0.jar
[INFO] Installing C:\Temp\mvninstall404085556822947953.pom to F:\javaMvn\org\apache\doris\spark-doris-connector-3.3_2.1
2\1.0.0\spark-doris-connector-3.3_2.12-1.0.0.pom
[INFO] ------------------------------------------------------------------------
[INFO] BUILD SUCCESS
[INFO] ------------------------------------------------------------------------
[INFO] Total time: 2.247 s
[INFO] Finished at: 2023-04-12T22:05:56+08:00
[INFO] Final Memory: 16M/736M
[INFO] ------------------------------------------------------------------------
拒绝访问。
C:\Users\wubai>
```

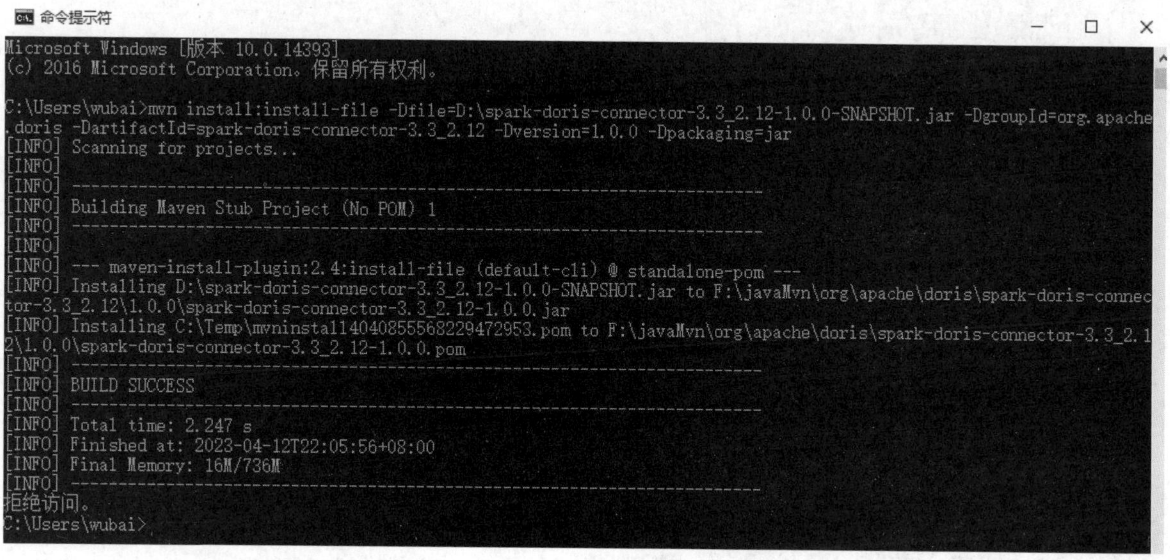

图 7.1　将 jar 包加入本地 Maven 仓库

加载完成之后，可以在本地 Maven 仓库中看到该 jar 包，如图 7.2 所示。

我的电脑 › 本地磁盘 (F:) › javaMvn › org › apache › doris › spark-doris-connector-3.3_2.12 › 1.0.0

名称	修改日期	类型	大小
_remote.repositories		REPOSITORIES ...	1 KB
spark-doris-connector-3.3_2.12-1.0.0.jar		Executable Jar File	7,401 KB
spark-doris-connector-3.3_2.12-1.0.0.pom		POM 文件	1 KB

图 7.2　在本地 Maven 仓库查看 jar 包

然后，在 IDEA 中创建 Maven 项目，将 jar 包引入 Maven pom.xml 文件中即可。这里还需要操作 Spark，同时需要引入 Spark 的其他依赖包，命令如下。

```
<!-- 配置以下可以解决，在 jdk1.8 环境下打包时报错 “-source 1.5 中不支持 lambda 表达式” -->
<properties>
  <project.build.sourceEncoding>UTF-8</project.build.sourceEncoding>
  <maven.compiler.source>1.8</maven.compiler.source>
  <maven.compiler.target>1.8</maven.compiler.target>
</properties>

<dependencies>
  <!-- Spark 整合 Doris 依赖包 -->
  <dependency>
    <groupId>org.apache.doris</groupId>
    <artifactId>spark-doris-connector-3.3_2.12</artifactId>
    <version>1.0.0</version>
  </dependency>

  <!-- Spark-core -->
  <dependency>
    <groupId>org.apache.spark</groupId>
    <artifactId>spark-core_2.12</artifactId>
    <version>3.3.2</version>
  </dependency>
  <!-- SparkSQL -->
  <dependency>
    <groupId>org.apache.spark</groupId>
    <artifactId>spark-sql_2.12</artifactId>
    <version>3.3.2</version>
  </dependency>

  <!--MySQL 依赖的 jar 包-->
  <dependency>
    <groupId>mysql</groupId>
    <artifactId>mysql-connector-java</artifactId>
    <version>5.1.47</version>
  </dependency>

  <!--SparkStreaming-->
  <dependency>
```

```
    <groupId>org.apache.spark</groupId>
    <artifactId>spark-streaming_2.12</artifactId>
    <version>3.3.2</version>
  </dependency>

  <!-- Kafka 0.10+ Source For Structured Streaming-->
  <dependency>
    <groupId>org.apache.spark</groupId>
    <artifactId>spark-sql-kafka-0-10_2.12</artifactId>
    <version>3.3.2</version>
  </dependency>

  <!-- Scala 包-->
  <dependency>
    <groupId>org.scala-lang</groupId>
    <artifactId>scala-library</artifactId>
    <version>2.12.10</version>
  </dependency>
  <dependency>
    <groupId>org.scala-lang</groupId>
    <artifactId>scala-compiler</artifactId>
    <version>2.12.10</version>
  </dependency>
  <dependency>
    <groupId>org.scala-lang</groupId>
    <artifactId>scala-reflect</artifactId>
    <version>2.12.10</version>
  </dependency>
  <dependency>
    <groupId>org.projectlombok</groupId>
    <artifactId>lombok</artifactId>
    <version>1.18.22</version>
    <scope>compile</scope>
  </dependency>
</dependencies>
```

2. Spark Core 操作 Doris

Spark 可以使用 Spark Core RDD 编程方式读取 Doris 表中的数据，不支持 RDD 写入 Doris 中。使用 Spark Core RDD 方式操作 Doris，首先要在 Doris 中创建一张表。

```
#创建表
CREATE TABLE IF NOT EXISTS example_db.spark_doris_tbl
(
`id` INT NOT NULL COMMENT "id",
`name` VARCHAR(255) NOT NULL COMMENT "姓名",
`age` INT COMMENT "年龄",
`score` BIGINT COMMENT "分数"
)
DUPLICATE KEY(`id`, `name`)
```

```
DISTRIBUTED BY HASH(`id`) BUCKETS 3
PROPERTIES (
"replication_allocation" = "tag.location.default: 1"
);

#向表中插入数据
mysql> insert into spark_doris_tbl values (1,'zs',18,100),(2,'ls',19,200),(3,'ww',
20,300);

#查询 Doris 表中数据
mysql> select * from spark_doris_tbl;
+------+------+------+-------+
| id   | name | age  | score |
+------+------+------+-------+
|    1 | zs   |   18 |   100 |
|    3 | ww   |   20 |   300 |
|    2 | ls   |   19 |   200 |
+------+------+------+-------+
```

然后编写 Spark Core RDD 读取 Doris 中的数据，代码如下。

```
/**
 * Spark 读取 Doris，生成 RDD，目前只有 Scala API 支持，Java API 暂时不支持
 * 只支持读取进行数据分析
 */
object SparkReadDoris {
  def main(args: Array[String]): Unit = {
    //创建 SparkConf 及 SparkContext
    val conf = new SparkConf
    conf.setMaster("local")
    conf.setAppName("SparkReadDoris")
    val sc = new SparkContext(conf)

    //导入转换
    import org.apache.doris.spark._

    val dorisSparkRDD = sc.dorisRDD(
      tableIdentifier = Some("example_db.spark_doris_tbl"),
      cfg = Some(Map(
        "doris.fenodes" -> "node1:8030",
        "doris.request.auth.user" -> "root",
        "doris.request.auth.password" -> "123456"
      ))
    )

    //打印结果
    dorisSparkRDD.collect().foreach(println)

  }
}
```

此外，需要注意的是 RDD 读取 Doris 表中的数据只支持 Scala API 实现，Java API 会报错。

3．Spark DataFrame 操作 Doris

我们也可以使用 DataFrame 方式操作 Doris，可以向 Doris 中写入数据，也可以从 Doris 中读取数据。在编写代码之前，首先将 Doris 表 spark_doris_tbl 中数据清空。

```
mysql> delete from spark_doris_tbl where id >0;
```

Spark DataFrame 操作 Doris 代码如下。

```
/**
 * Spark DataFrame 操作 Doris
 * 注意：操作之前需要先删除 Doris 中的表 example_db.spark_doris_tbl ：delete from
example_db.spark_doris_tbl where id >0;
 * 1.Spark 向 Doris 表中写入数据
 * 2.Spark 读取 Doris 中数据
 *
 */
public class SparkDorisBatchOperator {
    public static void main(String[] args) {
        //1.创建 SparkSession 对象
        SparkSession sparkSession = SparkSession.builder().appName
("SparkReadDoris").master("local").getOrCreate();

        //2.准备数据集并转换成 Dataset<Row>
        ArrayList<String> jsonList = new ArrayList<>();
        jsonList.add("{'id':1,'name':'zhangsan','age':18,'score':100}");
        jsonList.add("{'id':2,'name':'lisi','age':19,'score':200}");
        jsonList.add("{'id':3,'name':'wangwu','age':20,'score':300}");
        jsonList.add("{'id':4,'name':'zhaoliu','age':21,'score':400}");
        jsonList.add("{'id':5,'name':'tianqi','age':22,'score':500}");

        Dataset<Row> dataset = sparkSession.read().json(sparkSession.createDataset
(jsonList, Encoders.STRING()));

        dataset.printSchema();
        dataset.show();

        //3.将 Dataset<Row>写入 Doris
        dataset.write().format("doris")
                .option("doris.table.identifier", "example_db.spark_doris_tbl")
                .option("doris.fenodes", "node1:8030")
                .option("user", "root")
                .option("password", "123456")
                //指定要写入的字段，这里是指定对应到 Doris 表中的字段的顺序
                .option("doris.write.fields","age,id,name,score")
                .save();

        //4.读取 Doris 中的数据
        Dataset<Row> load = sparkSession.read().format("doris")
```

```
                .option("doris.table.identifier", "example_db.spark_doris_tbl")
                .option("doris.fenodes", "node1:8030")
                .option("user", "root")
                .option("password", "123456")
                .load();
        load.show();

    }
}
```

4. Spark SQL 操作 Doris

除了使用 DataFrame API 方式操作 Doris 数据表，还可以使用 Spark SQL 编程方式来操作 Doris 表。在编写代码之前，首先将 Doris 表 spark_doris_tbl 中数据清空。

```
mysql> delete from spark_doris_tbl where id >0;
```

Spark SQL 操作 Doris 代码如下。

```
/**
 *  Spark SQL 操作 Doris
 *  注意：需要先在 Doris 中清空表中数据
 *
 *  1.Spark 向 Doris 表中写入数据
 *  2.Spark 读取 Doris 中数据
 */
public class SparkDorisOperator {
    public static void main(String[] args) {

        //1.创建 SparkSession 对象
        SparkSession sparkSession = SparkSession.builder().appName
("SparkReadDoris").master("local").getOrCreate();

        //2.在 Spark 中创建 Doris 的临时视图
        sparkSession.sql("CREATE TEMPORARY VIEW spark_doris USING doris " +
                " OPTIONS( " +
                " 'table.identifier'='example_db.spark_doris_tbl', " +
                " 'fenodes'='node1:8030', " +
                " 'user'='root', " +
                " 'password'='123456' " +
                " ) ");

        //3.使用 Spark SQL 向 Doris 中写入数据
        sparkSession.sql("insert into spark_doris values (1,'zs',18,100),(2,'ls',
19,200),(3,'ww',20,300)");

        //4.使用 Spark SQL 从 Doris 中读取数据
        sparkSession.sql("select * from spark_doris").show();

    }

}
```

5. StructuredStreaming 操作 Doris

在 Doris 官网中给出了 StructuredStreaming 实时向 Doris 表中写入数据的案例，但是按照官网写法实现代码运行时一直报错。

```
Caused by: org.apache.spark.sql.AnalysisException: Queries with streaming sources
must be executed with writeStream.start();
```

该错误说明数据写出没有指定 start 方法。经测试，目前在代码编写中就算给出该 start 启动方法，代码执行还是有问题。目前测试版本为 Spark3.2.x、Spark3.3.x 与 Doris1.2.1 版本，其他版本没有测试。

下面给出 Spark StructuredStreaming 读取 Kafka 中数据写入 Doris 的代码实现。

```
/**
 * StructuredStreaming 实时读取 Kafka 中数据写入 Doris
 * 注意：操作之前需要先删除 Doris 中的表 example_db.spark_doris_tbl : delete from
example_db.spark_doris_tbl where id >0;
 */
public class SparkDorisStreamOperator {
    public static void main(String[] args) throws TimeoutException,
StreamingQueryException {
        //1.创建 SparkSession 对象
        SparkSession sparkSession = SparkSession.builder().appName
("SparkReadDoris").master("local").getOrCreate();

        //2.读取 Kafka 数据
        Dataset<Row> kafkaSource = sparkSession.readStream()
                .option("kafka.bootstrap.servers",
"node1:9092,node2:9092,nod3:9092")
                .option("startingOffsets", "earliest")
                .option("subscribe", "doris-topic")
                .format("kafka")
                .load();

        Dataset<Row> result = kafkaSource.selectExpr("CAST(key AS STRING)", "CAST
(value as STRING)")
                .select(functions.split(functions.col("value"), ",").getItem(0)
.as("id"),
                        functions.split(functions.col("value"), ",").getItem(1)
.as("name"),
                        functions.split(functions.col("value"), ",").getItem(2)
.as("age"),
                        functions.split(functions.col("value"), ",").getItem(3)
.as("score"));

        //3.将 Kafka 数据实时写入 Doris
        StreamingQuery query =result.writeStream().outputMode("append")
                .format("doris")
                .trigger(Trigger.ProcessingTime("5 seconds"))
```

```
            .option("checkpointLocation", "./checkpoint/dir")
            .option("doris.table.identifier", "example_db.spark_doris_tbl")
            .option("doris.fenodes", "node1:8030")
            .option("user", "root")
            .option("password", "123456")
            //指定要写入的字段
            .option("doris.write.fields", "id,name,age,score")
            .start();

        query.awaitTermination();
    }
}
```

7.1.4 Spark 操作 Doris 配置

Spark 操作 Doris 配置参考 Doris 官网：https://doris.apache.org/zh-CN/docs/dev/ecosystem/spark-doris-connector#配置。

Doris 通用配置如表 7.2 所示。

表 7.2 Doris 通用配置

配 置 项	默 认 值	说 明
doris.fenodes	-	Doris FE http 地址，支持多个地址，使用逗号分隔
doris.table.identifier	-	Doris 表名，如 db1.tbl1
doris.request.retries	3	向 Doris 发送请求的重试次数
doris.request.connect.timeout.ms	30000	向 Doris 发送请求的连接超时时间
doris.request.read.timeout.ms	30000	向 Doris 发送请求的读取超时时间
doris.request.query.timeout.s	3600	查询 Doris 的超时时间，默认值为 1h，-1 表示无超时限制
doris.request.tablet.size	Integer.MAX_VALUE	一个 RDD Partition 对应的 Doris Tablet 个数。此数值设置越小，则会生成越多的 Partition，从而提升 Spark 侧的并行度，但同时会对 Doris 造成更大的压力
doris.batch.size	1024	一次从 BE 读取数据的最大行数。增大此数值可减少 Spark 与 Doris 之间建立连接的次数，从而减少网络延迟所带来的额外时间开销
doris.exec.mem.limit	2147483648	单个查询的内存限制。默认为 2GB，单位为 B
doris.deserialize.arrow.async	false	是否支持异步转换 Arrow 格式到 spark-doris-connector 迭代所需的 RowBatch
doris.deserialize.queue.size	64	异步转换 Arrow 格式的内部处理队列，当 doris.deserialize.arrow.async 为 true 时生效
doris.write.fields	-	指定写入 Doris 表的字段或者字段顺序，多列之间使用逗号分隔。 默认写入时要按照 Doris 表字段顺序写入全部字段
doris.sink.batch.size	100000	单次写 BE 的最大行数
doris.sink.max-retries	0	写 BE 失败之后的重试次数

续表

配　置　项	默　认　值	说　　明
doris.sink.properties.*	-	Stream Load 的导入参数。 例如'sink.properties.column_separator' = ', '
doris.sink.task.partition.size	-	Doris 写入任务对应的 Partition 个数。Spark RDD 经过过滤等操作，最后写入的 Partition 数可能会比较大，但每个 Partition 对应的记录数比较少，导致写入频率增加和计算资源浪费。 减小此数值，可以降低 Doris 写入频率，减少 Doris 合并压力。该参数配合 doris.sink.task.use.repartition 使用
doris.sink.task.use.repartition	false	是否采用 repartition 方式控制 Doris 写入 Partition 数。默认值为 false，采用 coalesce 方式控制（注意：如果在写入之前没有 Spark action 算子，可能会导致整个计算并行度降低）。 如果设置为 true，则采用 repartition 方式（注意：可设置最后 Partition 数，但会额外增加 shuffle 开销）
doris.sink.batch.interval.ms	50	每个批次 sink 的间隔时间，单位为 ms

SQL 和 Dataframe 专有配置如表 7.3 所示。

表 7.3　SQL 和 Dataframe 专有配置

配　置　项	默　认　值	说　　明
user	-	访问 Doris 的用户名
password	-	访问 Doris 的密码
doris.filter.query.in.max.count	100	谓词下推中，in 表达式 value 列表元素最大数量。超过此数量，则 in 表达式条件过滤在 Spark 侧处理

RDD 专有配置如表 7.4 所示。

表 7.4　RDD 专有配置

配　置　项	默　认　值	说　　明
doris.request.auth.user	-	访问 Doris 的用户名
doris.request.auth.password	-	访问 Doris 的密码
doris.filter.query	-	过滤读取数据的表达式，此表达式透传给 Doris。Doris 使用此表达式完成源端数据过滤

7.1.5　Spark 和 Doris 列类型映射关系

Spark 处理数据写入 Doris 时需要注意对应的类型关系，如表 7.5 所示。

表 7.5　Spark 和 Doris 的类型关系

Spark 类型	Doris 类型
DataTypes.NullType	NULL_TYPE
DataTypes.BooleanType	BOOLEAN

续表

Spark 类型	Doris 类型
DataTypes.ByteType	TINYINT
DataTypes.ShortType	SMALLINT
DataTypes.IntegerType	INT
DataTypes.LongType	BIGINT
DataTypes.FloatType	FLOAT
DataTypes.DoubleType	DOUBLE
DataTypes.StringType[1]	DATE
DataTypes.StringType[1]	DATETIME
DataTypes.BinaryType	BINARY
DecimalType	DECIMAL
DataTypes.StringType	CHAR
DecimalType	LARGEINT
DataTypes.StringType	VARCHAR
DecimalType	DECIMALV2
DataTypes.DoubleType	TIME
Unsupported datatype	HLL

⚠注意

Connector 中，将 DATE 和 DATETIME 映射为 String。由于 Doris 底层存储引擎处理逻辑，直接使用时间类型时，覆盖的时间范围无法满足需求，因此使用 String 类型直接返回对应的时间可读文本。

7.2 Flink Doris Connector

Flink Doris Connector 可以支持通过 Flink 操作（读取、插入、修改、删除）Doris 中存储的数据。通过 Flink Doris Connector 可以将 Doris 表映射为 DataStream 或者 Table 对象，批或者实时将数据写入 Doris 中，目前从 Doris 中读取数据只支持批读取。

此外，修改和删除只支持在 Unique Key 模型上进行，目前的删除操作支持 Flink CDC 方式接入数据实现自动删除，如果是其他数据接入的方式，需要用户自己实现。

想要在 Flink 中使用 Doris Connector，需要通过 Doris 官方提供的 flink-doris-connector 源码进行编译，源码代码库地址为 https://github.com/apache/doris-flink-connector。如果自己不想编译，也可以使用 Doris 官方提供的编译好的包，地址是 https://repo.maven.apache.org/maven2/org/apache/doris/。

7.2.1 Flink Doris Connector 源码编译

Flink 与 Doris 版本兼容关系如表 7.6 所示。

表 7.6　Flink 与 Doris 版本兼容关系

Connector 版本	Flink 版本	Doris 版本	Java 版本	Scala 版本
1.0.3	1.11+	0.15+	8	2.11,2.12
1.1.0	1.14	1.0+	8	2.11,2.12
1.2.0	1.15	1.0+	8	-
1.3.0	1.16	1.0+	8	-

这里我们选择根据 Doris 官方提供的源码进行编译获取 flink-doris-connector 依赖包，编译源码过程中需要使用 Maven 和 Thrift 环境，由于之前在 Spark Doris Connector 编译过程中已经在 node1 上安装过 Maven 和 Thrift，这里不再安装，也选择在 node1 节点进行 Flink Doris Connector 的源码编译。

此外，由于源码编译过程中可能涉及从 Apache Maven 官网站点下载一些基础依赖，速度比较慢，也可以将资料中 repository.zip 上传至 node1 /root/.m2 目录中并解压，该压缩包是完整下载好依赖的 Maven 仓库，具体步骤如下。

```
#将 repository.zip 资料上传至/root/.m2 目录中，并解压
[root@node1 ~]# cd /root/.m2
[root@node1 .m2]# unzip ./repository.zip
```

如果在 Spark Doris Connector 编译中解压过 repository.zip，就不必再次解压。按照如下步骤根据源码编译获取 flink-doris-connector。

```
#创建目录
[root@node1 ~]# cd /software
[root@node1 software]# mkdir doris-flink-connector

#将资料中下载好的源码 doris-flink-connector-master.zip 上传至该目录并解压
[root@node1 doris-flink-connector]# unzip doris-flink-connector-master.zip

#修改 custom_env.sh.tpl 文件名为 custom_env.sh
[root@node1 ~]# cd /software/doris-flink-connector/doris-flink-connector-master
[root@node1 doris-flink-connector-master]# mv custom_env.sh.tpl custom_env.sh

#源码编译
[root@node1 ~]# cd /software/doris-flink-connector/doris-flink-connector-master/
flink-doris-connector
[root@node1 spark-doris-connector]# ./build.sh
Flink-Doris-Connector supports multiple versions of flink. Which version do you
need ?
1) 1.15.x
2) 1.16.x
3) 1.17.x
#? 2
[Doris]  flink version: 1.16.0
[Doris]  build starting.
... ...
[INFO] ------------------------------------------------------------------------
[INFO] BUILD SUCCESS
[INFO] ------------------------------------------------------------------------
```

```
[INFO] Total time:  23.388 s
[INFO] Finished at: 2023-04-14T15:37:26+08:00
[INFO] ------------------------------------------------------------------------
[Doris] *****************************************************************
[Doris] Successfully build Flink-Doris-Connector
[Doris] dist: /software/doris-flink-connector/doris-flink-connector-master/dist/
flink-doris-connector-1.4.0-SNAPSHOT.jar
[Doris] *****************************************************************
```

以上编译完成后，将目录/software/doris-flink-connector/doris-flink-connector-master/flink-doris-connector/target 中的 flink-doris-connector-1.4.0-SNAPSHOT.jar 包放在 Windows 本地，然后加入本地 Maven 仓库中，在代码中引入使用即可。

7.2.2 Flink Doris Connector 使用

Flink 操作 Doris 有两种方式，一种是 DataStream 方式，另外一种是 SQL 方式，官方建议使用 SQL 方式进行编程，相对比较简单。

通过 Flink Doris Connector 可以读取 Doris 中的数据，但是目前仅支持批次从 Doris 中读取数据，不支持实时读取，向 Doris 中写入数据时，支持批量写入和实时写入。

1. 将编译 jar 包加入本地 Maven 仓库

将 flink-doris-connector-1.4.0-SNAPSHOT.jar 放在 D 盘下，打开 cmd 输入如下命令，将 flink-doris-connector 加入 Maven 本地仓库。

```
mvn install:install-file -Dfile=D:\flink-doris-connector-1.4.0-SNAPSHOT.jar -
DgroupId=org.apache.doris -DartifactId=flink-doris-connector-1.4.0 -Dversion=1.0.0
-Dpackaging=jar
```

加载完成之后，可以在本地 Maven 仓库中看到该 jar 包，如图 7.3 所示。

› 本地磁盘 (F:) › javaMvn › org › apache › doris › flink-doris-connector-1.4.0 › 1.0.0

名称	修改日期	类型	大小
_remote.repositories		REPOSITORIES ...	1 KB
flink-doris-connector-1.4.0-1.0.0.jar		Executable Jar File	7,534 KB
flink-doris-connector-1.4.0-1.0.0.pom		POM 文件	1 KB

图 7.3　查看 jar 包

然后，在 IDEA 中创建 Maven 项目，将 jar 包引入 Maven pom.xml 文件中即可。这里还需要操作 Flink，同时需要引入 Flink 的其他依赖包，具体如下。

```
<properties>
  <project.build.sourceEncoding>UTF-8</project.build.sourceEncoding>
  <maven.compiler.source>1.8</maven.compiler.source>
  <maven.compiler.target>1.8</maven.compiler.target>
  <flink.version>1.16.0</flink.version>
  <hadoop.version>3.3.4</hadoop.version>
  <slf4j.version>1.7.36</slf4j.version>
```

```
  <log4j.version>2.17.2</log4j.version>
  <mysql.version>5.1.47</mysql.version>
</properties>

<dependencies>
  <!-- Flink 整合 Doris 依赖包 -->
  <dependency>
    <groupId>org.apache.doris</groupId>
    <artifactId>flink-doris-connector-1.4.0</artifactId>
    <version>1.0.0</version>
  </dependency>

  <!-- Flink 依赖包-->
  <dependency>
    <groupId>org.apache.flink</groupId>
    <artifactId>flink-table-common</artifactId>
    <version>${flink.version}</version>
  </dependency>
  <dependency>
    <groupId>org.apache.flink</groupId>
    <artifactId>flink-table-api-java</artifactId>
    <version>${flink.version}</version>
  </dependency>
  <dependency>
    <groupId>org.apache.flink</groupId>
    <artifactId>flink-table-planner_2.12</artifactId>
    <version>${flink.version}</version>
  </dependency>

  <dependency>
    <groupId>org.apache.flink</groupId>
    <artifactId>flink-table-api-java-bridge</artifactId>
    <version>${flink.version}</version>
  </dependency>
  <dependency>
    <groupId>org.apache.flink</groupId>
    <artifactId>flink-connector-kafka</artifactId>
    <version>${flink.version}</version>
  </dependency>
  <dependency>
    <groupId>org.apache.flink</groupId>
    <artifactId>flink-csv</artifactId>
    <version>${flink.version}</version>
  </dependency>

  <!-- Flink 批和流开发依赖包 -->
  <dependency>
    <groupId>org.apache.flink</groupId>
    <artifactId>flink-clients</artifactId>
    <version>${flink.version}</version>
```

```
  </dependency>

  <!-- DataStream files connector -->
  <dependency>
    <groupId>org.apache.flink</groupId>
    <artifactId>flink-connector-files</artifactId>
    <version>${flink.version}</version>
  </dependency>

  <!-- MySQL 依赖包 -->
  <dependency>
    <groupId>mysql</groupId>
    <artifactId>mysql-connector-java</artifactId>
    <version>${mysql.version}</version>
  </dependency>

  <dependency>
    <groupId>org.apache.kafka</groupId>
    <artifactId>kafka_2.12</artifactId>
    <version>3.3.1</version>
  </dependency>

  <!-- slf4j&log4j 日志相关包 -->
  <dependency>
    <groupId>org.slf4j</groupId>
    <artifactId>slf4j-log4j12</artifactId>
    <version>${slf4j.version}</version>
  </dependency>
  <dependency>
    <groupId>org.apache.logging.log4j</groupId>
    <artifactId>log4j-to-slf4j</artifactId>
    <version>${log4j.version}</version>
  </dependency>
</dependencies>
```

2. Doris 配置及表准备

后续使用 Flink 操作 Doris 中的表时需要在 Doris FE 节点配置启动 http v2，在 Doris FE 各个节点 fe.cof 中设置 enable_http_server_v2=true 即可，该参数的默认值从官方 0.14.0 release 版之后是 true，之前默认为 false。

HTTP Server V2 由 Spring Boot 实现，并采用前后端分离的架构。只有启用 http v2，用户才能使用新的前端 UI 界面。这里使用的 Doris 版本为 1.2.1，所以默认开启。

此外，Flink 操作 Doris 时涉及的一些表这里预先在 Doris 中创建出来。

```
# 创建 Doris 表:flink_doris_tbl1、flink_doris_tbl2、flink_result_tbl
CREATE TABLE IF NOT EXISTS example_db.flink_doris_tbl1
(
`id` INT NOT NULL COMMENT "id",
`name` VARCHAR(255) NOT NULL COMMENT "姓名",
```

```
`age` INT COMMENT "年龄",
`score` BIGINT COMMENT "分数"
)
DUPLICATE KEY(`id`, `name`)
DISTRIBUTED BY HASH(`id`) BUCKETS 3
PROPERTIES (
"replication_allocation" = "tag.location.default: 1"
);


CREATE TABLE IF NOT EXISTS example_db.flink_doris_tbl2
(
`id` INT NOT NULL COMMENT "id",
`name` VARCHAR(255) NOT NULL COMMENT "姓名",
`age` INT COMMENT "年龄",
`total_score` BIGINT COMMENT "总分数"
)
DUPLICATE KEY(`id`, `name`)
DISTRIBUTED BY HASH(`id`) BUCKETS 3
PROPERTIES (
"replication_allocation" = "tag.location.default: 1"
);

CREATE TABLE IF NOT EXISTS example_db.flink_result_tbl
(
`window_start` DATETIME NOT NULL COMMENT "窗口开始",
`window_end`  DATETIME NOT NULL COMMENT "窗口结束",
`name` VARCHAR(255) COMMENT "姓名",
`cnt` BIGINT COMMENT "个数"
)
DUPLICATE KEY(`window_start`, `window_end`)
DISTRIBUTED BY HASH(`name`) BUCKETS 3
PROPERTIES (
"replication_allocation" = "tag.location.default: 1"
);

#向 Doris 表 flink_doris_tbl1 中插入数据
insert into flink_doris_tbl1 values
(1,'zs',18,100),(2,'ls',19,200),(3,'ww',20,300), (3,'ww',20,400);

#查询表 flink_doris_tbl1 中数据
mysql> select * from flink_doris_tbl1;
+------+------+------+-------+
| id   | name | age  | score |
+------+------+------+-------+
|    1 | zs   |   18 |   100 |
|    3 | ww   |   20 |   400 |
|    3 | ww   |   20 |   300 |
|    2 | ls   |   19 |   200 |
+------+------+------+-------+
```

3. Flink DataStream 操作 Doris

下面编写代码实现 Flink DataStream API 读取 Doris 表 flink_doris_tbl1 中的数据。目前 Flink 仅支持批次从 Doris 中读取数据，不支持实时读取。代码如下。

```
/**
 * Flink 读取 Doris 数据
 * 注意：目前 Doris Source 是有界流，不支持 CDC 方式读取。
 */
public class FlinkBatchReadDoris {
    public static void main(String[] args) throws Exception {
        //1.准备 Flink 环境
        StreamExecutionEnvironment env = StreamExecutionEnvironment.
getExecutionEnvironment();

        //2.准备 Doris 连接参数
        DorisOptions.Builder builder = DorisOptions.builder()
                .setFenodes("node1:8030")
                .setTableIdentifier("example_db.flink_doris_tbl1")
                .setUsername("root")
                .setPassword("123456");

        //3.准备 Doris Source
        DorisSource<List<?>> dorisSource = DorisSourceBuilder.<List<?>>builder()
                .setDorisOptions(builder.build())
                .setDorisReadOptions(DorisReadOptions.builder().build())
                .setDeserializer(new SimpleListDeserializationSchema())
                .build();

        //4.读取 Doris 数据
        env.fromSource(dorisSource, WatermarkStrategy.noWatermarks(), "doris
source").print();

        env.execute();
    }
}
```

执行以上代码，可以在控制台看到读取的结果。

Flink DataStream API 也可以向 Doris 中写入数据，写数据可以支持批写和流式写两种方式，这里编写代码实现 Flink 向 Doris 表 flink_doris_tbl1 中批次写入指定数据，代码如下。

```
//1.准备 Flink 环境
StreamExecutionEnvironment env = StreamExecutionEnvironment.getExecutionEnvironment();

//2.数据写入 Doris 中必须开启 checkpoint
env.enableCheckpointing(10000);

//3.使用批方式写入 Doris 表中，默认是流的方式
env.setRuntimeMode(RuntimeExecutionMode.BATCH);
```

```
//4.Doris Sink builder 对象
DorisSink.Builder<RowData> builder = DorisSink.builder();

//4.1 准备 Doris 连接参数
DorisOptions.Builder dorisBuilder = DorisOptions.builder();
dorisBuilder.setFenodes("node1:8030")
        .setTableIdentifier("example_db.flink_doris_tbl1")
        .setUsername("root")
        .setPassword("123456");

//4.2 准备 streamload 关于加载、读取 json 格式的参数
Properties properties = new Properties();
properties.setProperty("format", "json");
properties.setProperty("read_json_by_line", "true");

DorisExecutionOptions.Builder executionBuilder = DorisExecutionOptions.builder();
//streamload label 前缀
executionBuilder.setLabelPrefix("label-doris"+ UUID.randomUUID())
        .setStreamLoadProp(properties); //streamload 参数

//4.3 设置 flink rowdata 的 schema
String[] fields = {"id", "name", "age", "score"};
DataType[] types = {DataTypes.INT(), DataTypes.VARCHAR(255), DataTypes.INT(),
DataTypes.BIGINT()};

//4.4 准备 Doris Sink
builder.setDorisReadOptions(DorisReadOptions.builder().build())
        .setDorisExecutionOptions(executionBuilder.build())
        .setSerializer(RowDataSerializer.builder()    //根据 rowdata 进行序列化
                .setFieldNames(fields)
                .setType("json")            //json 格式
                .setFieldType(types).build())
        .setDorisOptions(dorisBuilder.build());

//5.生成 rowdata 数据
DataStream<RowData> source = env.fromElements("1,zs,18,100", "2,ls,19,99")
        .map(new MapFunction<String, RowData>() {
            @Override
            public RowData map(String value) throws Exception {
                GenericRowData genericRowData = new GenericRowData(4);
                genericRowData.setField(0, Integer.valueOf(value.split(",")[0]));
                genericRowData.setField(1, StringData.fromString(value.split(",")
[1]));
                genericRowData.setField(2, Integer.valueOf(value.split(",")[2]));
                genericRowData.setField(3, Long.valueOf(value.split(",")[3]));
                return genericRowData;
            }
        });

//6.将数据写入 Doris 中
```

```
source.sinkTo(builder.build());

env.execute();
```

在执行代码之前，可以使用 delete from flink_doris_tbl1 where id >0; 将 Flink 表 flink_doris_tbl1 中的数据删除，然后执行以上代码。代码中向 Doris 表 flink_doris_tbl1 中插入"1,zs,18,100", "2,ls,19,99"两条数据，代码执行完成后，查看 Doris 表 flink_doris_tbl1 中的数据。

```
mysql> select * from flink_doris_tbl1;
+------+------+------+-------+
| id   | name | age  | score |
+------+------+------+-------+
|    2 | ls   |   19 |    99 |
|    1 | zs   |   18 |   100 |
+------+------+------+-------+
```

下面编写代码实现 Flink DataStream API 实时读取 Kafka 中的数据，然后实时写入 Doris 表中。代码如下。

```
/**
 * 从 Kafka 中实时读取数据，将结果实时写入 Doris 表中
 */
public class RealTimeReadKafkaSinkDoris {
    public static void main(String[] args) throws Exception {
        //1.准备 Flink 环境
        StreamExecutionEnvironment env = StreamExecutionEnvironment.
getExecutionEnvironment();

        //2.数据写入 Doris 中必须开启 checkpoint
        env.enableCheckpointing(10000);

        //3.读取 Kafka 中的数据，并转换成 RowData,Kafka 中输入数据格式为：1,张三,18,100;2,李
四,19,99;3,王五,20,98
        KafkaSource<String> kafkaSource = KafkaSource.<String>builder()
                //设置 Kafka 集群节点
                .setBootstrapServers("node1:9092,node2:9092,node3:9092")
                .setTopics("doris-topic") //设置读取的 topic
                .setGroupId("test-group") //设置消费者组
                //设置读取数据位置
                .setStartingOffsets(OffsetsInitializer.latest())
                .setDeserializer(new KafkaRecordDeserializationSchema<String>() {
                    //设置 key ,value 数据获取后如何处理
                    @Override
                    public void deserialize(ConsumerRecord<byte[], byte[]>
consumerRecord, Collector<String> collector) throws IOException {
                        String key = null;
                        String value = null;
                        if(consumerRecord.key() != null){
                            key = new String(consumerRecord.key(), "UTF-8");
                        }
```

```
                    if(consumerRecord.value() != null){
                        value = new String(consumerRecord.value(), "UTF-8");
                    }
                    collector.collect(value);
                }

                //设置返回的二元组类型
                @Override
                public TypeInformation<String> getProducedType() {
                    return TypeInformation.of(String.class);
                }
            })
            .build();

        DataStreamSource<String> kafkaDS = env.fromSource(kafkaSource,
WatermarkStrategy.noWatermarks(), "kafka-source");

        SingleOutputStreamOperator<RowData> sinkData = kafkaDS.map(new MapFunction
<String, RowData>() {
            @Override
            public RowData map(String value) throws Exception {
                GenericRowData genericRowData = new GenericRowData(4);
                genericRowData.setField(0, Integer.valueOf(value.split(",")[0]));
                genericRowData.setField(1,StringData.fromString(value.split(",")[1]));
                genericRowData.setField(2, Integer.valueOf(value.split(",")[2]));
                genericRowData.setField(3, Long.valueOf(value.split(",")[3]));
                return genericRowData;
            }
        });

        //4.Doris Sink builder 对象
        DorisSink.Builder<RowData> builder = DorisSink.builder();

        //4.1 准备 Doris 连接参数
        DorisOptions.Builder dorisBuilder = DorisOptions.builder();
        dorisBuilder.setFenodes("node1:8030")
                .setTableIdentifier("example_db.flink_doris_tbl1")
                .setUsername("root")
                .setPassword("123456");

        //4.2 准备 streamload 关于加载、读取 json 格式的参数
        Properties properties = new Properties();
        properties.setProperty("format", "json");
        properties.setProperty("read_json_by_line", "true");

        DorisExecutionOptions.Builder executionBuilder=DorisExecutionOptions.
builder();
        //streamload label 前缀
        executionBuilder.setLabelPrefix("label-doris"+ UUID.randomUUID())
                .setStreamLoadProp(properties); //streamload 参数
```

```
        //4.3 设置 flink rowdata 的 schema
        String[] fields = {"id", "name", "age", "score"};
        DataType[]  types  =  {DataTypes.INT(),  DataTypes.VARCHAR(255),  DataTypes.
INT(), DataTypes.BIGINT()};

        //4.4 准备 Doris Sink
        builder.setDorisReadOptions(DorisReadOptions.builder().build())
                .setDorisExecutionOptions(executionBuilder.build())
                .setSerializer(RowDataSerializer.builder()  //根据 rowdata 进行序列化
                        .setFieldNames(fields)
                        .setType("json")            //json 格式
                        .setFieldType(types).build())
                .setDorisOptions(dorisBuilder.build());


        //5.将数据写入 Doris 中
        sinkData.sinkTo(builder.build());

        env.execute();
    }
}
```

以上代码编写完成后，在执行代码之前，可以使用 delete from flink_doris_tbl1 where id >0; 将 Flink 表 flink_doris_tbl1 中的数据删除。另外，需要在 Kafka 中创建 doris-topic，执行代码后，输入数据可以实时查看 flink_doris_tbl1 表中的数据。

```
#删除 Doris 表 flink_doris_tbl1 中的数据
mysql> delete from flink_doris_tbl1 where id >0;

#启动 Kafka 集群，并创建 doris-topic
[root@node1  ~]#  kafka-topics.sh  --bootstrap-server  node1:9092,node2:9092,node3:
9092 --create --topic doris-topic --partitions 3 --replication-factor 3

#运行以上编写好的代码，并向 kafka doris-topic 中输入如下数据
[root@node1 ~]# kafka-console-producer.sh --bootstrap-server node1:9092,node2:9092,
node3:9092 --topic doris-topic
1,张三,18,100
2,李四,19,99
3,王五,20,98

#查询 Doris 表 flink_doris_tbl1 中的数据
mysql> select * from flink_doris_tbl1;
+------+--------+------+-------+
| id   | name   | age  | score |
+------+--------+------+-------+
|    2 | 李四   |   19 |    99 |
|    1 | 张三   |   18 |   100 |
|    3 | 王五   |   20 |    98 |
+------+--------+------+-------+
```

4. Flink SQL 操作 Doris

与 DataStream API 一样，Flink SQL 在读取 Doris 中数据时只支持批量读取，不支持实时读取。下面编写代码实现 Flink SQL 方式读取 Doris 中的数据，然后写入 Doris 表中。代码如下:

```
/**
 * 从 Doris 中读取数据，再将结果写入 Doris 表中
 * 1) 创建 Doris 表 flink_doris_tbl1 并插入数据
 * 2) 从该表中读取数据并写入 flink_doris_tbl2 表中
 *  注意：目前 Doris Source 是有界流，不支持 CDC 方式读取，所以 Doris Source 在数据读取完成后，
流就会结束
 */
public class FlinkReadDorisToDoris {
    public static void main(String[] args) throws Exception {
        //1.准备 Flink 环境
        StreamExecutionEnvironment env = StreamExecutionEnvironment.
getExecutionEnvironment();
        env.setParallelism(1);
        StreamTableEnvironment tableEnv = StreamTableEnvironment.create(env);

        //2.通过 Doris Connector 创建表，读取 Doris 表 flink_doris_tbl1 中的数据
        String  sourceSQL = "CREATE TABLE flink_doris_source ( " +
                "    id INT," +
                "    name STRING," +
                "    age INT," +
                "    score BIGINT" +
                "    ) " +
                "    WITH (" +
                "      'connector' = 'doris'," +
                "      'fenodes' = 'node1:8030'," +
                "      'table.identifier' = 'example_db.flink_doris_tbl1'," +
                "      'username' = 'root'," +
                "      'password' = '123456'" +
                ")";

        tableEnv.executeSql(sourceSQL);

        //3.打印读取到的数据
        tableEnv.executeSql("select  id,name,age,sum(score)  as  total_score  from
flink_doris_source group by id,name,age")
                .print();

        //4.将聚合结果写入 Doris 表 flink_doris_tbl2 中
        //4.1 创建 Doris 表 flink_doris_tbl2
        String  sinkSQL = "CREATE TABLE flink_doris_sink ( " +
                "    id INT," +
                "    name STRING," +
                "    age INT," +
                "    total_score BIGINT" +
                "    ) " +
```

```
                "    WITH (" +
                "      'connector' = 'doris'," +
                "      'fenodes' = 'node1:8030'," +
                "      'sink.label-prefix' = '" + UUID.randomUUID() + "'," +
                "      'table.identifier' = 'example_db.flink_doris_tbl2'," +
                "      'username' = 'root'," +
                "      'password' = '123456'" +
                ")";

        tableEnv.executeSql(sinkSQL);

        //4.2 将聚合结果写入 Doris 表 flink_doris_tbl2 中
        tableEnv.executeSql("insert into flink_doris_sink select id,name,age,
sum(score) as total_score from flink_doris_source group by id,name,age");

    }
}
```

以上代码执行前，首先确保表 flink_doris_tbl1 中有数据，并保证表 flink_doris_tbl2 中没有数据，执行代码完成后，可以查询 Doris 表 flink_doris_tbl2 中的数据。

```
mysql> select * from flink_doris_tbl2;
+------+--------+------+-------------+
| id   | name   | age  | total_score |
+------+--------+------+-------------+
|    2 | 李四   |   19 |          99 |
|    1 | 张三   |   18 |         100 |
|    3 | 王五   |   20 |          98 |
+------+--------+------+-------------+
```

下面使用 Flink SQL 编程方式编写代码实现从 Kafka 中实时读取数据，经过窗口分析后，实时写入 Doris 表中。代码如下。

```
/**
 * Flink 实时读取 Kafak 数据，实时将结果写入 Doris 表中
 * 1.在 kafka 中创建 topic：doris-topic
 * 2.在 Doris MySQL 客户端创建表：flink_result_tbl
 */
public class RealTimeReadKafkaSinkDoris {
    public static void main(String[] args) throws Exception {
        //1.创建 Flink 流处理环境
        StreamExecutionEnvironment env = StreamExecutionEnvironment.
getExecutionEnvironment();
        //可以设置并行度为 1，防止一些并行度中没有数据时，结果不写入 Doris，也可以设置 table.
exec.source.idle-timeout 参数
        //env.setParallelism(1);

        //2.必须开启 checkpoint，否则无法写入 Doris
        env.enableCheckpointing(5000);
```

```
        //3.创建 Flink Table 环境
        StreamTableEnvironment tableEnv = StreamTableEnvironment.create(env);
        TableConfig config = tableEnv.getConfig();
        //table.exec.source.idle-timeout=5s ，单位是 ms，如果其他分区在等待一段时间后没有
数据来，则自动推进水位线
        config.getConfiguration().setString("table.exec.source.idle-timeout","5 s");

        //4.创建 Kafka Source 表
        String  sourceSQL = "CREATE TABLE KafkaTable (" +
                "  `name` STRING," +
                "  `dt` BIGINT," +
                "  `ts` AS TO_TIMESTAMP(FROM_UNIXTIME(dt/1000, 'yyyy-MM-dd HH:mm:
ss'))," +
                "   WATERMARK FOR ts AS ts - INTERVAL '0' SECOND" +
                ") WITH (" +
                "  'connector' = 'kafka'," +
                "  'topic' = 'doris-topic'," +
                "  'properties.bootstrap.servers' = 'node1:9092,node2:9092,node3:
9092'," +
                "  'properties.group.id' = 'testGroup'," +
                "  'scan.startup.mode' = 'latest-offset'," +
                "  'format' = 'csv'" +
                ")";
        tableEnv.executeSql(sourceSQL);

        //5.执行 SQL，实时统计每 5s 的数据，每 10s 输出一次、统计一次人数，并将结果注册临时表 tmp
        String executeSql="SELECT window_start,window_end,name,COUNT(name) as cnt" +
                "  FROM TABLE(" +
                "      HOP(TABLE KafkaTable, DESCRIPTOR(ts), INTERVAL '5' SECOND,
INTERVAL '10' SECOND))" +
                "  GROUP BY window_start, window_end, name";
        Table table = tableEnv.sqlQuery(executeSql);
        tableEnv.createTemporaryView("tmp",table);

        //6.将聚合结果写入 Doris 表 flink_doris_tbl2 中
        //6.1 创建 Flink 临时表映射 Doris 表 flink_result_tbl
        String  sinkSQL = "CREATE TABLE flink_doris_sink ( " +
                "    window_start TIMESTAMP," +
                "    window_end TIMESTAMP," +
                "    name STRING," +
                "    cnt BIGINT" +
                "    ) " +
                "    WITH (" +
                "      'connector' = 'doris'," +
                "      'fenodes' = 'node1:8030'," +
                "      'sink.label-prefix' = '" + UUID.randomUUID() + "'," +
                "      'table.identifier' = 'example_db.flink_result_tbl'," +
                "      'username' = 'root'," +
                "      'password' = '123456'" +
                ")";
```

```
        tableEnv.executeSql(sinkSQL);

        //6.2 将聚合结果写入 Doris 表 flink_result_tbl 中
        tableEnv.executeSql("insert into flink_doris_sink select window_start,
window_end,name,cnt from tmp");

    }
}
```

以上代码编写完成后，运行代码，向 Kafka doris-topic 中写入数据，然后在 Doris flink_result_tbl 中查看结果。向 Kafka doris-topic 中写入的数据如下。

```
[root@node1 ~]# kafka-console-producer.sh --bootstrap-server node1:9092,node2:9092,
node3:9092 --topic doris-topic
Alice,1681448400000
Alice,1681448401000
Bob,1681448405000
Bob,1681448406000
Bob,1681448407000
Mary,1681448410000
Mike,1681448415000
Lucy,1681448420000
Tom,1681448425000
Sara,1681448430000

#数据写入后，可以查询 Doris 表 flink_result_tbl 中的数据
mysql> select * from flink_result_tbl;
+---------------------+---------------------+-------+------+
| window_start        | window_end          | name  | cnt  |
+---------------------+---------------------+-------+------+
| 2023-04-14 13:00:05 | 2023-04-14 13:00:15 | Mary  |    1 |
| 2023-04-14 13:00:10 | 2023-04-14 13:00:20 | Mary  |    1 |
| 2023-04-14 13:00:00 | 2023-04-14 13:00:10 | Bob   |    3 |
| 2023-04-14 13:00:05 | 2023-04-14 13:00:15 | Bob   |    3 |
| 2023-04-14 13:00:10 | 2023-04-14 13:00:20 | Mike  |    1 |
| 2023-04-14 13:00:15 | 2023-04-14 13:00:25 | Mike  |    1 |
| 2023-04-14 13:00:20 | 2023-04-14 13:00:30 | Tom   |    1 |
| 2023-04-14 12:59:55 | 2023-04-14 13:00:05 | Alice |    2 |
| 2023-04-14 13:00:00 | 2023-04-14 13:00:10 | Alice |    2 |
| 2023-04-14 13:00:15 | 2023-04-14 13:00:25 | Lucy  |    1 |
| 2023-04-14 13:00:20 | 2023-04-14 13:00:30 | Lucy  |    1 |
+---------------------+---------------------+-------+------+


#再次向 Kafka topic 中写入数据
Alice,1681448435000
Bob,1681448440000
Mary,1681448445000
Mike,1681448450000
Lucy,1681448455000
```

```
Tom,1681448460000
Sara,1681448465000
11 rows in set (0.07 sec)

#再次查询 Doris 表 flink_result_tbl 中的数据
mysql> select * from flink_result_tbl;
+---------------------+---------------------+-------+------+
| window_start        | window_end          | name  | cnt  |
+---------------------+---------------------+-------+------+
| 2023-04-14 13:00:15 | 2023-04-14 13:00:25 | Lucy  |    1 |
| 2023-04-14 13:00:20 | 2023-04-14 13:00:30 | Lucy  |    1 |
| 2023-04-14 13:00:25 | 2023-04-14 13:00:35 | Sara  |    1 |
| 2023-04-14 13:00:30 | 2023-04-14 13:00:40 | Sara  |    1 |
| 2023-04-14 13:00:50 | 2023-04-14 13:01:00 | Lucy  |    1 |
| 2023-04-14 13:00:55 | 2023-04-14 13:01:05 | Lucy  |    1 |
| 2023-04-14 12:59:55 | 2023-04-14 13:00:05 | Alice |    2 |
| 2023-04-14 13:00:00 | 2023-04-14 13:00:10 | Alice |    2 |
| 2023-04-14 13:00:20 | 2023-04-14 13:00:30 | Tom   |    1 |
| 2023-04-14 13:00:25 | 2023-04-14 13:00:35 | Tom   |    1 |
| 2023-04-14 13:00:30 | 2023-04-14 13:00:40 | Alice |    1 |
| 2023-04-14 13:00:35 | 2023-04-14 13:00:45 | Alice |    1 |
| 2023-04-14 13:00:55 | 2023-04-14 13:01:05 | Tom   |    1 |
| 2023-04-14 13:00:00 | 2023-04-14 13:00:10 | Bob   |    3 |
| 2023-04-14 13:00:05 | 2023-04-14 13:00:15 | Bob   |    3 |
| 2023-04-14 13:00:05 | 2023-04-14 13:00:15 | Mary  |    1 |
| 2023-04-14 13:00:10 | 2023-04-14 13:00:20 | Mike  |    1 |
| 2023-04-14 13:00:10 | 2023-04-14 13:00:20 | Mary  |    1 |
| 2023-04-14 13:00:15 | 2023-04-14 13:00:25 | Mike  |    1 |
| 2023-04-14 13:00:35 | 2023-04-14 13:00:45 | Bob   |    1 |
| 2023-04-14 13:00:40 | 2023-04-14 13:00:50 | Mary  |    1 |
| 2023-04-14 13:00:40 | 2023-04-14 13:00:50 | Bob   |    1 |
| 2023-04-14 13:00:45 | 2023-04-14 13:00:55 | Mary  |    1 |
| 2023-04-14 13:00:45 | 2023-04-14 13:00:55 | Mike  |    1 |
| 2023-04-14 13:00:50 | 2023-04-14 13:01:00 | Mike  |    1 |
+---------------------+---------------------+-------+------+
25 rows in set (0.03 sec)
```

5．Flink 操作 Doris 总结

无论是 DataStream API 还是 SQL API 读取 Doris 中数据时，目前仅支持批读取。

Flink 向 Doris 中写入数据时底层会转换成 Stream Load 方式向 Doris 加载数据，这种方式速度快，每次执行代码都会生成一个 Stream Load 对应的 Label，在代码中或者 SQL Connector 中可以指定，建议加上 UUID 随机生成。否则每次执行代码前还需执行 clean label from db 来清除对应 Doris 库中的 Label。

Flink 向 Doris 中写入数据不建议使用 JDBC 的方式，建议使用 Stream Load 的方式，即以上案例演示方式。

实时向 Doris 中写入数据时，需要开启 Checkpoint，否则数据不能正常写入 Doris 表中。

Flink Doris Connector 主要是依赖 Checkpoint 进行流式写入，所以 Checkpoint 的间隔即为数据的可见延迟时间。

为了保证 Flink 的 Exactly Once 语义，Flink Doris Connector 默认开启两阶段提交，Doris 在 1.1 版本后默认开启两阶段提交。

Flink 在数据导入时，如果有脏数据，比如字段格式、长度等问题，会导致 StreamLoad 报错，此时 Flink 会不断地重试。如果需要跳过，可以通过禁用 StreamLoad 的严格模式(strict_mode=false, max_filter_ratio=1)或者在 Sink 算子之前对数据做过滤。

7.2.3 Flink 操作 Doris 配置

Flink 操作 Doris 时有一些配置项，如表 7.7 所示。可以参考官网配置，地址为 https://doris.apache.org/zh-CN/docs/dev/ecosystem/flink-doris-connector#配置。

表 7.7 Doris 配置

配 置 项	默 认 值	是否必须	说 明
fenodes	-	是	Doris FE http 地址
table.identifier	-	是	Doris 表名，如 db.tbl
username	-	是	访问 Doris 的用户名
password	-	是	访问 Doris 的密码
doris.request.retries	3	否	向 Doris 发送请求的重试次数
doris.request.connect.timeout.ms	30000	否	向 Doris 发送请求的连接超时时间
doris.request.read.timeout.ms	30000	否	向 Doris 发送请求的读取超时时间
doris.request.query.timeout.s	3600	否	查询 Doris 的超时时间，默认值为 1h，-1 表示无超时限制
doris.request.tablet.size	Integer. MAX_VALUE	否	一个 Partition 对应的 Doris Tablet 个数。此数值设置越小，则会生成越多的 Partition。从而提升 Flink 侧的并行度，但同时会对 Doris 造成更大的压力
doris.batch.size	1024	否	一次从 BE 读取数据的最大行数。增大此数值可减少 Flink 与 Doris 之间建立连接的次数，从而减少网络延迟所带来的额外时间开销
doris.exec.mem.limit	2147483648	否	单个查询的内存限制。默认为 2GB，单位为 B
doris.deserialize.arrow.async	FALSE	否	是否支持异步转换 Arrow 格式到 flink-doris-connector 迭代所需的 RowBatch
doris.deserialize.queue.size	64	否	异步转换 Arrow 格式的内部处理队列，当 doris.deserialize.arrow.async 为 true 时生效
doris.read.field	-	否	读取 Doris 表的列名列表，多列之间使用逗号分隔
doris.filter.query	-	否	过滤读取数据的表达式，此表达式透传给 Doris。Doris 使用此表达式完成源端数据过滤
sink.label-prefix	-	是	Stream Load 导入使用的 label 前缀。2pc 场景下要求全局唯一，用来保证 Flink 的 EOS 语义

续表

配 置 项	默 认 值	是 否 必 须	说　　明
sink.properties.*	-	否	Stream Load 的导入参数。 例如：'sink.properties.column_separator' = ',' 定义列分隔符，'sink.properties.escape_delimiters' = 'true' 特殊字符作为分隔符，'\x01'会被转换为二进制的 0x01
			JSON 格式导入 'sink.properties.format' = 'json' 'sink.properties.read_json_by_line' = 'true'
sink.enable-delete	true	否	是否启用删除。此选项需要 Doris 表开启批量删除功能（Doris0.15+版本默认开启），只支持 Unique 模型
sink.enable-2pc	true	否	是否开启两阶段提交（2pc），默认为 true，保证 Exactly-Once 语义

7.2.4　Flink 和 Doris 列类型映射关系

Flink 处理数据写入 Doris 时需要注意对应的类型关系，如表 7.8 所示。

表 7.8　Flink 和 Doris 类型映射

Flink 类型	Doris 类型
NULL	NULL_TYPE
BOOLEAN	BOOLEAN
TINYINT	TINYINT
SMALLINT	SMALLINT
INT	INT
BIGINT	BIGINT
FLOAT	FLOAT
DOUBLE	DOUBLE
DATE	DATE
TIMESTAMP	DATETIME
DECIMAL	DECIMAL
STRING	CHAR
STRING	LARGEINT
STRING	VARCHAR
DECIMAL	DECIMALV2
DOUBLE	TIME
Unsupported datatype	HLL

7.3 DataX DorisWriter

DataX 是阿里云 DataWorks 数据集成的开源版本，是在阿里巴巴集团内被广泛使用的离线数据同步工具/平台。DataX 实现了包括 MySQL、Oracle、SQL Server、PostgreSQL、HDFS、Hive、ADS、HBase、TableStore（OTS）、MaxCompute（ODPS）、Hologres、DRDS 等各种异构数据源之间高效的数据同步功能。

DataX DorisWriter 插件用于通过 DataX 同步其他数据源的数据到 Doris 中。这个插件是利用 Doris 的 Stream Load 功能进行数据导入的，需要配合 DataX 服务一起使用。

默认的 DataX 安装包中没有 DorisWriter 插件，用户想要同步其他数据库数据到 Doris 中，需要根据 Doris 官方提供的 DorisWriter 源码结合 DataX 源码进行编译，获取 DataX 的安装包。

7.3.1 DorisWriter 插件集成 DataX 编译

DorisWriter 插件依赖 DataX 代码中的一些模块，而这些模块并没有在 Maven 官方仓库中。所以在开发 DorisWriter 插件时，需要下载完整的 DataX 代码库，才能进行插件的编译和开发。DorisWriter 插件源码地址是 https://github.com/apache/doris/tree/master/extension/DataX，该目录下的文件如图 7.4 所示。

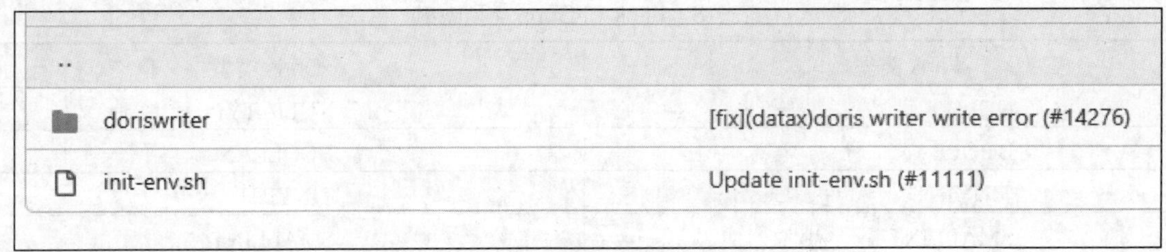

图 7.4 DorisWriter 目录下的文件

1. doriswriter

doriswriter 是 DorisWriter 插件的代码文件夹。这个文件夹中的所有代码都托管在 Apache Doris 的代码库中。

DorisWriter 插件帮助文档地址为 https://github.com/apache/doris/blob/master/extension/DataX/doriswriter/doc/doriswriter.md。

2. init-env.sh

init-env.sh 脚本主要用于构建 DataX 开发环境，它主要进行了以下操作：

☑ 将 DataX 代码库克隆到本地。

☑ 将 doriswriter/目录软链到 DataX/doriswriter 目录。

☑ 在 DataX/pom.xml 文件中添加<module>doriswriter</module>模块。

☑ 将 DataX/core/pom.xml 文件中的 httpclient 版本从 4.5 改为 4.5.13（httpclient v4.5 在处理 307 转发时有漏洞）。

脚本执行后，开发者就可以进入 DataX/录开始开发或编译了。因为做了软链，所以任何对 DataX/doriswriter 目录中文件的修改都会反映到 doriswriter/目录中，方便开发者提交代码。

这里在 node1 节点进行 DorisWriter 插件集成 DataX 源码编译，步骤如下。

（1）安装 git。

```
[root@node1 ~]# yum -y install git
```

（2）准备 doriswriter 源码与 init-env.sh 文件。

在 node1 节点创建目录，并将 https://github.com/apache/doris/tree/master/extension/DataX 中的 doriswriter 文件夹和 init-env.sh 文件上传到该目录（在资料中有 DataX 目录，目录中有这两个文件，也可以自己下载）。

```
#创建目录并上传文件
[root@node1 software]# mkdir doris-datax && cd doris-datax

#查看上传的文件
[root@node1 doris-datax]# ls
doriswriter  init-env.sh
```

（3）编译源码。

```
#执行 init-env.sh 脚本
[root@node1 doris-datax]# sh init-env.sh

#执行完成后，查看生成的文件
[root@node1 doris-datax]# ls
DataX  doriswriter  init-env.sh  pom.xml

#进入该 DataX 目录，执行如下命令进行 DataX 安装包编译
[root@node1 doris-datax]# cd DataX/
[root@node1 DataX]# mvn package assembly:assembly -Dmaven.test.skip=true
...
[INFO] adbmysqlwriter 0.0.1-SNAPSHOT ..................... SUCCESS [  1.364 s]
[INFO] ------------------------------------------------------------------------
[INFO] BUILD SUCCESS
[INFO] ------------------------------------------------------------------------
[INFO] Total time:  15:46 min
[INFO] Finished at: 2023-04-14T17:28:22+08:00
[INFO] ------------------------------------------------------------------------
```

以上代码编译完成后，可以在/software/doris-datax/DataX/target 下看到 datax.tar.gz 安装包。

7.3.2　DataX 安装

编译好的 DataX 安装包只能安装到 Linux 中，需要有 JDK 8、Python 环境（推荐 Python 2.6，CentOS7 自带 Python 2）。将编译好的 DataX 安装包 datax.tar.gz 直接解压到某一路径下完成安装，进入 bin 目录，即可运行同步作业。这里解压到/software 目录下。

```
#将编译好的 DataX 安装包移动到/software 目录下，解压 DataX 安装包
```

```
[root@node1 bin]# cd /software/
[root@node1 software]# tar -zxvf ./datax.tar.gz
```

7.3.3 DorisWriter 参数

关于 DorisWriter 插件的介绍可以参考 https://github.com/apache/doris/blob/master/extension/DataX/doriswriter/doc/doriswriter.md，DorisWriter 支持将大批量数据写入 Doris 中。

DorisWriter 通过 Doris 原生支持 Stream Load 方式导入数据，DorisWriter 会将 reader 读取的数据缓存在内存中，拼接成 JSON 文本，然后批量导入 Doris 中。下面结合样例来介绍 DorisWriter 的参数。

这里是一份从 Stream 读取数据后导入 Doris 的配置文件。

```
{
    "job": {
        "content": [
            {
                "reader": {
                    "name": "mysqlreader",
                    "parameter": {
                        "column": ["emp_no", "birth_date", "first_name","last_name",
"gender","hire_date"],
                        "connection": [
                            {
                                "jdbcUrl": ["jdbc:mysql://localhost:3306/demo"],
                                "table": ["employees_1"]
                            }
                        ],
                        "username": "root",
                        "password": "xxxxx",
                        "where": ""
                    }
                },
                "writer": {
                    "name": "doriswriter",
                    "parameter": {
                        "loadUrl": ["172.16.0.13:8030"],
                        "loadProps": {
                        },
                        "column": ["emp_no", "birth_date", "first_name","last_name",
"gender","hire_date"],
                        "username": "root",
                        "password": "xxxxxx",
                        "postSql": ["select count(1) from all_employees_info"],
                        "preSql": [],
                        "flushInterval":30000,
                        "connection": [
                          {
                            "jdbcUrl": "jdbc:mysql://172.16.0.13:9030/demo",
                            "selectedDatabase": "demo",
```

```
                    "table": ["all_employees_info"]
                  }
                ],
                "loadProps": {
                    "format": "json",
                    "strip_outer_array": true
                }
            }
        }
      }
    ],
    "setting": {
        "speed": {
            "channel": "1"
        }
    }
  }
}
```

以上参数解释如表 7.9 所示。

表 7.9　参数解释

参　　数	是否必须	默 认 值	描　　述
jdbcUrl	是	无	Doris 的 JDBC 连接串，用户执行 preSql 或 postSql
loadUrl	是	无	作为 Stream Load 的连接目标。格式为"ip:port"。其中 ip 是 FE 节点 IP，port 是 FE 节点的 http_port。可以填写多个，多个之间使用英文状态的分号隔开。doriswriter 将以轮询的方式访问
username	是	无	访问 Doris 数据库的用户名
password	否	空	访问 Doris 数据库的密码
connection.selectedDatabase	是	无	需要写入的 Doris 数据库名称
connection.table	是	无	需要写入的 Doris 表名称
column	是	无	目的表需要写入数据的字段，这些字段将作为生成的 JSON 数据的字段名。字段之间用英文逗号分隔。例如 "column": ["id","name","age"]
preSql	否	无	写入数据到目的表前，会先执行这里的标准语句
postSql	否	无	写入数据到目的表后，会执行这里的标准语句
loadProps	否	无	Stream Load 的请求参数，详情参照 Stream Load 介绍。这里包括导入的数据格式（format）等，导入数据格式默认使用 CSV，支持 JSON，具体可以参照下面类型转换部分，也可以参照 Stream Load 官方信息

默认传入的数据均会被转为字符串，并以\t 作为列分隔符、\n 作为行分隔符，组成 CSV 文件进行 Stream Load 导入操作。

默认是 CSV 格式导入，如需更改列分隔符，则正确配置 loadProps 即可。

```
"loadProps": {
    "column_separator": "\\x01",
    "line_delimiter": "\\x02"
}
```

如需更改导入格式为 JSON，则正确配置 loadProps 即可。

```
"loadProps": {
    "format": "json",
    "strip_outer_array": true
}
```

7.3.4 DataX 同步 MySQL 数据到 Doris

这里通过 DataX 将 MySQL 中表数据导入 Doris 对应表中。按照如下步骤操作即可。

（1）创建 MySQL 数据表。

```
#在 node2 节点 MySQL 中创建如下 test 表，并插入数据
mysql> use demo;
mysql> create table demo.test(id int,name varchar(255),age int ,score bigint);
mysql> insert into test values (1,'zs',18,100),(2,'ls',19,200),(3,'ww',20,300),
(4,'ml',21,400),(5,'gb',22,500);

#查看数据
mysql> select * from test;
+------+------+------+-------+
| id   | name | age  | score |
+------+------+------+-------+
|    1 | zs   |   18 |   100 |
|    2 | ls   |   19 |   200 |
|    3 | ww   |   20 |   300 |
|    4 | ml   |   21 |   400 |
|    5 | gb   |   22 |   500 |
+------+------+------+-------+
```

（2）创建 Doris 表。

```
#在 Doris example_db 下创建表
CREATE TABLE example_db.`doris_datax_tbl` (
 `id` int NOT NULL,
 `name` varchar(30) DEFAULT NULL COMMENT '',
 `age` int DEFAULT NULL COMMENT '',
 `score` bigint DEFAULT NULL COMMENT ''
) ENGINE=OLAP
UNIQUE KEY(`id`, `name`)
DISTRIBUTED BY HASH(`id`) BUCKETS 1
PROPERTIES (
"replication_allocation" = "tag.location.default: 1",
"in_memory" = "false",
"storage_format" = "V2"
);
```

（3）准备 DataX 数据同步需要的 JSON 文件。

my_import.json。

```
{
    "job": {
        "content": [
            {
                "reader": {
                    "name": "mysqlreader",
                    "parameter": {
                        "column": ["id","name","age","score"],
                        "connection": [
                            {
                                "jdbcUrl": ["jdbc:mysql://node2:3306/demo"],
                                "table": ["test"]
                            }
                        ],
                        "username": "root",
                        "password": "123456",
                        "where": ""
                    }
                },
                "writer": {
                    "name": "doriswriter",
                    "parameter": {
                        "loadUrl": ["node1:8030"],
                        "loadProps": {
                        },
                        "column": ["id","name","age","score"],
                        "username": "root",
                        "password": "123456",
                        "postSql": ["select count(1) from doris_datax_tbl"],
                        "preSql": [],
                        "flushInterval":30000,
                        "connection": [
                          {
                            "jdbcUrl": "jdbc:mysql://node1:9030/example_db",
                            "selectedDatabase": "example_db",
                            "table": ["doris_datax_tbl"]
                          }
                        ],
                        "loadProps": {
                            "format": "json",
                            "strip_outer_array":"true",
                            "line_delimiter": "\\x02"
                        }
                    }
                }
            }
```

```
        ],
        "setting": {
            "speed": {
                "channel": "1"
            }
        }
    }
}
```

将 my_import.json 文件放在 node1 节点的/root 目录下。

（4）DataX 中执行数据同步脚本。

```
#执行数据同步脚本
[root@node1 ~]# cd /software/datax/bin/
[root@node1 bin]# python datax.py /root/my_import.json
...
任务启动时刻                    : 2023-04-14 19:52:40
任务结束时刻                    : 2023-04-14 19:52:52
任务总计耗时                    :                 11s
任务平均流量                    :                4B/s
记录写入速度                    :              0rec/s
读出记录总数                    :                   5
读写失败总数                    :                   0
```

（5）在 Doris 中查看同步数据。

```
#在 Doris 中查询同步的数据
mysql> select * from doris_datax_tbl;
+------+------+------+-------+
| id   | name | age  | score |
+------+------+------+-------+
|    1 | zs   |   18 |   100 |
|    2 | ls   |   19 |   200 |
|    3 | ww   |   20 |   300 |
|    4 | ml   |   21 |   400 |
|    5 | gb   |   22 |   500 |
+------+------+------+-------+
```

7.4 JDBC Catalog

JDBC Catalog 通过标准 JDBC 协议，连接其他数据源。连接后，Doris 会自动同步数据源下的 Database 和 Table 的元数据，以便快速访问这些外部数据，数据不会同步到 Doris 中，Doris 只是通过 JDBC 方式来访问外部数据库中的数据。目前 Catalog 支持 MySQL、PostgreSQL、Oracle、SQL Server、ClickHouse、Doris。具体可以参考 https://doris.apache.org/zh-CN/docs/dev/lakehouse/multi-catalog/jdbc。

7.4.1　创建 Catalog

使用 JDBC 方式读取 MySQL、PostgreSQL、Oracle、SQL Server、ClickHouse、Doris 中的数据时，需要首先创建 Catalog。下面以读取 MySQL、Oracle、ClickHouse、Doris 中的数据创建 Catalog 为例来演示 Catalog 的创建。

```
#MySQL
CREATE CATALOG jdbc_mysql PROPERTIES (
"type"="jdbc",
"user"="root",
"password"="123456",
"jdbc_url" = "jdbc:mysql://127.0.0.1:3306/demo",
"driver_url" = "mysql-connector-java-5.1.47.jar",
"driver_class" = "com.mysql.jdbc.Driver"
)

#Oracle
CREATE CATALOG jdbc_oracle PROPERTIES (
"type"="jdbc",
"user"="root",
"password"="123456",
"jdbc_url" = "jdbc:oracle:thin:@127.0.0.1:1521:helowin",
"driver_url" = "ojdbc6.jar",
"driver_class" = "oracle.jdbc.driver.OracleDriver"
);

#ClickHouse
CREATE CATALOG jdbc_clickhouse PROPERTIES (
"type"="jdbc",
"user"="root",
"password"="123456",
"jdbc_url" = "jdbc:clickhouse://127.0.0.1:8123/demo",
"driver_url" = "clickhouse-jdbc-0.3.2-patch11-all.jar",
"driver_class" = "com.clickhouse.jdbc.ClickHouseDriver"
);

#Doris，JDBC Catalog 支持连接另一个 Doris 数据库
CREATE CATALOG doris_catalog PROPERTIES (
"type"="jdbc",
"user"="root",
"password"="123456",
"jdbc_url" = "jdbc:mysql://127.0.0.1:9030?useSSL=false",
"driver_url" = "mysql-connector-java-5.1.47.jar",
"driver_class" = "com.mysql.jdbc.Driver"
);
```

以上创建 Catalog 的参数说明如表 7.10 所示。

表 7.10　创建 Catalog 的参数

参　　数	是 否 必 须	默 认 值	说　　明
user	是	无	对应数据库的用户名
password	是	无	对应数据库的密码
jdbc_url	是	无	JDBC 连接串
driver_url	是	无	JDBC Driver Jar 包名称
driver_class	是	无	JDBC Driver Class 名称

注意

driver_url：需将 Jar 包预先存放在所有 FE 及 BE 节点指定的路径下，如 file:///path/to/mysql-connector-java-5.1.47.jar。

only_specified_database：在 JDBC 连接时可以指定链接到哪个 database/schema，如 mysql 的 jdbc_url 中可以指定 database，pg 的 jdbc_url 中可以指定 currentSchema。only_specified_database=true 且 specified_database_list 为空时，可以只同步指定的 database。当 only_specified_database=true 且 specified_database_list 指定了 database 列表时，则会同步指定的多个 database。

映射 Oracle 时，Doris 的一个 Database 对应于 Oracle 中的一个 User。而 Doris 的 Database 下的 Table 则对应于 Oracle 中该 User 下有权限访问的 Table，如表 7.11 所示。

表 7.11　Doris 与 Oracle 的映射关系

Doris	Oracle
Catalog	Database
Database	User
Table	Table

目前 JDBC Catalog 连接一个 Doris 数据库只支持用 5.x 版本的 JDBC jar 包。如果使用 8.x JDBC jar 包，可能会出现列类型无法匹配问题。

7.4.2　数据查询

当在 Doris 中创建好对应的 Catalog 后，可以直接编写 SQL 读取对应数据库中的数据，举例如下。

```
#数据读取
select * from mysql_catalog.mysql_database.mysql_table where k1 > 1000 and k3
='term';
```

由于可能存在使用数据库内部的关键字作为字段名，为使这种状况下仍能正确查询，在 SQL 语句中，会根据各个数据库的标准自动在字段名与表名上加上转义符。例如 MYSQL(``)、PostgreSQL("")、SQLServer([])、ORACLE("")，所以此时可能会造成字段名的大小写敏感，具体可以通过 explain sql，查看转义后下发到各个数据库的查询语句。

7.4.3　列类型映射

Doirs JDBC 方式读取外部存储库中的数据需要注意 Doris 列类型与其他数据库中列类型的映射对

应关系，如表 7.12 所示，下面以 MySQL 中列类型对应 Doris 列类型，其他数据库列类型与 Doris 列类型映射关系参考 https://doris.apache.org/zh-CN/docs/dev/lakehouse/multi-catalog/jdbc#%E5%88%97%E7%B1%BB%E5%9E%8B%E6%98%A0%E5%B0%84。

表 7.12　MySQL 中列类型和 Doris 列类型映射关系

MySQL 类型	Doris 类型	说　明
BOOLEAN	TINYINT	
TINYINT	TINYINT	
SMALLINT	SMALLINT	
MEDIUMINT	INT	
INT	INT	
BIGINT	BIGINT	
UNSIGNED TINYINT	SMALLINT	Doris 没有 UNSIGNED 数据类型，所以扩大一个数量级
UNSIGNED MEDIUMINT	INT	Doris 没有 UNSIGNED 数据类型，所以扩大一个数量级
UNSIGNED INT	BIGINT	Doris 没有 UNSIGNED 数据类型，所以扩大一个数量级
UNSIGNED BIGINT	LARGEINT	
FLOAT	FLOAT	
DOUBLE	DOUBLE	
DECIMAL	DECIMAL	
DATE	DATE	
TIMESTAMP	DATETIME	
DATETIME	DATETIME	
YEAR	SMALLINT	
TIME	STRING	
CHAR	CHAR	
VARCHAR	VARCHAR	
TINYTEXT、TEXT、MEDIUMTEXT、LONGTEXT、TINYBLOB、BLOB、MEDIUMBLOB、LONGBLOB、TINYSTRING、STRING、MEDIUMSTRING、LONGSTRING、BINARY、VARBINARY、JSON、SET、BIT	STRING	
Other	UNSUPPORTED	

7.4.4　Doris JDBC 方式操作 MySQL 数据

下面以 Doris 读取 MySQL 中的数据为例，演示通过 JDBC Catalog 方式读取 MySQL 中的数据。

（1）准备 mysql-connector-java-5.1.47.jar。

在 Doris 各个 FE 和 BE 节点上的/software/doris-1.2.1/apache-doris-fe/jdbc_drivers 目录中上传

mysql-connector-java-5.1.47.jar，如果没有 jdbc_drivers 需要手动创建。

上传的该 jar 包需要在创建 JDBC Catalog 时指定在 jdbc.driver_url 配置下，这里上传至 node1～node5 各个节点的/software/doris-1.2.1/apache-doris-fe/jdbc_drivers 路径中。

（2）创建 MySQL JDBC Catalog。

```
CREATE CATALOG jdbc_mysql PROPERTIES (
    "type"="jdbc",
    "jdbc.user"="root",
    "jdbc.password"="123456",
    "jdbc.jdbc_url" = "jdbc:mysql://192.168.179.5:3306/demo",
    "jdbc.driver_url"  =  "file:///software/doris-1.2.1/apache-doris-fe/jdbc_drivers/
mysql-connector-java-5.1.47.jar",
    "jdbc.driver_class" = "com.mysql.jdbc.Driver"
);
```

（3）在 MySQL 库 demo 下准备数据表并插入数据。

```
#在 node2 MySQL 中创建表，并插入数据
mysql> create table demo.tbl1 (id int,name varchar(255),age int);
mysql> create table demo.tbl2 (id int,name varchar(255),age int);
mysql> create table demo.tbl3 (id int,name varchar(255),age int);

mysql> insert into tbl3 values (1,'a',18),(2,'b',19);
mysql> insert into tbl3 values (3,'c',20),(4,'d',21);
mysql> insert into tbl3 values (5,'e',22),(6,'f',23);
```

（4）在 Doris 中以 JDBC 方式操作 MySQL。

```
#Doris 中以 JDBC 方式查询 MySQL 中的数据
mysql> select * from jdbc_mysql.demo.tbl1;
+------+------+------+
| id   | name | age  |
+------+------+------+
|    1 | a    |   18 |
|    2 | b    |   19 |
+------+------+------+

mysql> select * from jdbc_mysql.demo.tbl2;
+------+------+------+
| id   | name | age  |
+------+------+------+
|    3 | c    |   20 |
|    4 | d    |   21 |
+------+------+------+

mysql> select * from jdbc_mysql.demo.tbl3;
+------+------+------+
| id   | name | age  |
+------+------+------+
|    5 | e    |   22 |
```

```
|    6 | f    |    23 |
+------+------+------+
```

注意

目前官方声称 JDBC 方式可以向外部数据库表中插入数据，但是经过测试，Doris JDBC 读取外部数据库表只支持查询，不支持插入、更新、删除操作。

如果在 Doris 中创建了对应的 Catalog，然后在 MySQL 中创建的表，但是 Doris 不识别该表，可以删除 Doris 中的对应 Catalog 并重建该 Catalog，同步 MySQL 新的数据表元数据。

7.5　Doris 优化

Doris 中的优化涉及很多方面，例如在分区、分桶、Join、查询、参数等各个方面都有对应优化策略，具体可以参考前面每个部分内容，这里大体总结一下 Doris 中的优化相关内容。

（1）执行 SQL 慢可以通过 Doris 提供的 QueryProfile 查看 SQL 执行的统计信息，帮助用户了解 Doris 的执行情况，并有针对性地进行相应调试与调优工作。具体可以参考 https://doris.apache.org/zh-CN/docs/dev/admin-manual/query-profile。

（2）在 Doris 中选择合适的数据存储模型来存储数据，针对不同场景选择 AGGREGATE KEY、UNIQUE KEY、DUPLICATE KEY 3 种数据存储模型。

（3）创建 Doris 表时设置合理的分区和分桶个数，方便对数据进行管理。在企业生产环境中也可以设置 Doris 分级存储（SSD+SATA）提高数据管理效率。

（4）Doris 建表时，建议采用区分度大的列做分桶，避免出现数据倾斜。为方便数据恢复，建议单个 Bucket 的 size 不要太大，保持在 10GB 以内，所以建表或增加 partition 时请合理考虑 Bucket 数目，其中不同 partition 可指定不同的 Bucket 数。

（5）Doris 建表时可以根据表数据使用情况自定义 Bitmap 索引和 BloomFilter 索引加快数据查询速度。例如若表的某列未来有 in 查询操作，可以对该列构建布隆过滤器加快查询速度。此外，如果默认的前缀索引不能满足查询需求，还可以基于原表构建 rollup 物化索引来调整列顺序或预先聚合数据来提高数据查询效率。

（6）业务方建表时，为了和前端业务适配，往往不对维度信息和指标信息加以区分，而将 Schema 定义成大宽表，这种操作对于数据库其实不是那么友好，更建议用户采用星形模型。使用过程中，建议用户尽量使用 Star Schema 区分维度表和指标表。频繁更新的维度表也可以放在 MySQL 外部表中。而如果只有少量更新，可以直接在 Doris 中。在 Doris 中存储维度表时，可对维度表设置更多的副本，提升 Join 的性能。

（7）向 Doris 中导入、导出数据时，根据情况选择不同的导入、导出方式，每种导入、导出方式有各自优化参数，具体参考第 3、4 章。

（8）针对 JSON 的优化可以选择 Broadcast、Shuffle Join、Bucket Join、Colocation Join，要根据数据的情况来选择。关于 JSON 优化参考 6.6 节。

（9）查询 Doris 数据时，如果数据表数据量大且逻辑复杂，可以给 BE 节点增加内存并设置查询超时时间。具体设置参考 https://doris.apache.org/zh-CN/docs/dev/data-table/basic-usage#数据表的查询。

（10）不建议对 Doris 中的数据直接使用 delete 进行删除，建议尽量使用 Doris 中 Unique 存储模型+Sequence 列实现数据替换，用以增代删的方式解决。

（11）创建 Doris 表时，如果有多个分区，使用动态分区方式比较灵活。

（12）对于一次写入多次查询的数据表，建议使用 SQLCache 或者 PartitoinCache 对数据进行缓存，可以大大提高数据查询分析效率。

（13）海量数据有去重场景情况下可以使用 Doris BitMap 精准去重，效率会大大提高。

（14）经常对一张 Doris 表进行固定维度分析时，可以基于该表构建物化视图，预先计算好根据固定维度分析的结果，效率会有质的提升。不建议对一张表构建非常多物化视图。归根结底，物化视图是真实计算存储数据的，一张表的大量物化视图会降低数据导入效率和使用更多的存储空间。

（15）建议使用 JDBC 的方式来查询外部数据库的数据，ODBC 方式已被丢弃。